高职高专“十四五”规划教材

单片机技术及项目训练

（第3版）

赵威　李彬　杨怡　主编

北京航空航天大学出版社

内 容 简 介

本书是四川省省级示范性高职院校——四川航天职业技术学院单片机应用技术教学团队在多年教学改革经验的基础上，结合最新的高等职业教育改革要求，通过10个学习情境及多个训练项目，系统介绍了单片机硬件结构、C51语言、单片机中断与定时系统、人机信息交互、单片机串行通信以及单片机系统功能扩展等内容。本书所有学习情境均先讲解相关知识点，再通过“任务实施”和“能力扩展”培养学生的实践能力，符合高职教学任务引导、逐层递进的教学方式，具有很强的实用性和可读性。

本书可作为高职高专院校电子信息类、自动化类、机电类等专业的单片机技术课程教材，也可作为单片机工程技术人员的入门参考书。

图书在版编目(CIP)数据

单片机技术及项目训练 / 赵威，李彬，杨怡主编. -- 3版. -- 北京 ：北京航空航天大学出版社，2020.8

ISBN 978-7-5124-3328-1

Ⅰ. ①单… Ⅱ. ①赵… ②李… ③杨… Ⅲ. ①单片微型计算机—高等职业教育—教材 Ⅳ. ①TP368.1

中国版本图书馆CIP数据核字(2020)第144961号

单片机技术及项目训练(第3版)

赵威　李彬　杨怡　主编

责任编辑　冯　颖

*

北京航空航天大学出版社出版发行

北京市海淀区学院路37号(邮编100191)　http://www.buaapress.com.cn

发行部电话：(010)82317024　传真：(010)82328026

读者信箱：goodtextbook@126.com　邮购电话：(010)82316936

北京宏伟双华印刷有限公司 印装　各地书店经销

*

开本：787×1 092　1/16　印张：14.5　字数：371千字

2020年8月第3版　2021年8月第2次印刷　印数：2 001～4 000册

ISBN 978-7-5124-3328-1　定价：42.00元

若本书有倒页、脱页、缺页等印装质量问题，请与本社发行部联系调换。联系电话：(010)82317024

第3版前言

四川省省级示范性高职院校——四川航天职业技术学院的电子工程系应用电子专业教学团队教师结合多年教学改革的经验积累，同时借鉴其他高职院校教学改革的成果和经验，结合最新的高等职业教育改革要求，精心编写了本书。本书在内容选择、结构安排、情景设定等方面多角度、全方位地体现了高职教育的特色。

1. 以情境任务引导学生学习

本书包括10个学习情境及多个综合训练项目。以任务为导向，每个学习情境先讲解相关知识点，再通过"任务实施"和"能力拓展"培养学生的实践能力。整个结构设计符合高职学生的认知规律和高职高专的教学特点。

2. 从学生职业发展出发，选用C51语言编程

传统单片机教学多采用汇编语言，因其具有程序代码短、运行速度快的优点，但缺点是运算复杂、编程耗时。相比之下，C语言程序容易阅读、理解，程序风格更加人性化，且方便移植，故本书以单片机应用为主线，采用C51语言进行编程，并引入Proteus软件进行全程仿真，极大地提高了教学的直观效果。

3. 突出应用能力，从学习情境走向项目训练

本书各学习情境针对单片机应用中的具体知识点，精心选择情境任务，避免过大过繁。10个学习情境任务相对独立，但在知识点上保持着紧密联系，由浅入深，循序渐进，确保本课程知识与技能的系统性。

本书配有多个项目训练，该部分内容由带队参加"全国大学生电子设计竞赛"并获得一等奖、工程经验丰富的一线教师负责编写。训练课题具有代表性，覆盖单片机应用中的多个方向，给出了C51源程序、仿真硬件图及效果图，可作为课堂训练设计或综合实训项目使用。

本书系统地介绍了单片机硬件结构、C51语言、单片机中断与定时系统、人机信息交互、单片机串行通信以及单片机系统功能扩展等内容。参考学时为96学时(含仿真和实训)，在使用时可根据具体情况对相关学习情境进行灵活选择。

本书由赵威、李彬、杨怡主编。赵威编写学习情境1～4，6的理论知识部分，杨怡编写了学习情境5，7～10的理论知识部分，乔鸿海编写了全书的任务实施部分，李彬编写了全书的能力拓展部分。肖刚、刘晓杰老师协助编写了本书部分内容,西北工业大学张堃副教授认真细致地审阅了全部书稿并提出宝贵意见,在此表示由衷的感谢。

为了方便教师教学,本书配有电子教学课件及更多的训练项目资料(含源程序),请发邮件至 goodtextbook@126.com 或致电 010-82339817 申请索取。

由于编者水平有限,书中错误和不足在所难免,敬请读者提出宝贵意见和建议。

编　者

2020年6月

目　录

学习情境 1　初识单片机

通过对学习情境 1 的学习，需要掌握单片机的定义，了解单片机的应用领域、发展趋势和发展历程。通过学习 MCS－51 单片机，掌握其存储器结构类型和最小系统。在任务实施中，需要掌握单片机建立项目的流程。在能力拓展中，需要了解单片机基本的学习方法和发展前沿领域，为学习单片机打下坚实的基础。

1.1　单片机基础知识

1.1.1　单片机定义

单片机全称为单片微型计算机（Single Chip Microcomputer），又称为微控制器（Microcontroller Unit，MCU），是采用超大规模集成电路技术把具有数据处理能力的中央处理器 CPU、随机存储器 RAM、只读存储器 ROM、多种 I/O 口和中断系统、定时/计数器等功能（可能还包括显示驱动电路、脉宽调制电路、模拟多路转换器、A/D 转换器等电路）集成到一块硅片上而构成的一个小而完善的计算机系统。单片机实物如图 1.1～图 1.3 所示。

图 1.1　EMC 公司单片机

图 1.2　深圳宏晶科技开发生产的单片机

图 1.3　不同封装形式的单片机

1.1.2 单片机的应用领域

目前单片机已渗透到人类生产生活的各个方面,几乎找不到没有单片机参考的领域了。导弹的导航装置,飞机上各种仪表的控制,计算机的网络通信与数据传输,工业自动化过程的实时控制和数据处理,广泛使用的各种智能IC卡,民用豪华轿车的安全保障系统,录像机、摄像机、全自动洗衣机的控制,以及程控玩具、电子宠物等都离不开单片机,更不用说自动控制领域的机器人、智能仪表、医疗器械以及各种智能机械了。因此,单片机的学习、开发与应用将造就一批计算机应用与智能化控制方面的科学家、工程师。

单片机广泛应用于仪器仪表、家用电器、医用设备、航空航天、专用设备的智能化管理及过程控制等领域,大致可分如下几个范畴。

1. 在智能仪器仪表中的应用

单片机具有体积小(微型化)、功耗低、控制功能强、扩展灵活、使用方便等优点,广泛应用于仪器仪表中。配合不同类型的传感器,可实现诸如电压、功率、频率、湿度、温度、流量、速度、厚度、角度、长度、硬度、元素及压力等物理量的测量。采用单片机控制使得仪器仪表数字化、智能化、微型化,且功能比起采用电子或数字电路更加强大。例如,精密的测量设备——功率计、示波器及各种分析仪。

2. 在工业控制中的应用

用单片机可以构建形式多样的控制系统、数据采集系统。例如,工厂流水线的智能化管理、电梯智能化控制及各种报警系统,与计算机联网构成二级控制系统。

3. 在家用电器中的应用

现在的家用电器基本都采用了单片机控制,从电饭煲、洗衣机、电冰箱、空调、电视及其他音响视频器材,到电子称量设备等,单片机可谓无所不在。

4. 在计算机网络和通信领域中的应用

单片机普遍具有通信接口,可以很方便地与计算机进行数据通信。这为计算机网络和通信设备间的应用提供了极好的物理条件。现在的通信设备基本上都实现了单片机智能控制,从手机、电话机、小型程控交换机、楼宇自动通信呼叫系统及列车无线通信,到日常工作中随处可见的移动电话、集群式移动通信及无线电对讲机等。

5. 在医用设备领域中的应用

单片机在医用设备中的用途亦相当广泛,如医用呼吸机、各种分析仪、监护仪、超声诊断设备及病床呼叫系统等。

6. 在各种大型电器中的模块化应用

某些专用单片机设计用于实现特定功能,从而在各种电路中进行模块化应用,而不要求使用人员了解其内部结构。例如,音乐集成单片机嵌入在纯电子芯片中,音乐信号以数字的形式存于存储器中(类似于ROM),由微控制器读出,转化为模拟音乐电信号(类似于声卡)。在大型电路中,这种模块化应用极大地缩小了体积,简化了电路,降低了损坏率、错误率,也便于更换。

7. 在汽车设备领域中的应用

单片机在汽车电子中的应用非常广泛,如汽车中的发动机控制器、基于CAN总线的汽车发动机智能电子控制器、GPS导航系统、ABS防抱死系统及制动系统等。

此外,单片机在工商、金融、科研、教育、国防及航空航天等领域都有着十分广泛的用途。

1.1.3　单片机的发展历程

单片机的发展历史并不长,但是其发展速度很快,大体经历了以下4个发展阶段。

第一阶段(1971—1974)是单片机的初始阶段。1971年,Intel公司首次推出了4004的4位微处理器。1974年12月,仙童公司推出了8位单片机F8,从此拉开了单片机发展的序幕。

第二阶段(1974—1978)是低性能单片机阶段。1976年,Intel公司推出了MCS-48单片机,极大地促进了单片机的变革。1977年,GI公司推出了PIC1650单片机。这个阶段的单片机仍然处于低性能阶段。

第三阶段(1978—1981)是高性能8位单片机阶段。1978年,Motorola公司推出M6800系列单片机;Zilog公司则推出了Z8系列单片机,该公司的Z80 CPU与Z8单片机指令类似,曾在单片机市场上流行了很长时间。1980年,Intel公司在MCS-48的基础上,推出了高性能的MCS-51系列单片机,使单片机的应用跃上了一个新台阶。此后,各公司的单片机迅速发展起来。

第四阶段(1982年至今)是单片机的发展、巩固和提高阶段。1982年,Intel公司推出了比8位机性能更高的16位单片机MCS-96系列。1988年,Intel公司又推出了MCS-96系列中的8098/8398/8798单片机,使MCS-96系列单片机的应用更加广泛。20世纪90年代是单片机制造业大发展的时期,这个时期Motorola、Intel、Atmel、TI、Philips、NEC、Microchip、Infineon、Fujitsu、Toshiba及LG等公司开发了一批性能优越的单片机,极大地推动了单片机的应用。近年来,又有不少新型的单片机涌现出来,单片机市场呈现出了百花齐放的局面。

1.1.4　单片机的发展趋势

现在单片机正处在快速更新发展的时期。纵观多年的发展历程,今后,单片机将向多功能、高性能、高速度、低电压、低功耗、低价格、外围电路内装化及内部存储器容量增加的方向发展。

1. 低电压、低功耗、CMOS化

早期的MCS-51单片机都采用HMOS工艺,即高密度、短沟道MOS工艺。8051、8751、8031、8951等产品均属于HMOS工艺制造的产品。CHMOS工艺是CMOS和HMOS工艺的结合,除保持了HMOS工艺的高密度、高速度外,还具有CMOS工艺低功耗的特点。例如,采用HMOS工艺制造的8051的功耗为630 mW,而用CHMOS工艺制造的80C51的功耗为120 mW,这么低的功耗意味着用一粒纽扣电池就可以工作。单片机型号中包含“C”的产品一般就是指它的制造工艺是CHMOS工艺。如80C51,就是指用CHMOS工艺制造的8051。CMOS化已成为目前单片机及其外围器件流行的半导体工艺。

2. 速度越来越快

对于一个单片机应用系统来说,单片机速度越快,对突发事件的反应也越快,对系统的控制能力越强。随着集成电路工艺的发展,单片机的速度也在提高,有些单片机还通过采用RISC体系结构提高了系统的运行速度。

早期的单片机大多采用CISC体系结构,指令复杂,指令代码、周期数不统一,指令运行很难实现流水线操作,因此大大阻碍了运行速度的提高。如MCS-51单片机,当外部时钟为12 MHz时,其单周期指令运行速度也仅为1MIPS。采用RISC体系结构和精简指令后,单片机的指令大部分成为单周期指令,而通过增加程序存储器的宽度(如从8位增加到16位),实现了一个地址单元存放一条指令。在这种体系结构中,很容易实现并行流水线操作,大大提高了指令的运行速度。目前一些RISC结构的单片机,如美国Atmel公司的AVR系列单片机已实现了一个时钟周期执行一条指令。与MCS-51相比,在相同的12 MHz外部时钟下,其单周期指令运行速度可达12 MIPS。如此,一方面可获得很高的指令运行速度,另一方面,在相同的运行速度下,可大大降低时钟频率,有利于获得良好的电磁兼容效果。

3. 存储器性能改善

新型单片机在内部存储器的改进方面,一是扩大容量——随着单片机应用系统越来越复杂,其对存储器容量的要求越来越高;二是编程在线化——随着单片机的程序存储器由原来的EPROM、E2PROM发展到Flash或ISP Flash存储器,为在线编程提供了条件,也方便了单片机应用系统的开发;三是单片机程序保密——写入程序存储器的代码很容易被复制,而Flash或ISP Flash存储器可以对其中的程序进行加锁和加密,从而达到保密的目的。

4. 增加增强通信接口

目前,单片机与外围电路之间的数据通信越来越重要,绝大多数单片机都至少有一个全双工串行口。随着半导体集成电路技术的发展,很多单片机还集成了I2C、SPI、CAN等接口,为系统的扩展及配置打下良好基础。

5. 外围电路内装化

现在常规的单片机普遍把CPU、ROM、RAM、中断源、定时器/计数器、串行口集成在一块芯片上,而增强型单片机在内部已集成了越来越多的部件,如模拟比较器、A/D转换器、D/A转换器、WDT电路、LCD控制器等,还有的单片机为了构成控制网络或形成局部网络,其内部含有局部网络控制模块CAN总线,以方便构成一个控制网络。为了能在变频控制中方便使用单片机,有的单片机内部设置了专门用于变频控制的脉宽调制电路PWM。

6. 片上系统SoC

SoC(System on Chip)是一种高度集成化、固件化的芯片级集成技术,其核心思想是把除无法集成的某些外部电路和机械部分外的所有电子系统电路全部集成在一片芯片中。现在一些新型的单片机已经是SoC的雏形,在一片芯片中集成了各种类型和更大容量的存储器,更多性能、更加完善和强大的功能电路接口。这使得原来需要几片甚至几十片芯片组成的系统,现在只用一片就可以实现,不仅是减小了系统的体积和成本,而且大大提高了系统硬件的可靠性和稳定性。

1.1.5 MCS-51单片机及其兼容单片机

1. MCS-51单片机

MCS-51单片机是美国Intel公司于20世纪80年代初推出的8位微型计算机,具有多种芯片型号。具体来说,按照内部资源配置的不同,MCS-51单片机可分为MCS-51和MCS-52两个子系列。

随着CHMOS工艺的应用,在MCS-51单片机的基础上发展了80C51单片机系列。早期的80C51单片机只是MCS-51单片机众多芯片中的一类,但是随着后来的发展,80C51单片机已经形成了独立的系列,并且成为8位单片机的典型代表。习惯上,我们仍然把80C51单片机系列为MCS-51单片机的子系列。

2. AT89 系列单片机

AT89 系列单片机是 Atmel 公司的 8 位单片机系列。该系列单片机最大特点是内部含有 Flash 存储器，而其他方面和 MCS-51 单片机没有太大的区别。AT89 系列单片机用途十分广泛，特别在便携式、省电和特殊信息保存的仪器和系统中显得更为有用。

3. STC 系列单片机

STC89C51RC/RD+系列单片机是宏晶科技公司于 2005 年在我国本土推出的一款具有全球竞争力的、与 MCS-51 兼容的单片机，是一种低功耗、高性能的 CMOS 8 位微控制器。它使用高密度非易失性存储器技术制造，内含高保密的可编程 Flash 存储器、32 位或 36 位可编程 I/O 口、6～8 个中断(4 个优先级)、3 个 16 位定时器/计数器、1 个通用串行口。在单芯片上拥有灵巧的 8 位 CPU、系统可编程 ISP、应用可编程 IAP。

STC 系列单片机采用 CMOS 工艺，型号中间带“C”的表示 5 V 单片机，带“LE”的表示 3 V 单片机；5 V 单片机的工作电压为 3.4～5.5 V，3 V 单片机的工作电压为 2.0～3.8 V。另外，STC89 系列单片机的端口驱动能力达到了 20 mA，具有 3 种工作模式：正常模式(4～7 mA)、空闲模式(1 mA)和掉电模式(<0.1 mA)。

之后，STC 又陆续推出多个系列高性能单片机，在存储器容量、速度、内部资源以及驱动能力等方面性能都有所提高。

4. C8051F 系列单片机

C8051F 系列单片机有 100 多个品种，是 Cygnal 公司(已被 Silicon Laboratories 公司收购)推出的完全集成的混合信号系统级芯片，具有与 80C51 兼容的微控制器内核。它采用流水线结构，C8051F 系列单片机与 MCS-51 单片机指令完全兼容，单周期指令运行速度是 80C51 的 12 倍，全指令集运行速度是 8051 的 9.5 倍。C8051F 系列单片机的内部包括微控制器内核及 RAM、ROM、I/O 口、定时器/计数器、ADC、DAC、PCA(Printed Circuit Assembly，印刷电路组装)、SPI(Serial Peripheral Interface，串行外设接口)和 SMBus(System Management Bus)等部件，即把计算机的基本组成单元及模拟和数字外设集成在一个芯片上，构成一个完整的片上系统(SoC)。

下面以 AT89S52 为例，介绍单片机的具体结构。

AT89S52 是一个 8 位单片机，片内 ROM 全部采用 Flash ROM 技术，与 MCS-51 系列完全兼容。它能以 3 V 的超低电压工作，晶振时钟最高可达 24 MHz。AT89S52 是标准的 40 引脚双列直插式集成电路芯片，有 4 个 8 位的并行双向 I/O 端口，分别记作 P0、P1、P2、P3。第 31 引脚需要接高电位使单片机选用内部程序存储器；第 9 引脚是复位引脚，要接一个上电手动复位电路；第 40 引脚为电源端 V_{CC}，接+5 V 电源，第 20 引脚为接地端 V_{SS}，通常在 V_{CC} 和 V_{SS} 引脚之间接 0.1 μF 高频滤波电容。第 18、19 脚之间接上一个 12 MHz 的晶振为单片机提供时钟信号。AT89S52 芯片引脚如图 1.4 所示。

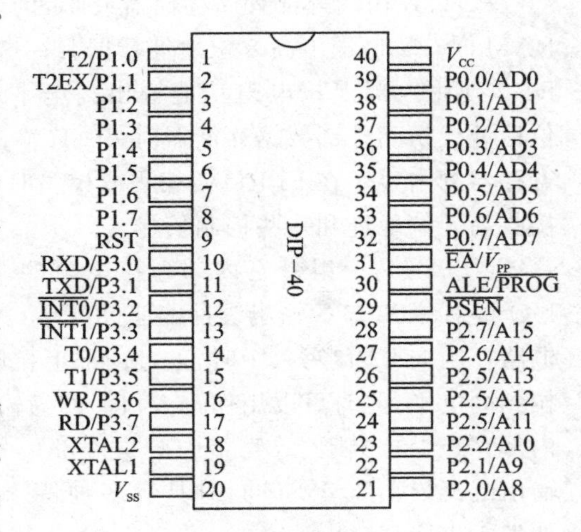

图 1.4　AT89S52 芯片引脚图

AT89S52单片机包含下列部件:

- 1个片内时钟振荡器和时钟电路;
- 8 KB片内掩膜ROM(程序存储器);
- 256 B片内RAM(数据存储器);
- 可寻址64 KB片外RAM(数据存储器)和64 KB片外ROM(程序存储器)的控制电路;
- 32线并行I/O接口;
- 3个16位定时/计数器;
- 1个可编程全双工串行接口;
- 6个中断源、2个中断优先级的中断结构。

引脚说明如下:

① V_{CC}:电源电压。

② GND:地。

③ P0口:一组8位漏极开路型双向I/O接口。作为输出口用时,每个引脚能驱动8个TTL逻辑门电路。当对P0端口写入1时,可以作为高阻抗输入端使用。

当P0口访问外部ROM或RAM时,它还可设定成地址数据总线复用的形式。在这种模式下,P0口具有内部上拉电阻。在EPROM编程时,P0口接收指令字节,同时输出指令字节。在程序校验时,需要外接上拉电阻。

④ P1口:一组带有内部上拉电阻的8位双向I/O接口。P1口的输出缓冲能接受或输出4个TTL逻辑门电路。当对P1口写入1时,它们被内部的上拉电阻拉升为高电平,此时可以作为输入端使用。当作为输入端使用时,P1口因为内部存在上拉电阻,所以当外部被拉低时会输出一个低电流(IIL)。

⑤ P2口:一组带有内部上拉电阻的8位双向的I/O接口。P2口的输出缓冲能驱动4个TTL逻辑门电路。当对P2口写入1时,通过内部上拉电阻把端口拉到高电平,此时可以用作输入口。作为输入口,因为内部存在上拉电阻,某个引脚被外部信号拉低时会输出电流(IIL)。

P2口在访问外部程序存储器或16位地址的外部RAM时,P2口送出高8位地址数据。在这种情况下,P2口使用内部上拉电阻功能输出高电平。当利用8位地址线访问外部数据存储器时,P2口输出特殊功能寄存器的内容。在EPROM编程或校验时,P2口同时接收高8位地址和一些控制信号。

⑥ P3口:一组带有内部上拉电阻的8位双向的I/O接口。P3口的输出缓冲能驱动4个TTL逻辑门电路。当向P3口写入1时,通过内部上拉电阻把端口拉到高电平,此时可以用作输入口。作为输入口,由于内部存在上拉电阻,故某个引脚被外部信号拉低时会输出电流(IIL)。P3口同时具有多种特殊功能,具体如表1.1所列。

表1.1 P3口的第二功能

端口引脚	第二功能
P3.0	RXD(串行输入口)
P3.1	TXD(串行输出口)
P3.2	$\overline{\text{INT0}}$(外部中断0)
P3.3	$\overline{\text{INT1}}$(外部中断1)
P3.4	T0(定时器0)
P3.5	T1(定时器1)
P3.6	$\overline{\text{WR}}$(外部数据存储器写选通)
P3.7	$\overline{\text{RD}}$(外部数据存储器读选通)

⑦ RST:复位输入。当振荡器工作时,RST 引脚出现两个机器周期的高电平将使单片机复位。

⑧ ALE/$\overline{\text{PROG}}$:当访问外部存储器时,该引脚产生输出脉冲,用以锁存地址的低 8 位字节,实现地址锁存使能的功能。当操作 Flash 或者 EPPROM 时,该引脚还可以输入编程脉冲。

一般情况下,ALE 是以晶振频率的 1/6 输出,可以用作外部时钟或定时目的。但也要注意,每当访问外部数据存储器时将跳过一个 ALE 脉冲。

⑨ $\overline{\text{PSEN}}$:程序存储允许时外部 ROM 的读选通信号。当 AT89C52 执行外部 ROM 的指令时,每个机器周期 $\overline{\text{PSEN}}$ 引脚会产生两个脉冲信号,当访问外部 RAM 时,$\overline{\text{PSEN}}$ 引脚将跳过上述两个脉冲信号。

⑩ $\overline{\text{EA}}/V_{\text{PP}}$:外部访问允许。为了使单片机能够有效地传送外部 RAM 中从 0000H 到 FFFH 单元的指令,$\overline{\text{EA}}$ 必须与 GND 相连接。需要注意的是,如果加密位 1 被编程,复位时 EA 引脚会自动内部锁存。当执行内部编程指令时,$\overline{\text{EA}}$ 应该接到 V_{CC} 端。

⑪ XTAL1:振荡器反相放大器以及内部时钟电路的输入端。

⑫ XTAL2:振荡器反相放大器的输出端。

1.2　单片机存储器结构介绍

1.2.1　存储单元地址

现实生活中,人们为了方便辨识和管理,会将住宿楼里的所有房间按照空间位置进行编号,即门牌号。例如,307 表示 3 楼的第 7 个房间;新生入学,学校也会给每个同学根据系别、班级分配一个编号,即学号。单片机存储单元数目众多,为方便定位和进行相关操作,人们对每个存储单元进行编号,称为存储单元地址。

存储单元地址有以下两个基本特点:

① 为了与单片机内部工作方式一致,地址编号采用二进制形式,因二进制位数较多,常转换为十六进制数形式进行表示。

② 某一个存储空间对应的存储单元地址编号必须从 0 开始。

例 1-1　分配 256 B 存储空间的地址编号。

解: 地址编号应为 0～255(十进制形式),而非 1～256,转换为二进制应为 00000000B～11111111B,再转换为十六进制则为 00H～FFH。

注意: *存储器容量越大,则存储单元数量越多,需要的地址位数也越长。例如,4 B 的容量只需 2 位地址(00,01,10,11)即可,8 B 的容量需要 3 位地址 000～111,如图 1.5 所示。以此类推,可将存储器容量写为 2^n 的形式,n 为所需的地址位数。*

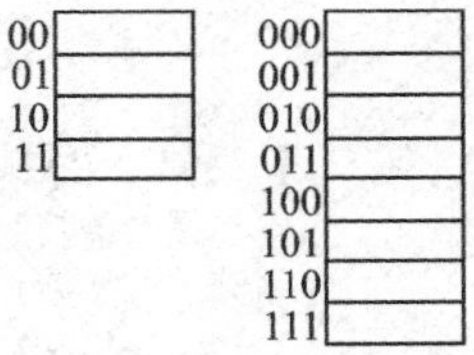

00
01
10
11

000
001
010
011
100
101
110
111

图 1.5　地址编号示意图

1.2.2　80C51 单片机存储器结构

单片机中,只读存储器ROM用来存放程序、表格和始终要保留的常数,单片机中称其为

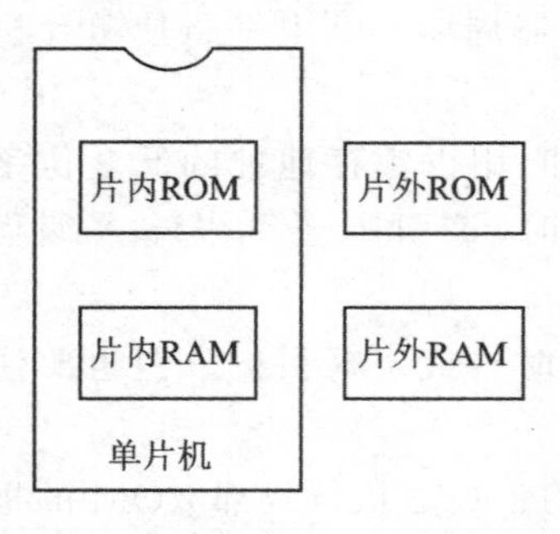

图 1.6 单片机存储器结构

程序存储器;随机存储器 RAM 用来存放程序运行中所需要的数据和运算的结果,单片机中称其为数据存储器。80C51 单片机的存储器采用哈佛结构,程序存储器 ROM 和数据存储器 RAM 硬件上相互独立,但可以有相同的地址,用户必须通过使用不同的访问指令加以区分。

80C51 系列单片机通过外接扩展可配备 4 片存储器空间,即片内程序存储器(简称片内 ROM)、片外程序存储器(片外 ROM,最多扩展 64 KB)、片内数据存储器(片内 RAM)和片外数据存储器(片外 RAM,最多扩展 64 KB)。单片机存储器结构如图 1.6 所示。

1.2.3 程序存储器 ROM 的使用方式

当 80C51 外接 64 KB 片外 ROM 时,由单片机的 $\overline{EA}$ 引脚接法决定 ROM 的使用方式。当 $\overline{EA}$ 引脚保持高电平(+5 V),系统使用单片机片内 4 KB 的 ROM(地址范围为 0000H～0FFFH)及片外 60 KB 的 ROM(地址范围为 1000H～FFFFH),共 64 KB;当 $\overline{EA}$ 引脚保持低电平(接地)时,系统只使用片外 64 KB 的 ROM,地址范围为 0000H～FFFFH。

注意:当程序及数据量不大时,片内 ROM 和 RAM 能够完成存储任务,不需要外接存储器。

片内 RAM 大小为 128 B:128 B=2^7B,二进制地址范围为[0000000,1111111],十六进制地址范围为[00H,7FH]。

片内 ROM 为 4 KB:4 KB=2^{12}B,二进制地址范围为[000000000000,111111111111],十六进制地址范围为[000H,FFFH]。

片外 RAM 和 ROM 为 64 KB:64 KB=2^{16}B,二进制地址范围为[0000000000000000,1111111111111111],十六进制地址范围为[0000H,FFFFH]。

注意:80C51 片内 RAM 地址长度为 7 位,但为了存放地址时与存储器中一个存储单元容量匹配,故习惯将其扩展为 8 位,即二进制地址范围为[00000000,01111111],十六进制地址范围[00H,7FH];80C51 片内 ROM 地址长度为 12 位,但为了与片外 ROM 地址位数匹配,习惯将其扩展为 16 位,即二进制地址范围为[0000000000000000,0000111111111111],十六进制地址范围为[0000H,0FFFH]。扩展过程其实是在其有效地址位数前加 0,地址范围和数量并无变化。

1.3 单片机的数据存储器和特殊功能寄存器介绍

1.3.1 片内 RAM 分区

MCS－51 单片机的数据存储器分为片内数据存储器和片外数据存储器。

MCS－51 的内部数据存储器为 256 B,分为高 128 B(80H～FFH)和低 128 B(00H～7FH)。MCS－51 将片内数据存储器中低 128 B 的不同区域按功能和用途分为工作寄存器区(00H～1FH)、位寻址区(20H～2FH)、通用 RAM 区(30H～7FH)3 部分。

1. 工作寄存器区

80C51单片机片内RAM地址为00H～1FH，共32个存储单元，分成4个工作寄存器组，每组8个存储单元。

➢ 寄存器0组：地址00H～07H。
➢ 寄存器1组：地址08H～0FH。
➢ 寄存器2组：地址10H～17H。
➢ 寄存器3组：地址18H～1FH。

系统运行时，只能有一个工作寄存器组作为当前工作寄存器组。为方便用户对当前工作寄存器组进行编程操作，系统用代号R0～R7来标志当前工作寄存器组的8个存储单元。当前工作寄存器组的选择由特殊功能寄存器中的程序状态字寄存器PSW的RS1和RS0位决定，用户可编程修改这两位的值，以选择不同的工作寄存器组。工作寄存器组与RS1、RS0及标志号的对应关系如表1.2所列。

表1.2　工作寄存器分组表

组　号	RS1	RS0	R7	R6	R5	R4	R3	R2	R1	R0
0	0	0	07H	06H	05H	04H	03H	02H	01H	00H
1	0	1	0FH	0EH	0DH	0CH	0BH	0AH	09H	08H
2	1	0	17H	16H	15H	14H	13H	12H	11H	10H
3	1	1	1FH	1EH	1DH	1CH	1BH	1AH	19H	18H

2. 位寻址区

片内RAM的位寻址区地址为20H～2FH，共16个存储单元。这16个存储单元具有两种数据存取方式，它们既可以像普通存储单元一样按字节(8位)存取，也可以对每个存储单元中的每一位进行单独存取。为了对存储单元的每一位进行精确辨识，系统对它们进行了编号，称为位地址。位地址分配表如表1.3所列。由于位寻址区既可以按字节存取，又可以对其每一位单独存取，故在编程时该区域不应被其他用途所占用。

注意：为了与位地址进行区别，存储单元的地址常称为字节地址。

表1.3　位寻址区的位地址

字节地址	位地址							
	D7H	D6H	D5H	D4H	D3H	D2H	D1H	D0H
20H	07H	06H	05H	04H	03H	02H	01H	00H
21H	0FH	0EH	0DH	0CH	0BH	0AH	09H	08H
22H	17H	16H	15H	14H	13H	12H	11H	10H
23H	1FH	1EH	1DH	1CH	1BH	1AH	19H	18H
24H	27H	26H	25H	24H	23H	22H	21H	20H
25H	2FH	2EH	2DH	2CH	2BH	2AH	29H	28H
26H	37H	36H	35H	34H	33H	32H	31H	30H
27H	3FH	3EH	3DH	3CH	3BH	3AH	39H	38H
28H	47H	46H	45H	44H	43H	42H	41H	40H

续表 1.3

字节地址	位地址							
	D7H	D6H	D5H	D4H	D3H	D2H	D1H	D0H
29H	4FH	4EH	4DH	4CH	4BH	4AH	49H	48H
2AH	57H	56H	55H	54H	53H	52H	51H	50H
2BH	5FH	5EH	5DH	5CH	5BH	5AH	59H	58H
2CH	67H	66H	65H	64H	63H	62H	61H	60H
2DH	6FH	6EH	6DH	6CH	6BH	6AH	69H	68H
2EH	77H	76H	75H	74H	73H	72H	71H	70H
2FH	7FH	7EH	7DH	7CH	7BH	7AH	79H	78H

3. 通用 RAM 区

位寻址区之后的 30H～7FH(共 80 B)存储单元为通用 RAM 区,这一区域的操作指令应用非常丰富,数据处理灵活方便,而且可作为数据缓冲或数据堆栈使用。

1.3.2 特殊功能寄存器区

80C51 单片机的特殊功能寄存器(SFR)非常重要,对单片机工程技术人员来说,掌握了 SFR 也就基本掌握了 80C51 单片机。80C51 单片机的 SFR 包括内部的 I/O 口锁存器,累加器以及定时器、串行口、中断的各种控制寄存器和状态寄存器,共 21 个。SFR 与片内 RAM 统一编址,其地址离散地分布在 80H～FFH 的地址空间中。字节地址能被 8 整除(十六进制的地址尾数为 0 或 8)的寄存器单元同时拥有位地址。

80C51 所有特殊功能寄存器如表 1.4所列。

表 1.4 特殊功能寄存器

符号名称	位 地 址								字节地址
P0	87H	86H	85H	84H	83H	82H	81H	80H	80H
	P0.7	P0.6	P0.5	P0.4	P0.3	P0.2	P0.1	P0.0	
SP	堆栈指针								81H
DPL	16 位数据寄存器低 8 位								82H
DPH	16 位数据寄存器高 8 位								83H
PCON	电源控制寄存器								87H
TCON	8FH	8EH	8DH	8CH	8BH	8AH	89H	88H	88H
	TF1	TR1	TF0	TR0	IE1	IT1	IE0	IT0	
TMOD	定时器模式选择寄存器								89H
TL0	定时器 T0 低 8 位								8AH
TL1	定时器 T0 高 8 位								8BH
TH0	定时器 T1 低 8 位								8CH
TH1	定时器 T0 高 8 位								8DH

续表 1.4

符号名称	位地址								字节地址
P1	97H	96H	95H	94H	93H	92H	91H	90H	90H
	P1.7	P1.6	P1.5	P1.4	P1.3	P1.2	P1.1	P1.0	
SCON	9FH	9EH	9DH	9CH	9BH	9AH	99H	98H	98H
	SM0	SM1	SM2	REN	TB8	RB8	TI	RI	
SBUF	串行口设置寄存器								99H
P2	A7H	A6H	A5H	A4H	A3H	A2H	A1H	A0H	A0H
	P2.7	P2.6	P2.5	P2.4	P2.3	P2.2	P2.1	P2.0	
IE	AFH			ACH	ABH	AAH	A9H	A8H	A8H
	EA			ES	ET1	EX1	ET0	EX0	
P3	B7H	B6H	B5H	B4H	B3H	B2H	B1H	B0H	B0H
	P3.7	P3.6	P3.5	P3.4	P3.3	P3.2	P3.1	P3.0	
IP				BCH	BBH	BAH	B9H	B8H	B8H
				PS	PT1	PX1	PT0	PX0	
PSW	D7H	D6H	D5H	D4H	D3H	D2H	D1H	D0H	D0H
	CY	AC	F0	RS1	RS0	OV		P	
ACC	E7H	E6H	E5H	E4H	E3H	E2H	E1H	E0H	E0H
	ACC.7	ACC.6	ACC.5	ACC4	ACC3	ACC2	ACC.1	ACC.0	
B	F7H	F6H	F5H	F4H	F3H	F2H	F1H	F0H	F0H
	B.7	B.6	B.5	B.4	B.3	B.2	B.1	B.0	

1.4 单片机最小系统

单片机的工作就是执行用户程序、指挥各部分硬件完成既定任务。如果一个单片机芯片没有烧录用户程序，显然不能工作。对于一个烧录了用户程序的单片机芯片，给它上电后就能工作吗？不能。原因是除了单片机芯片外，单片机能够工作的最小电路还包括时钟和复位电路，通常称为单片机最小系统。

复位电路用于将单片机内部各电路的状态恢复到初始值。时钟电路为单片机工作提供基本时钟，因为单片机内部由大量的时序电路构成，没有时钟脉冲（“脉搏”的跳动），各个部分将无法工作。

1.4.1 时钟电路

单片机的时钟信号用来提供单片机内部各种微操作的时间基准。80C51 单片机的时钟信号通常用两种电路形式得到：内部振荡方式和外部振荡方式。

1. 内部振荡方式

在引脚 XTAL1 和 XTAL2 外接晶体振荡器（简称晶振），就构成了内部振荡方式。由于单片机内部有一个高增益反相放大器，外接晶振后，就构成了自激振荡器并产生振荡时钟脉冲。晶振频率通常选6 MHz、12 MHz或24 MHz。内部振荡电路如图1.7所示。

图1.7中电容C1和C2起稳定振荡频率和快速起振的作用,电容值一般为5～30 pF。内部振荡电路所得的时钟信号比较稳定,实际中使用较多。

2. 外部振荡方式

外部振荡方式是把外部已有的时钟信号引入单片机内。这种方式适于用来使单片机的时钟与外部信号保持一致。外部振荡电路如图1.8所示。

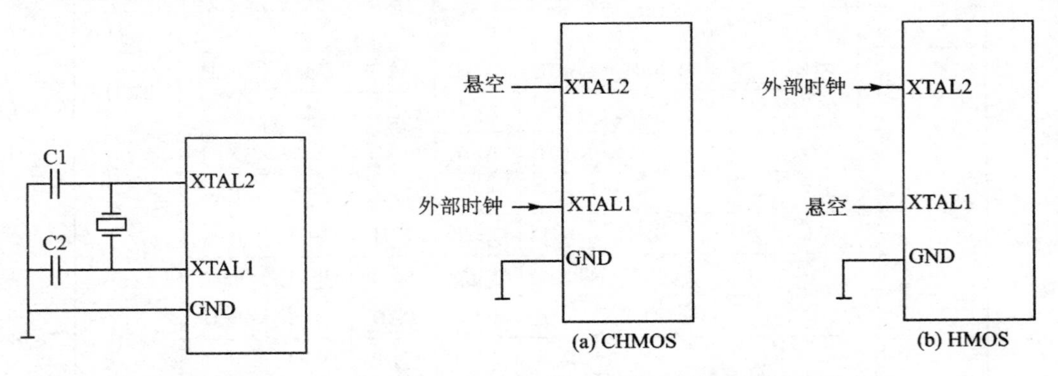

图1.7 内部振荡电路

图1.8 外部振荡方式

对于HMOS的单片机(8031、8051等),外部时钟信号由XTAL2引入;对于CHMOS的单片机(80C31、80C51等),外部时钟信号由XTAL1引入。单片机脉冲信号如图1.9所示。

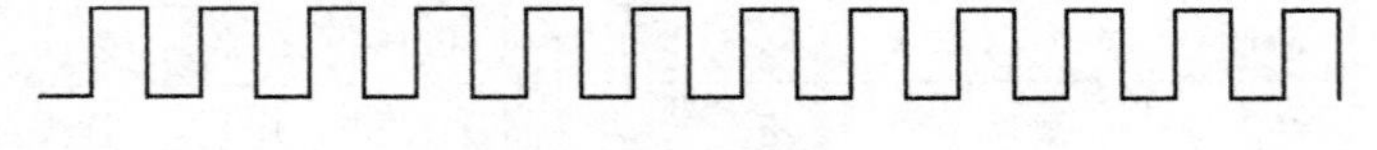

图1.9 脉冲信号

1.4.2 复位电路

无论单片机是刚开始接上电源,还是断电或发生故障,都需要复位。单片机复位是使CPU和系统中的其他功能部件都能恢复到一个确定的初始状态,并从这个初始状态开始工作,使单片机从程序存储器的第一个单元取指令执行。

单片机复位一般是3种情况:上电复位、手动复位和程序自动复位。

单片机上电后,需要进行一个内部的初始化过程,称为上电复位。它保证单片机每次都从一个固定的、相同的状态开始工作。

当单片机程序运行时,如果遭受到意外干扰而导致程序死机或跑飞,操作人员就可以按下复位按键,让程序初始化后重新运行,这个过程称为手动复位。

当程序死机或跑飞的时候,单片机往往有一套自动复位机制。在这种情况下,如果程序长时间失去响应,单片机的看门狗模块会自动复位重启单片机。电源、晶振、复位构成了单片机最小系统的三要素,即一个单片机具备了这3个条件,就可以运行程序员下载的程序了。其他如LED、数码管及液晶等都属于单片机的外部设备,即外设。最终完成工程人员想要的功能就是通过对单片机编程来控制各种各样的外设来具体实现的。

单片机复位的条件:必须使 RST(第 9 引脚)加上持续两个机器周期(即 24 个脉冲振荡周期)以上的高电平。若时钟频率为 12 MHz,则每个机器周期为 1 μs,须加上持续 2 μs 以上时间的高电平。单片机常见复位电路如图 1.10 和图 1.11 所示。

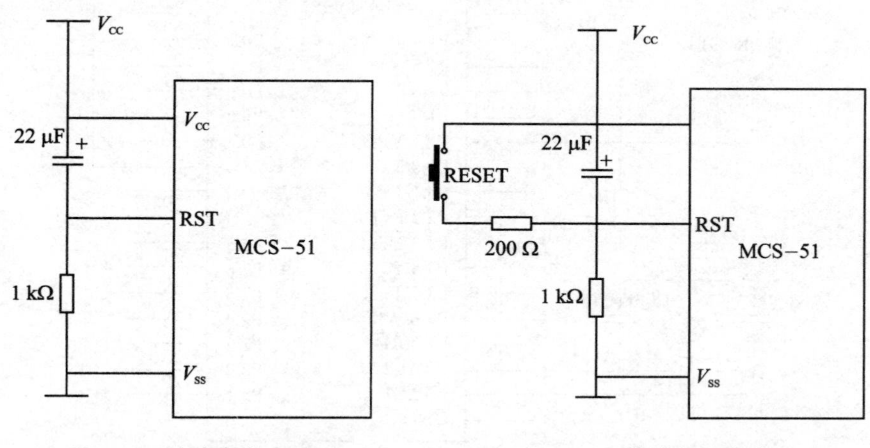

图 1.10　上电复位电路　　　　图 1.11　按键复位电路

上电复位电路利用电容充电来实现复位。在接通电源的瞬间,RST 端的电位与 Vcc 相同,随着充电电流的减少,RST 的电位逐渐下降。只要保证 RST 为高电平的时间大于两个机器周期,便能正常复位。

按键复位电路除具有上电复位功能外,还可以按图 1.11 中所示的 RESET 键实现复位。此时电源 Vcc 经两个电阻分压,在 RST 端产生一个复位高电平。复位后,单片机内部的各寄存器状态如表 1.5 所列。

表 1.5　寄存器复位后状态

专用寄存器	复位状态	专用寄存器	复位状态
PC	0000H	ACC	00H
B	00H	PSW	00H
SP	07H	DPTR	0000H
P0～P3	FFH	IP	***00000B
TMOD	00H	IE	0**00000B
TH0	00H	SCON	00H
TL0	00H	SBUF	不确定
TH1	00H	PCON	0***0000B
TL1	00H	TCON	00H

结上所述,内部振荡方式组合按键复位电路的单片机最小系统电路如图 1.12 所示。

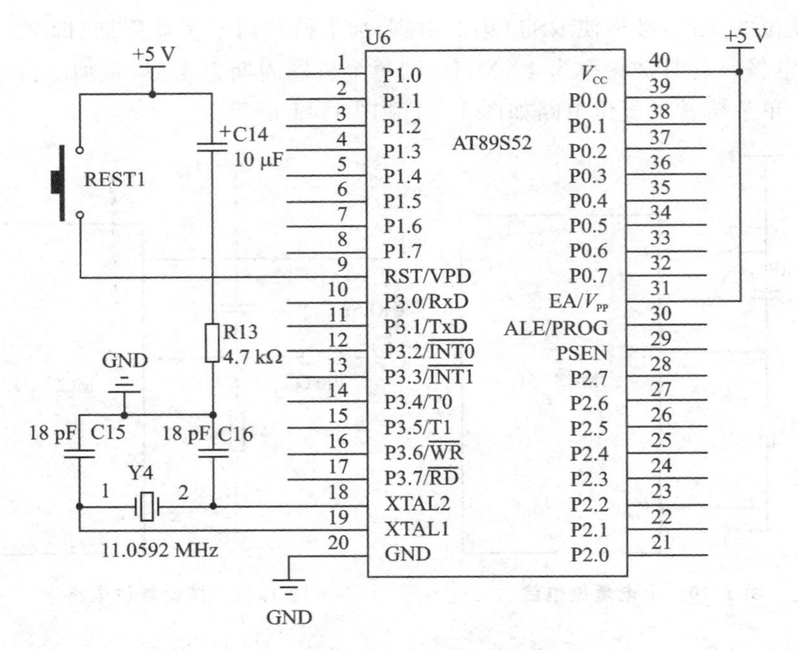

图1.12　单片机最小系统电路

1.5　任务实施——单片机建立项目

1.5.1　单片机开发环境的安装

单片机的开发需要使用编程软件和下载软件。本书编程软件使用美国 Keil Software 公司出品的 Keil μVision4 的51版本(又称为 Keil C51)。Keil C51 是目前开发51系列单片机的主流工具。安装过程如下:

① 首先准备 Keil μVision4 安装源文件,双击安装文件,弹出安装的欢迎界面,如图1.13所示。

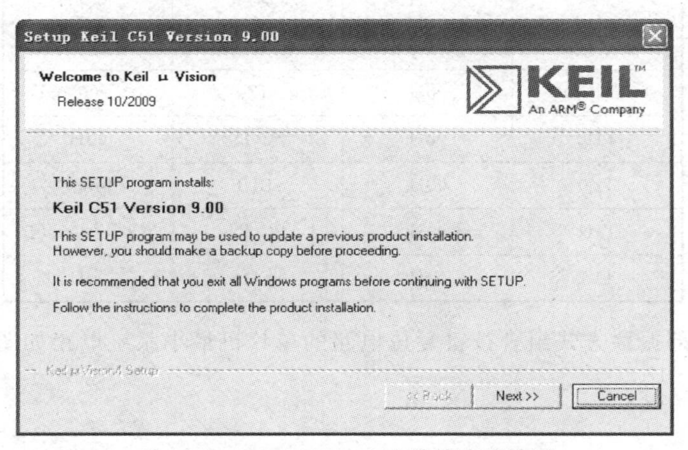

图1.13　Keil μVision4 安装的欢迎界面

② 单击 Next 按钮，弹出 License Agreement 对话框，如图 1.14 所示。这里显示的是安装许可协议，需要勾选 I agree to all the terms of the preceding License Agreement 项。

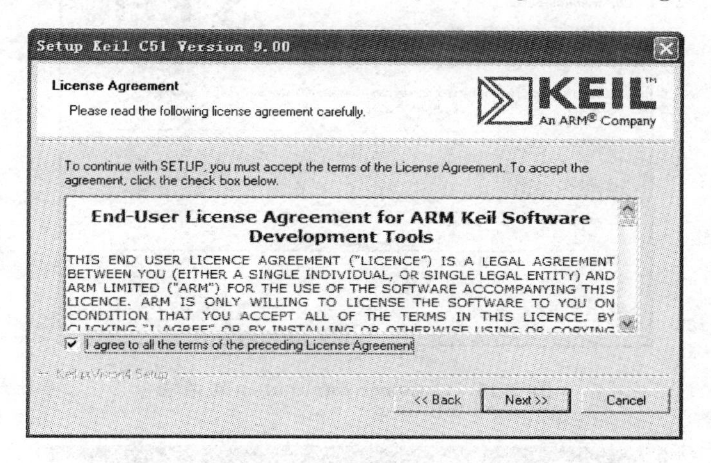

图 1.14　License Agreement 对话框

③ 单击 Next 按钮，弹出 Folder Selection 对话框，如图 1.15 所示。这里可以设置安装路径，默认安装路径在 C:\Keil 文件夹下。单击 Browse... 按钮，可以修改安装路径。

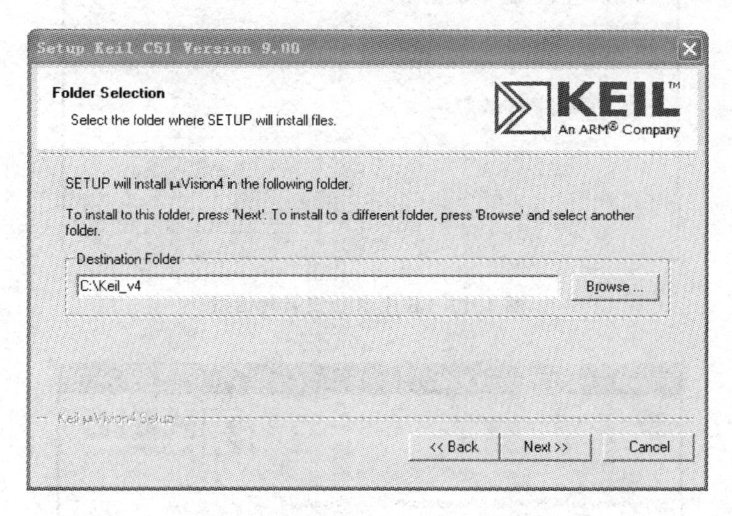

图 1.15　Folder Selection 对话框

④ 单击 Next 按钮，弹出 Customer Information 对话框，如图 1.16 所示。输入用户名、公司名称以及 E-mail 地址即可。

⑤ 单击 Next 按钮，程序即自动安装软件，如图 1.17 所示。

⑥ 安装完成后，弹出如图 1.18 所示的对话框。

⑦ 单击 Finish 按钮，Keil 编程软件开发环境即安装成功。

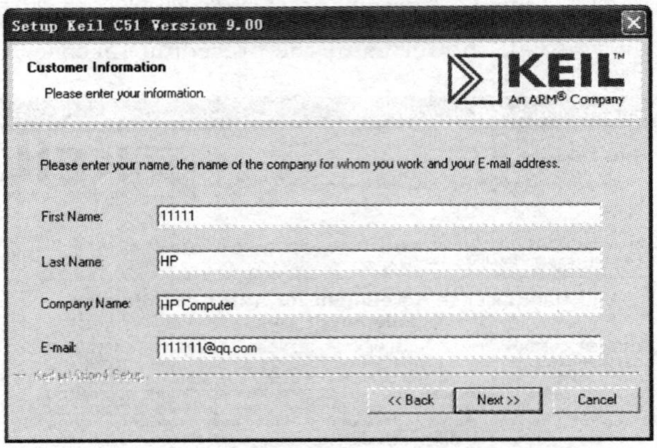

Setup Keil C51 Version 9.00

Customer Information

Please enter your information.

KEIL™ An ARM® Company

Please enter your name, the name of the company for whom you work and your E-mail address.

First Name: 11111

Last Name: HP

Company Name: HP Computer

E-mail: 111111@qq.com

Keil μVision4 Setup

<< Back　Next >>　Cancel

图 1.16　Customer Information 对话框

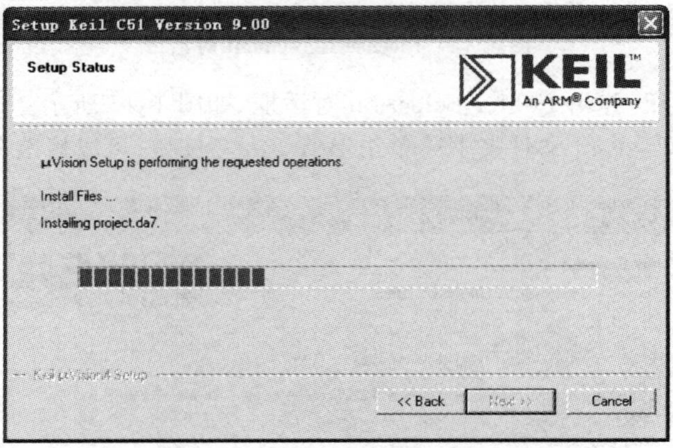

Setup Keil C51 Version 9.00

Setup Status

KEIL™ An ARM® Company

μVision Setup is performing the requested operations.

Install Files ...

Installing project.da7.

Keil μVision4 Setup

<< Back　Next >>　Cancel

图 1.17　程序自动安装对话框

Setup Keil C51 Version 9.00

Keil μ Vision4 Setup completed

KEIL™ An ARM® Company

μVision Setup has performed all requested operations successfully.

- [ ] Show Release Notes.
- [ ] Retain current μVision configuration.
- [ ] Add example projects to the recently used project list.

Keil μVision4 Setup

<< Back　Finish　Cancel

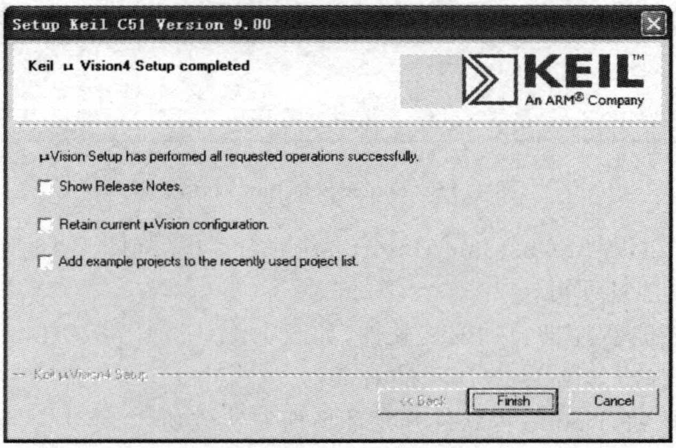

图 1.18　安装完成

1.5.2　Keil C51 注册

Keil C51 注册过程如下：

① 运行 Keil C51，选择 File→License Management 命令，弹出 License Management 对话框，如图 1.19 所示。

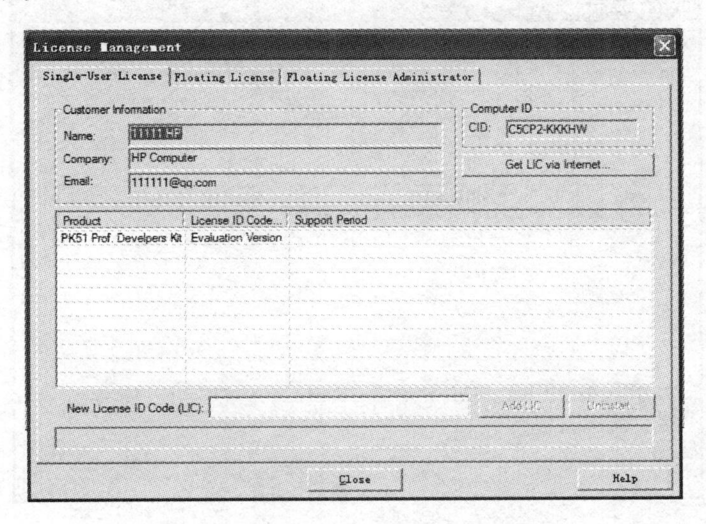

图 1.19　License Management 对话框

② 在 License Management 对话框中，复制 CID 号。

③ 打开注册机文件 Keil_Lic. exe，如图 1.20 所示。

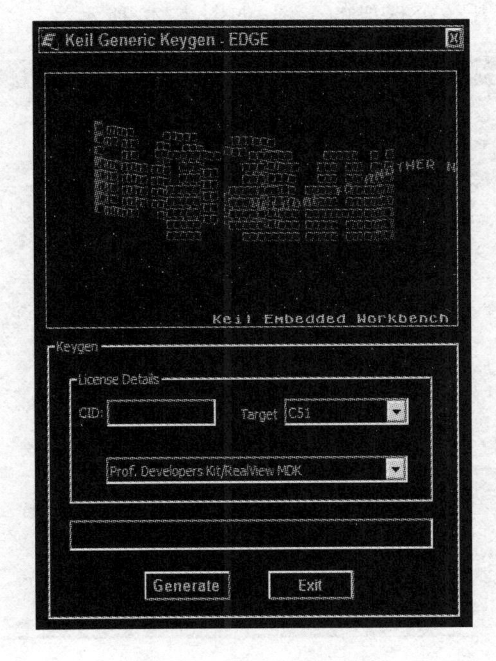

图 1.20　注册机启动界面

④ 将之前复制的CID号粘贴在License Details栏的CID文本框中,单击Generate按钮即生成序列号并复制。

⑤ 回到License Management对话框中,将序列号粘贴在New License ID Code(LIC)文本中,单击Add LIC按钮,这样就成功注册了,如图1.21所示。

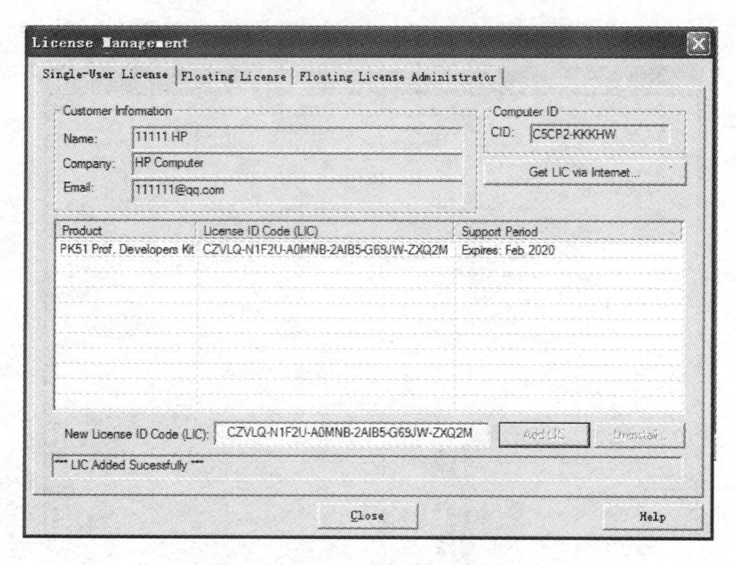

图1.21 成功注册界面

1.5.3 Keil开发环境介绍

在Keil开发环境中打开一个现成的工程,如图1.22所示。

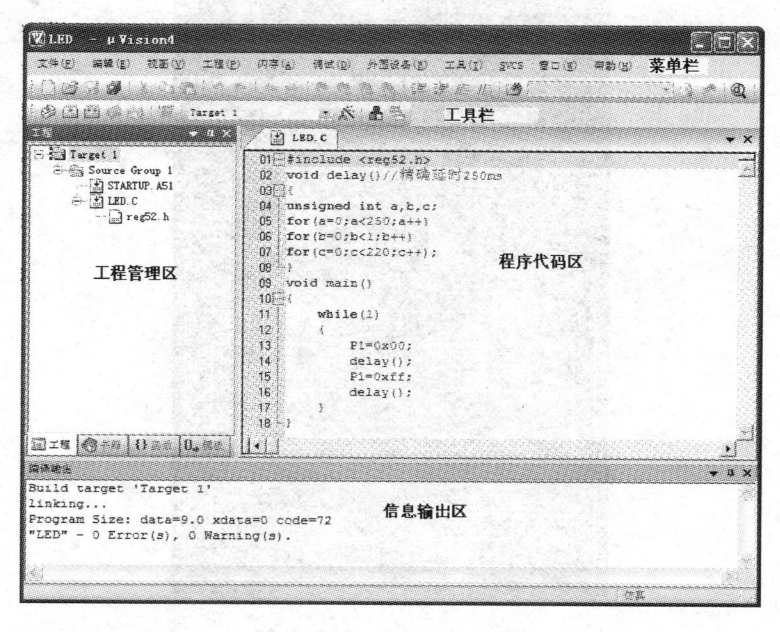

图1.22 工程文件窗口

在图1.22中可以看到菜单栏、工具栏、工程管理区、程序代码区和信息输出区。单击“编辑”→“配置”→“文字和字体”菜单命令，在弹出的如图1.23所示对话框中可以进行字体类型、颜色及大小的设置。

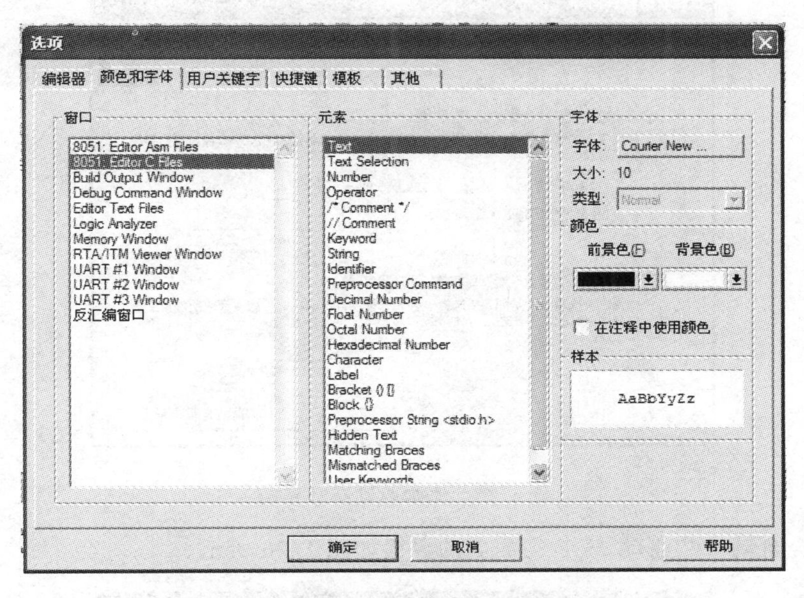

图1.23　字体类型、颜色及大小设置选项卡

1.5.4　单片机程序下载

1. 安装下载器驱动

① 将ASP下载器插在计算机的USB口上，之后系统会提示找到新硬件，选中“从列表或者指定位置安装(高级)(S)”选项，单击“下一步”按钮，如图1.24所示。

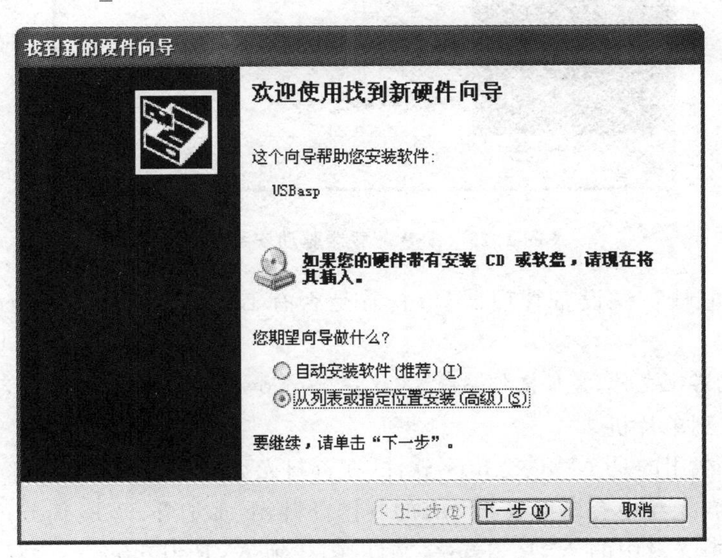

图1.24　找到新硬件界面

② 单击“浏览”按钮,定位到驱动存放位置(资料光盘中 AVR_fighter 文件夹内),然后单击“下一步”按钮,如图 1.25 所示。

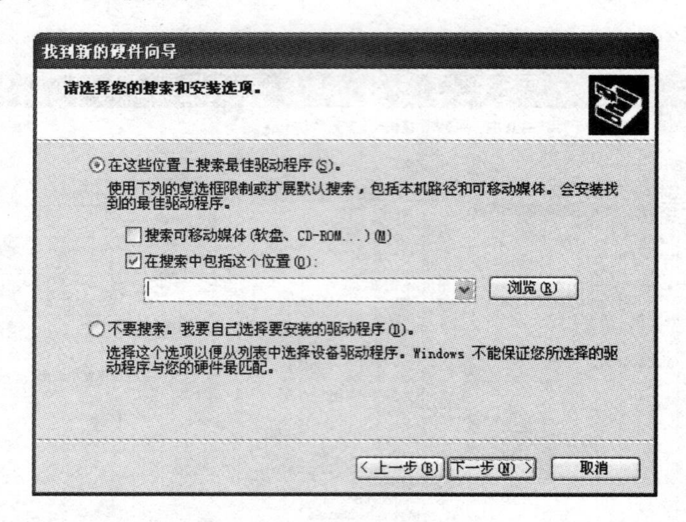

图 1.25 添加驱动存放路径

③ 程序会自动安装驱动,安装完成后的界面如图 1.26 所示。

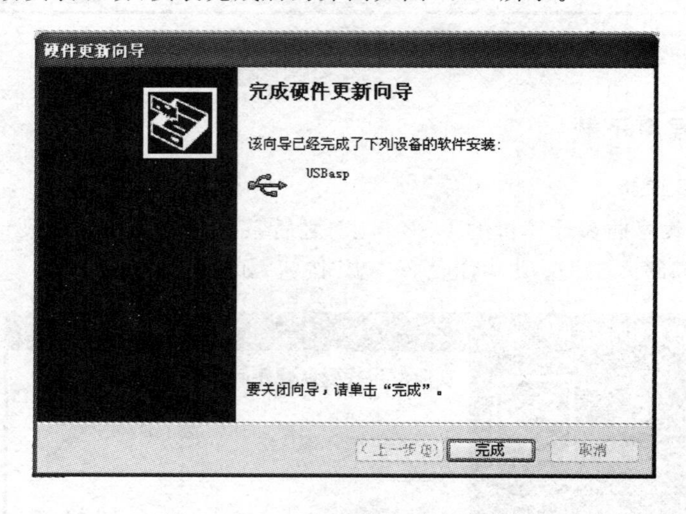

图 1.26 ASP 下载器驱动安装完成

④ 在“我的电脑”→“设备管理器”中查看是否有 LibUSB-win32 Devices 项,如图 1.27 所示。

注意:该下载器仅支持 32 位操作系统,建议在 Windows XP 或 Windows 7 32 位系统中使用。

2. 下载程序到单片机

AT89S52 下载用的是 AVR_fighter 软件(在资料光盘中查找),目前是该芯片最便宜且好用的下载器。资料光盘中有该下载器所有的制作资料,下面介绍 AVR_fighter 如何使用。

首先打开资料光盘中的 AVR_fighter 文件夹,找到 AVR_fighter.exe,双击打开。软件打开后如图 1.28 所示。

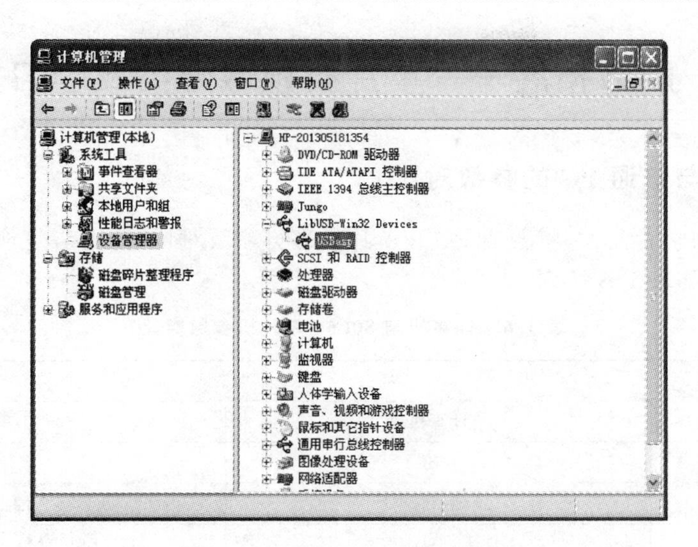

图 1.27　成功添加 ASP 下载器

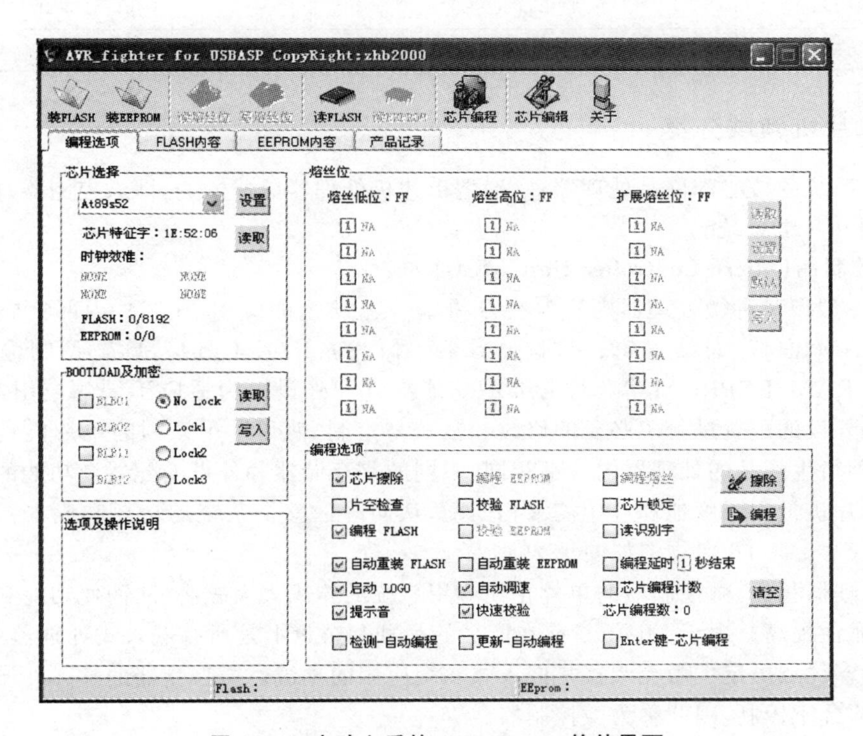

图 1.28　启动之后的 AVR_fighter 软件界面

第一步：选择芯片型号。开发板的芯片为 AT89S52，所以单击“芯片选择”栏，选中 AT89S52。

第二步：装入.hex 或.bin 文件。单击“装 FLASH”按钮，将路径定位到.hex 或.bin 文件的存放文件夹，选中后打开。

第三步：单击“芯片编程”按钮。下载软件将自动下载程序到单片机，直到程序下载成功，并且在“选项及操作说明”窗口提示相关信息。

1.6 能力拓展——单片机领域分类及学习方法

1.6.1 单片机与普通PC的参数对比

对于单片机初学者而言,将普通PC和单片机进行参数对比,能更清楚地了解两者的区别及单片机的特点,如表1.6所列。

表1.6 计算机与80C51单片机参数对比

参数	类型	
	计算机	80C51单片机
CPU字长	64位	8位
CPU频率	2.5 GHz以上	6~12 MHz
存储容量(内存)	4 GB	128 B(RAM)/4 KB(ROM)
数据接口	并口、串口、USB口	4并口、1串口
使用方式	可视化(键盘、触摸屏操作)	编程

1.6.2 单片机领域分类

计算机系统的核心部件是处理器,一般把单片机处理器分成4类,即微控制器、微处理器、DSP处理器和片上系统。

1. 微控制器(Micro-Controller Unit,MCU)

MCU一般以某种微处理器内核为核心,根据某些典型的应用,在芯片内部集成了ROM/EPROM、RAM、总线、总线逻辑、定时/计数器、看门狗、I/O、串行口、脉宽调制输出、A/D、D/A、Flash RAM、EEPROM等各种必要的功能部件和外设。为适应不同的应用需求,对功能的设置和外设的配置进行了必要的修改和裁减与定制,使得一个系列的单片机具有多种衍生产品,每种衍生产品的处理器内核都相同,不同的是存储器和外设的配置及功能的设置。这样可以使单片机最大限度地和应用需求相匹配,从而降低整个系统的功耗和成本。其典型芯片STM320F103VCT6实物图如图1.29所示。

和微处理器相比,微控制器的单片化使应用系统的体积大大减小,从而使功耗和成本大幅度下降、可靠性提高。由于MCU目前在产品的品种和数量上是所有嵌入式处理器中最多的,而且上述诸多优点决定了微控制器是嵌入式系统应用的主流。微控制器的片上外设资源一般比较丰富,适合于控制,因此称为微控制器。

通常,MCU可分为通用和半通用两类,比较有代表性的通用系列包括8051、P51XA、MCS-251、MCS-96/196/296、C166/167、68300等;而比较有代表性的半通用系列包括支持USB接口的MCU 8XC930/931、C540、C541以及支持I^2C、CAN总线、LCD等的众多专用MCU和兼容系列。

2. 微处理器(Micro-Processor Unit,MPU)

MPU是由通用计算机中的CPU演变而来的,它采用增强型通用微处理器。由于嵌入式系统通常应用于比较恶劣的环境,因而MPU在工作温度、电磁兼容性以及可靠性方面的要求

图 1.29　MCU 中典型芯片 STM32F103VCT6

较通用的标准微处理器高。但是，MPU 在功能方面与标准的微处理器基本上是一样的。根据实际嵌入式应用要求，将 MPU 装配在专门设计的主板上，只保留和嵌入式应用有关的主板功能，这样可以大幅度减小系统的体积和功耗。

和工业控制计算机相比，微处理器组成的系统具有体积小、质量轻、成本低、可靠性高的优点，但在其电路板上必须包括 ROM、RAM、总线接口、各种外设等器件，从而降低了系统的可靠性，技术保密性也较差。MPU 及其存储器、总线、外设等安装在一块电路主板上构成了一个通常所说的单板机系统。嵌入式微处理器目前主要有 AM186/88、386EX、SC－400、Power PC、68000、MPIS、ARM 系列等。MPU 中的典型芯片 S3C2440A 的实物如图 1.30 所示。

图 1.30　MPU 中典型芯片 S3C2440A

3. 数字信号处理器(Digital Signal Processor，DSP)

DSP 是专门用于信号处理方面的处理器，它在系统结构和指令算法方面进行了特殊设计，具有很高的编译效率和指令执行速度。

在数字信号处理应用中，各种数字信号处理算法很复杂，一般结构的处理器无法实时地完成这些运算。由于 DSP 对系统结构和指令进行了特殊设计，使其适合于实时地进行数字信号处理。在数字滤波、FFT、谱分析等方面，DSP 算法正大量进入嵌入式领域，DSP 应用正从在通用单片机中以普通指令实现DSP功能,过渡到采用嵌入式DSP。

嵌入式DSP处理器有以下两类:

① DSP处理器经过单片化、EMC改造、增加片上外设成为嵌入式DSP处理器,TI的TMS320C2000/C5000等属于此范畴。

② 在通用单片机或SoC中增加DSP协处理器,如Intel的MCS-296和Infineon的tricore。另外,在有关智能方面的应用中,也需要嵌入式DSP处理器,如各种带有智能逻辑的消费类产品,生物信息识别终端,带有加解密算法的键盘,ADSL接入、实时语音压解系统,虚拟现实显示等。这类智能化算法一般运算量较大,特别是向量运算、指针线性寻址等较多,而这些正是DSP处理器的优势所在。嵌入式DSP处理器比较有代表性的产品是TI的TMS320系列和Motorola的DSP56000系列。TMS320系列处理器包括用于控制的C2000系列、用于移动通信的C5000系列以及性能更高的C6000和C8000系列。目前DSP56000系列已经发展成为DSP56000、DSP56100、DSP56200和DSP56300等几个不同系列的处理器。DSP中典型芯片TMS320DM642的实物如图1.31所示。

图1.31 DSP中典型芯片TMS320DM642

4. 片上系统(System on Chip,SoC)

SoC是追求产品系统最大包容的集成器件。它最大的特点是成功实现了软硬件无缝结合,直接在处理器片内嵌入操作系统的代码模块。而且SoC具有极高的综合性,在一个硅片内部运用VHDL等硬件描述语言,实现一个复杂的系统。用户不需要再像传统的系统设计一样,绘制庞大复杂的电路板,一点点地连接焊制,只需要使用精确的语言,综合时序设计,直接在器件库中调用各种通用处理器的标准,然后通过仿真之后就可以直接交付芯片厂商进行生产。

随着EDI的推广和VLSI设计的普及化,以及半导体工艺的迅速发展,可以在一块硅片上实现一个更为复杂的系统,这就产生了SoC技术。各种通用处理器内核将作为SoC设计公司的标准库,和其他许多嵌入式系统外设一样,成为VLSI设计中的一种标准器件,用标准的VHDL、VERILOG等硬件语言描述,存储在器件库中。用户只需定义出整个应用系统,仿真通过后就可以将设计图交给半导体工厂制作样品。这样除某些无法集成的器件以外,整个嵌入式系统大部分均可集成到一块或几块芯片中去,应用系统电路板将变得很简单,对于减小整个应用系统体积和功耗、提高可靠性非常有利。FPGA中典型芯片EP2C20F和FFG1738F实物图如图1.32所示。

图1.32　FPGA中典型芯片EP2C20F和FFG1738F

1.6.3　单片机学习方法

单片机型号众多，但其基本原理、基本用法是相通的。只要熟练掌握其中一种，其他的都可以触类旁通。单片机作为一门实用技术，在学习过程中应坚持“一个要领、四个步骤”的学习方法。

学习单片机的要领是在实践中成长，不能局限于书本。在完成单片机的基础学习后应加强实践训练。在实践中遇到问题再查阅书本，这样比直接学习书本的效果要好很多。学习单片机的4个步骤如下：

第一步：“鹦鹉学舌”

初学者的学习强调模仿。对于程序，多次抄写（计算机输入）会加深对程序语法、结构的理解，减少命令和格式的错误。初学者切忌复制、粘贴程序。

第二步：“照葫芦画瓢”

掌握语法基础，再结合多次计算机程序输入练习，就能慢慢看懂较短的程序。

在看懂一个程序实例后，可以尝试关掉源代码，自己通过看电路图和查找非源代码的其他学习资料，将该实例程序代码重新默写出来。默写程序代码不仅考验记忆力，更是考验对程序结构的理解。

第三步：“他山之石，可以攻玉”

单片机程序具有类通性。在独立完成作业或任务时，可通过网络和书籍寻找类似实例并加以参考、借鉴。将别人的东西分析明白并加以改进和优化，可以快速地丰富自身经验，并提升自身能力。

第四步：理实结合，温故知新

完成以上三步再阅读书本，会对很多知识点产生新的感悟。此时可通过细致的阅读查缺补漏，完善自身的理论知识，并在实践中加以验证。

学习情境 2　流水灯的实现

通过对学习情境 2 的学习，需要掌握计算机中的数制转换、C 语言编程的基本知识，其中包括 C 语言变量的类型及范围、C 语言中的基本运算符、循环语句表示、函数的基本知识等。基于学习情境 1 的单片机硬件理论，结合 LED 灯硬件电路知识，编写简单的流水灯控制程序，从而实现流水灯的显示功能。

2.1　数制转换

数制即计数的进位制。

人们在日常生活中使用最多的是十进制计数。计算机或者单片机能够直接处理的是二进制数，因为二进制数的计数位数较多，所以需要将二进制数转换为十六进制数。

二进制、十进制和十六进制都是单片机程序编写中的可用数制，而在汇编语言中，分别在各数制末尾加字母 B、D、H 来表示（十进制后缀 D 可以省略）。

2.1.1　二进制与十进制间的转换

1. 二进制数转换为十进制数

把二进制数转换为相应的十进制数，只要将二进制数中出现 1 的数位权相加即可。

例 2-1　将 100101B 转换为十进制数。

解　$100101B=1\times2^5+1\times2^2+1\times2^0=37D$

2. 十进制数转换为二进制数

把十进制数转换为相应的二进制数常用“除 2 取余”法，即将十进制数依次除 2 并记下每次所得的余数，将所得的余数倒序排列即为相应的二进制数。

例 2-2　将十进制数 236 转换为二进制数。

解　236D＝11101100B，计算过程如图 2.1 所示。

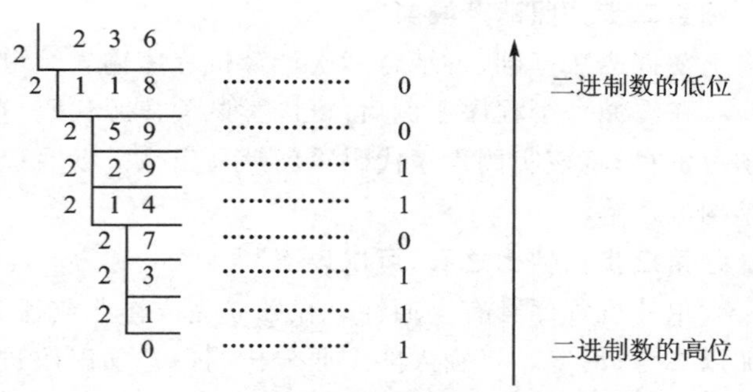

图 2.1　十进制数转二进制数

2.1.2　二进制与十六进制间的转换

1. 二进制数转换为十六进制数

十六进制数的每一位都与 4 位二进制数相对应。要将二进制数转换为十六进制数，只需把二进制数分成 4 位一组，然后将每组的 4 位二进制数转换为对应的十六进制数，转换时应熟练使用“8421”法则（注：整数部分从右往左分组，小数部分从左往右分组）。

例 2-3　分别将二进制数 11100101101 和 0.11100101101 转换为十进制数。

解　11100101101B=0111 0010 1101B=72DH

0.11100101101B = 0.1110 0101 1010B=0.E5AH

2. 十六进制数转换为二进制数

十六进制数转换为二进制数的过程，即为上述转换的逆过程，只需将每位十六进制数直接转换成对应的 4 位二进制数即可。

例 2-4　将十六进制数 2C7.3F9H 转换为二进制数。

解　2C7.3F9H =0010 1100 0111.0011 1111 1001B=1011000111.001111111001B

2.2　单片机中的存储单位

单片机中数据的常见单位有以下 4 种：

① 位(bit,简写为 b)：一个二进制位，其值不是 1 便是 0，是计算机中数据的最小单位。

② 字节(Byte,简写为 B)：一个字节就是 8 个二进制位，是计算机中数据的基本单位。

③ 字(Word)：2 个字节，就是 16 个二进制位。

④ 双字：2 个字，即 4 个字节，32 个二进制位。

为了方便数据的存储、传输和运算，单片机中以“位”作为数据的最小存储单位，以“字节”作为其最基本的存储单位。单片机中的存储空间全部以“字节”为单位，一个字节(8 位)的存储空间称为一个存储单元。单片机众多存储单元中只有一部分可进行位操作。为了形象地表现单片机的存储结构，常将存储空间描绘为格状形式，如图 2.2 所示。图中每一个长格表示一个存储单元，容量为一个字节(即 1 B)。如果将一个长格再细分为 8 个小格，则表示该存储单元的二进制位允许进行位操作，没有细分的则只能进行字节操作。

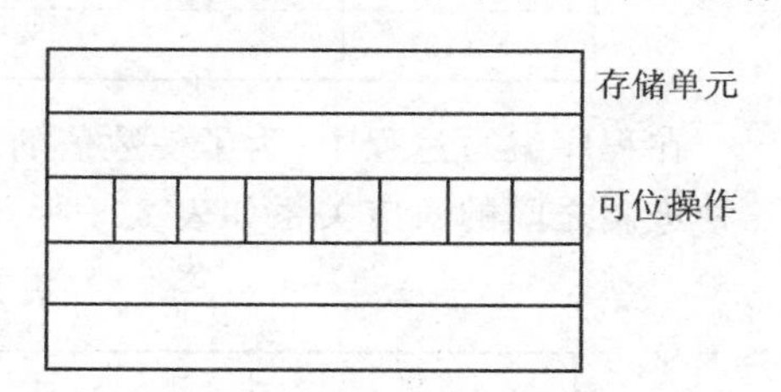

图 2.2　存储结构示意图

2.3　无符号数与有符号数

在单片机的实际应用中，当需要存储和处理的数据全是正数时，习惯采用无符号数表示法。无符号数的所有位全是数值位。以单字节数据为例，其表示范围为[00000000B，11111111B]，即 0～255。

当需要存储和处理的数据有正有负时，习惯采用有符号数表示法。有符号数的最高位为符号位，0 表示正，1 表示负，其他位为数值位。以单字节数据为例，其表示范围为[11111111B，01111111B]，即－127～127。

例 2-5　试分析单字节数据 10100111B。

解　看作无符号数据时，表示 $2^7+2^5+2^2+2^1+2^0=167$；看作有符号数据时表示－39。

补码是计算机内部对有符号数进行运算的常用编码，正数的原、反、补 3 种编码相同，负数须先求反码再求补码。现以±37 为例介绍其求解方法。

	正数	负数
原码:	00100101B	10100101B
反码:	00100101B	11011010B (符号位不变,其余按位取反)
补码:	00100101B	11011011B (反码末位加1)

注意: 对负数的补码再求补,就能得到该负数的原码。

典型数据的8位编码如表2.1所列。需要特别指出的是,因为+0和−0的原码、反码不同,但拥有相同的补码,结果导致8位二进制有符号数原码中没有任何数的补码为80H,因此规定补码80H表示−128。由此可得,8位二进制有符号数原码的表示范围为[−127,127],补码的表示范围为[−128,127]。

表2.1 典型数据的8位编码表

真 值	原 码	反 码	补 码
+127	01111111B	01111111B	01111111B(7FH)
+1	00000001B	00000001B	00000001B(01H)
+0	00000000B	00000000B	00000000B(00H)
−0	10000000B	11111111B	00000000B(00H)
−1	10000001B	11111110B	11111111B(FFH)
−127	11111111B	10000000B	10000001B(81H)
−128	—	—	10000000B(80H)

在程序编写过程中,为了使数值的表示更方便简洁,最常用的是十六进制数的表示形式。三种进制之间的对应关系如表2.2所列。

表2.2 常用进制转换表

二进制	十进制	十六进制(汇编表示)	十六进制(C语言表示)
0000B	0	00H	0x00
0001B	1	01H	0x01
0010B	2	02H	0x02
0011B	3	03H	0x03
0100B	4	04H	0x04
0101B	5	05H	0x05
0110B	6	06H	0x06
⋮	⋮	⋮	⋮
1001B	9	09H	0x09
1010B	10	0AH	0x0A
1011B	11	0BH	0x0B
1100B	12	0CH	0x0C
1101B	13	0DH	0x0D
1110B	14	0EH	0x0E

续表 2.2

二进制	十进制	十六进制(汇编表示)	十六进制(C语言表示)
1111B	15	0FH	0x0F
⋮	⋮	⋮	⋮

2.4　C51语言的基础知识介绍

2.4.1　C和C51语言的概述

C语言是在20世纪70年代初问世的。1978年由美国电话电报公司(AT&T)贝尔实验室正式发表了C语言。同时由B. W. Kernighan和D. M. Ritchit合著了著名的《THE CPROGRAMMING LANGUAGE》一书(又称为《K&R》,也有人称之为《K&R标准》)。但是,在该书中并没有定义一个完整的标准C语言,后来由美国国家标准协会(American National Standards Institute)在此基础上制定了一个C语言标准,于1983年发表,通常称为ANSI C。

早期的C语言主要用于UNIX系统。到了20世纪80年代,C语言开始进入众多的操作系统,并很快在各类大、中、小和微型计算机上得到了广泛的使用,成为当代最优秀的程序设计语言之一。

单片机C51语言是由传统C语言继承而来的。与传统C语言不同的是,C51语言只能运行于51系列的单片机平台,而C语言则运行于普通的桌面平台。C51语言具有传统C语言结构清晰的优点,便于学习,同时还具备汇编语言的硬件操作能力。具有C语言编程基础的读者能够轻松掌握单片机C51语言的程序设计。

2.4.2　C51语言的数据类型和范围

对于基本的C51语言数据类型量,按其取值是否可变又分为常量和变量两种。在程序执行过程中,其值不发生改变的量称为常量,其值可变的量称为变量。它们可与数据类型结合起来分类。例如,常量就是1,2,3,4.5,10.6等固定的数字;变量则和初中数学中的x是一个概念,可以是1,也可以是2,由程序员编程决定。

数学概念中的数据类型有正数、负数、整数和小数四类。

在C51语言中,除数据类型的名字与数学概念中的不一样之外,还对数据大小范围进行了限制。C51语言的数据类型分为字符型、整型、长整型以及浮点型,如图2.3所示。值得注意的是,C51语言中的数据范围和其他编程环境的数据范围不完全一样,因此图2.3中的范围仅适用于C51语言。

C51语言各数据类型的表示方法介绍如下:

1. 常量的表示

在程序执行过程中,其值不发生改变的量称为常量。

(1) 直接常量(字面常量)

整型常量:12,0,−3;

浮点型常量:4.6,−1.23;

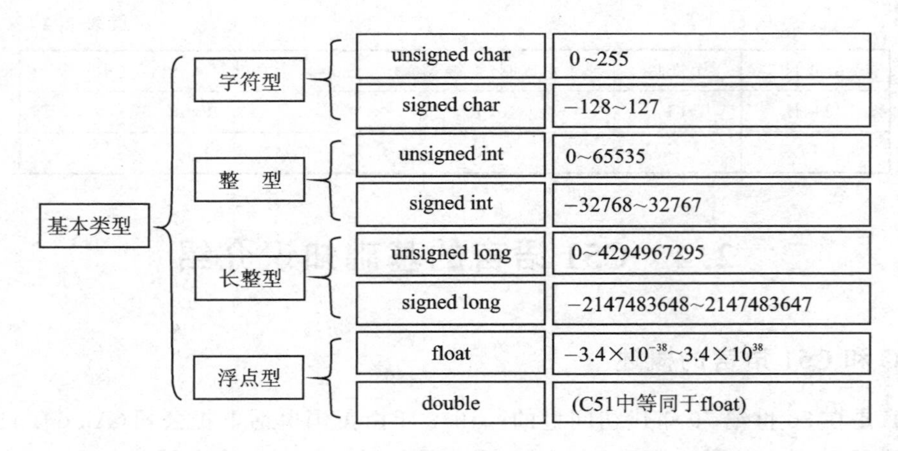

图 2.3　C51 语言的数据类型及范围

整型常量就是整常数。在 C51 语言中,使用的整常数有十进制、八进制和十六进制 3 种,其写法有特定要求。

十进制整常数:十进制整常数没有前缀,取值范围为 0～9。

八进制整常数:必须以 0 开头,即以 0 作为八进制数的前缀。数码取值范围为 0～7。如 015(十进制为 13),0101(十进制为 65),0177777(十进制为 65535)。

十六进制整常数:必须以 0x 开头,即以 0x 作为十六进制数的前缀。其取值范围为 0～9,a～f,如 0x2a(十进制为 42),0xA0(十进制为 160),0XFFFF(十进制为 65535)。

(2) 符号常量

C 语言中,用一个标识符来表示一个常量,称之为符号常量。

标识符:用来标示变量名、符号常量名、函数名、数组名、类型名、文件名的有效字符序列。

符号常量在使用之前必须先定义,其一般形式为

＃define　标识符　常量

其中,＃define 也是一条预处理命令(预处理命令都以"＃"开头),称为宏定义命令,其功能是把该标识符定义为其后的常量值。一经定义,以后在程序中所有出现该标识符的地方均代之以该常量值。习惯上,符号常量的标识符尽量用大写字母,变量标识符用小写字母,以示区别。

使用符号常量的好处如下:

① 含义清楚;

② 能做到"一改全改"。

例 2-6　符号常量的使用。

```
#define PRICE 10
main()
{
int  num, total;
num = 10; total = num *  PRICE;
printf("total = %d", total);
}
```

输出结果:

```
total = 100
```

printf()为 C 语言中的输出函数，其一般形式为

printf("格式控制字符串"[，输出项表]);

C51 中常用的"格式控制字符串"包括\n(回车换行)、\0(字符串结束符)、%d(以十进制形式输出带符号整数)、%f(以小数形式输出单、双精度实数)等。

"输出项表"是可选的，如果要输出的数据不止 1 个，相邻 2 个之间用逗号隔开。"输出项表"中输出项的数据类型必须与"格式控制字符串"中的格式指示符一致，否则会引起输出错误。

2. 变量的表示

在程序执行过程中，其值可以改变的量称为变量。一个变量应该有一个特定的名字，在内存中占据一定的存储单元。变量定义必须放在变量使用之前，一般放在函数体的开头部分。变量名和变量值是两个不同的概念。

(1) 整型变量

- 字符型：类型说明符为 char，内存(RAM)占 1 个字节。
- 整型：类型说明符为 int，内存(RAM)占 2 个字节。
- 长整型：类型说明符为 long，内存(RAM)占 4 个字节。
- 无符号型：类型说明符为 unsigned。

无符号型又可与上述 3 种类型匹配而构成：

- 无符号字符型：类型说明符为 unsigned char。
- 无符号整型：类型说明符为 unsigned int。
- 无符号长整型：类型说明符为 unsigned long。

(2) 整型变量的定义

变量定义的一般形式为

类型说明符　变量名标识符，变量名标识符，...；

例如：

```
int a, b, c;              ( a, b, c 为整型变量)
long x, y;                (x, y 为长整型变量)
unsigned int p, q;        (p, q 为无符号整型变量)
```

在书写变量定义时，应注意以下几点：

- 允许在一个类型说明符后，定义多个变量。类型说明符与变量名之间至少用一个空格间隔。
- 最后一个变量名之后必须以"；"号结尾。
- 变量定义必须放在变量使用之前，一般放在函数体的开头部分。

例 2-7　整型变量的定义与使用。

```
main()
{
    unsigned int a,b,c,d,u;
    a = 12; b = -24; u = 10;
    c = a + u; d = b + u;
```

```
    printf("a +u= %d, b +u= %d\n", c, d);
}
```

输出结果:

```
a +u=22,        b +u=-14
```

例2-8 整型数据的溢出。

```
main()
{
    int a, b;
    a=32767;
    b=a+1;
    printf("a=%d,b=%d\n", a, b);
}
```

输出结果:

```
a=32767, b=-32768
```

32767:

0	1	1	1	1	1	1	1	1	1	1	1	1	1	1	1

-32768

1	0	0	0	0	0	0	0	0	0	0	0	0	0	0	0

(3) 变量赋初值

在程序中常常需要对变量赋初值,以便使用变量。语言程序中可有多种方法为变量提供初值。在变量定义的同时给变量赋初值的方法称为初始化。

在变量定义中赋初值的一般形式为

类型说明符 变量1= 值1,变量2= 值2,……;

例如:

```
int a=3;
int b, c=5;
float x=3.2, z=0.75;
```

例2-9 初始化变量。

```
main()
{
  int a=3,b,c=5;
  b=a +c;
  printf ("a=%d, b=%d, c=%d\n", a, b, c);
}
```

输出结果:

```
a=3,b=8,c=5
```

(4) 各类数值型数据之间的混合运算

变量的数据类型是可以转换的。转换的方法有两种,一种是自动转换,另一种是强制转换。自动转换发生在不同数据类型的量混合运算时，由编译系统自动完成。自动转换遵循以下规则：

- 如果参与运算量的类型不同，则先转换成同一类型，再进行运算。
- 转换按数据长度增加的方向进行，以保证精度不降低。例如，int 型和 long 型运算时，先把 int 型转成 long 型后再进行运算。
- 所有的浮点运算都是以双精度进行的，即使仅含 float 单精度量运算的表达式，也要先转换成 double 型，再进行运算。
- 在赋值运算中，赋值号两边量的数据类型不同时，赋值号右边量的类型将转换为左边量的类型。如果右边量的数据类型长度大于左边量，则运算时会丢失一部分数据，这样会降低精度，丢失的部分按四舍五入向前舍入。

例 2-10　自动转换变量。

```
main()
{
  float PI = 3.14159;
  int s, r = 5;
  s = r * r * PI;
  printf ("s = %d\n", s);
}
```

输出结果：

```
s = 78
```

在例 2-10 中，PI 为浮点型，s 和 r 为整型。在执行 s=r*r*PI 语句时，r 和 PI 都转换成 double 型计算，结果也为 double 型。由于 s 为整型，故赋值结果仍为整型，舍去了小数部分。

强制类型转换是通过类型转换运算来实现的，其一般形式为

(类型说明符)(表达式)

其功能是把表达式的运算结果强制转换成为类型说明符所表示的类型。

例如：

(float) a;　　　　　　(把 a 转换为浮点型)

(int)(x+y);　　　　　　(把 x+y 的结果转换为整型)

在使用强制转换时应注意以下问题：

- 类型说明符和表达式都必须加括号(单个变量可以不加括号)。例如，把(int)(x+y)写成(int)x+y，则表示把 x 转换成 int 型之后再与 y 相加了。
- 无论是强制转换或是自动转换，都只是为了本次运算的需要而对变量的数据长度进行的临时性转换，但并不改变数据说明时对该变量定义的类型。

例 2-11　强制转换变量。

```
main()
{
  float f = 5.75;
  printf ("(int)f = %d,  f = %f\n",(int)f , f);
```

```
}
```

输出结果：

```
(int)f = 5,  f = 5.75
```

3. C51 对特殊功能寄存器、可寻址位和 I/O 口的表示

(1) 特殊功能寄存器(SFR)

C51 建立了一个头文件 reg51.h(增强型为 reg52.h),在该文件中对所有特殊功能寄存器进行了 sfr 定义，对特殊功能寄存器的有位名称的可寻址位进行了 sbit 定义。因此,只要用包含语句#include<reg51.h>或者#include<reg52.h>就可以直接引用特殊功能寄存器名,或直接引用位名称。但要特别注意的是,在引用时特殊功能寄存器或者位名称必须大写。

C51 提供了一种自主形式的定义方式,使用特定关键字 sfr。例如：

```
sfr SCON = 0x98;        /* 串行通信控制寄存器地址 98H */
sfr TMOD = 0x89;        /* 定时器模式控制寄存器地址 89H */
sfr ACC = 0xe0;         /* A 累加器地址 E0H */
sfr P1 = 0x90;          /* P1 端口地址 90H */
```

定义了以后,程序中就可以直接引用寄存器名。

(2) 位变量的表示

C51 对位变量的表示通常有三种形式：

① 将变量用 bit 类型的表示符定义为 bit 类型。例如：

```
bit  mn;
```

其中 mn 为位变量,其值只能是“0”或“1”,其位地址 C51 编译工具可自行安排在位寻址区。

② 采用字节寻址位变量的方法。例如：

```
bdata  int  ibase;         /* ibase 定义为整型变量 */
sbit   mybit = ibase^15;   /* mybit 定义为 ibase 的 D15 位 */
```

这里位是运算符“^”,相当于汇编中的“·”,其后的最大取值与该位所在的字节寻址变量的定义类型有关,如定义为 char,最大值只能为 7。

③ 对特殊功能寄存器位的定义。

方法 1：使用头文件及 sbit 定义符,多用于无位名的可寻址位。例如：

```
#include <reg51.h>
sbit P1_1 = P1^1;        /* P1_1 为 P1 口的第 1 位 */
sbit ac = ACC^7;         /* ac 定义为累加器 A 的第 7 位 */
```

方法 2：使用头文件 reg51.h,再直接用位名称。例如：

```
#include <reg51.h>
RS1 = 1;    RS0 = 0;
```

方法 3：用字节地址位表示。例如：

```
sbit OV = 0xD0^2;
```

方法 4：用寄存器的名称进行位定义。例如：

```
sfr   PSW = 0xd0;          /* 定义 PSW 地址为 d0H */
sbit  CY = PSW^7;          /* CY 为 PSW·7 */
```

(3) I/O 口的表示

1) 对存储器的绝对地址访问

利用绝对地址访问的头文件 absacc.h 可对不同的存储区进行访问。该头文件的函数有

CBYTE（访问 code 区字符型）；　CWORD(访问 code 区 int 型)；
DBYTE（访问 data 区字符型）；　DWORD(访问 data 区 int 型)；
PBYTE（访问 pdata 或 I/O 区字符型）；　PWORD(访问 pdata 区 int 型)；
XBYTE（访问 xdata 或 I/O 区字符型）；　XWORD(访问 xdata 区 int 型)。

例如：解释下列语句的作用。

```
#include<absacc.h>
#define com XBYTE[0x07ff]
```

答：后续程序 com 变量出现的地方，就是对地址为 07ffH 的外部 RAM 或 I/O 口进行访问。

例如：解释"XWORD[0]=0x9988"的作用。

答：该语句的作用是将 9988H(int 类型)送入外部 RAM 的 0 号和 1 号单元。使用中要注意 absacc.h 一定要包含在程序中，XWORD 必须大写。

2) 对外部 I/O 口的访问

由于单片机的 I/O 口和外部 RAM 统一编址，因此对 I/O 口地址的访问可用 XBYTE 或 PBYTE 进行。

例如：解释"XBYTE[0Xefff]=0x10"的作用。

答：该语句的作用是将 10H 输出到地址为 EFFFH 的端口。

2.4.3　C51 语言的基本运算符

C51 语言的基本运算符可分为以下几类：

① 算术运算符：用于各类数值运算，包括加(+)、减(-)、乘(*)、除(/)、求余(或称模运算)(%)、自增(++)、自减(--)7 种。

② 关系运算符：用于比较运算，包括大于(>)、小于(<)、等于(==)、大于等于(>=)、小于等于(<=)和不等于(!=)6 种。

③ 逻辑运算符：用于逻辑运算，包括与(&&)、或(||)、非(!)3 种。

④ 位操作运算符：参与运算的量，按二进制位进行运算，包括位与(&)、位或(|)、位非(~)、位异或(^)、左移(<<)、右移(>>)6 种。

⑤ 赋值运算符：用于赋值运算，包括简单赋值(=)、复合算术赋值(+=，-=，=，/=，%=)和复合位，运算赋值(&=，|=，^=，>>=，<<=)三类共 11 种。

⑥ 条件运算符：记为(?:)，这是一个三目运算符，用于条件求值。

⑦ 逗号运算符：记为(,)，用于把若干表达式组合成一个表达式。

⑧ 指针运算符：用于取内容(*)和取地址(&)两种运算。

⑨ 求字节数运算符：记为(sizeof)，用于计算数据类型所占的字节数。

⑩ 特殊运算符:有括号()、下标[]等几种。

1. 算术运算符

① 加法运算符“+”:双目运算符,即应有两个值参与加法运算,如 a+b,4+8 等。

② 减法运算符“-”:双目运算符。若“-”作为负值运算符,则为单目运算,如-x,-5 等。

③ 乘法运算符“*”:双目运算符。

④ 除法运算符“/”:双目运算符。参与运算量均为整型时,结果也为整型,舍去小数。如果运算量中有一个是实型,则结果为双精度实型。

⑤ 取余运算符“%”:双目运算符。要求参与运算的量均为整型。取余运算的结果等于两数相除后的余数。

例 2-12 算术运算例程。

```
main( )
{
    printf (" %d, %d\n", 20/7, -20/7);
    printf (" %f, %f\n", 20.0/7, -20.0/7);
}
```

输出结果:

```
2,-2
2.851714,-2.851714
```

例 2-13 取余运算例程。

```
main()
{
    printf (" %d\n",100 %3);
}
```

输出结果:

```
1
```

2. 优先级和结合性

表达式是由常量、变量、函数和运算符组合起来的式子。一个表达式有一个值及其类型,它们等于计算表达式所得结果的值和类型。表达式求值按运算符的优先级和结合性规定的顺序进行。

① 算术表达式:用算术运算符和括号将运算对象(也称操作数)连接起来的、符合C语法规则的式子。

以下是算术表达式的例子:

```
a+b
(a*2)/c
(x+r)*8-(a+b)/7
++I
sin(x)+sin(y)
(++i)-(j++)+(k--)
```

② 运算符的优先级：在表达式中，优先级较高的运算量先于优先级较低的进行运算。而在一个运算量两侧的运算符，优先级相同时，则按运算符的结合性所规定的结合方向处理。

③ 运算符的结合性：C语言中各运算符的结合性分为两种，即左结合性（自左至右）和右结合性（自右至左）。

算术运算符的结合性是自左至右，即先左后右。例如，如有表达式 x－y＋z 则 y 应先与"－"号结合，执行 x－y 运算，再执行＋z 的运算。这种自左至右的结合方向就称为"左结合性"，而自右至左的结合方向称为"右结合性"。最典型的右结合性运算符是赋值运算符。例如，x＝y＝z，由于"＝"的右结合性，应先执行 y＝z 再执行 x＝(y＝z)运算。

3. 自增、自减运算符

① 自增1运算符：记为"＋＋"，其功能是使变量的值自增1。

② 自减1运算符：记为"－－"，其功能是使变量的值自减1。

自增1和自减1运算符均为单目运算，可有以下几种形式：

- ＋＋i，－－i　　i自增1或自减1后再参与其他运算。
- i＋＋，i－－　　i参与运算后，i的值再自增1或自减1。

例 2-14　自增、自减运算。

```
main()
{
    int i = 8;
    printf(" % d\n", ++ i);
    printf(" % d\n", -- i);
    printf(" % d\n" ,i ++ );
    printf(" % d\n" ,i -- );
}
```

输出结果：

```
9
8
8
9
```

4. 赋值运算符和表达式

(1) 简单赋值运算符

简单赋值运算符记为"＝"。由"＝ "连接的式子称为赋值表达式。其一般形式为

变量＝表达式

例如：

```
x = a + b
w = sin(a) + sin(b)
y = i +++-- j
```

赋值表达式的功能是计算表达式的值再赋予左边的变量，因此 a＝b＝c＝5 可理解为 a＝(b＝(c＝5))。

在其他高级语言中,赋值构成了一个语句,称为赋值语句。而在C语言中,把“＝”定义为运算符,从而组成赋值表达式。凡是表达式可以出现的地方均可出现赋值表达式。

例如,x＝(a＝2)＋(b＝6)是合法的。它的意义是把2赋予a,6赋予b,再把a和b相加,相加之和赋予x,故x应等于8。

(2) 复合赋值运算符

在赋值符“＝”之前加上其他二目运算符可构成复合赋值运算符,如“＋＝”“－＝”“＊＝”“/＝”“％＝”“＜＜＝”“＞＞＝”“＆＝”“^＝”“|＝”。

构成复合赋值表达式的一般形式为

变量 双目运算符＝表达式

它等效于

变量＝变量 运算符 表达式

例如:

```
a+ =5 等价于 a=a+5
x* =y+7 等价于 x=x*(y+7)
r% =p 等价于 r=r % p
```

复合赋值符的写法十分有利于编译处理,能提高编译效率并产生质量较高的目标代码。

2.5 C51语言的循环结构语句

在结构化程序设计中,经常遇见规律性、迭代等重复操作性的问题。面对这些问题时,程序员会采用循环程序结构来进行程序设计。因此循环程序结构是一种很重要的程序结构,几乎所有的应用程序都包含循环结构。

循环程序的作用如下:对给定的条件进行判断,当给定的条件成立时,重复执行给定的程序段,直到条件不能成立为止。给定的条件成为循环条件,需要重复执行的程序段称为循环体。

在C51语言中,可以用以下三个语句来实现循环程序结构:while语句、do-while语句和for语句,下面分别进行介绍。

2.5.1 while语句

while语句用来实现“当型”循环结构,即当条件为“真”时,就执行循环体。while语句的一般形式为

```
while(表达式)
 {
     语句组;        //循环体
 }
```

其中,“表达式”为循环条件,通常是逻辑表达式或关系表达式;“语句组”是循环体,即被重复执行的程序段。该语句的执行过程如下:首先计算“表达式”的值,当值为“真”(非0时)执行循环体“语句组”,流程如图2.4所示。

注意：

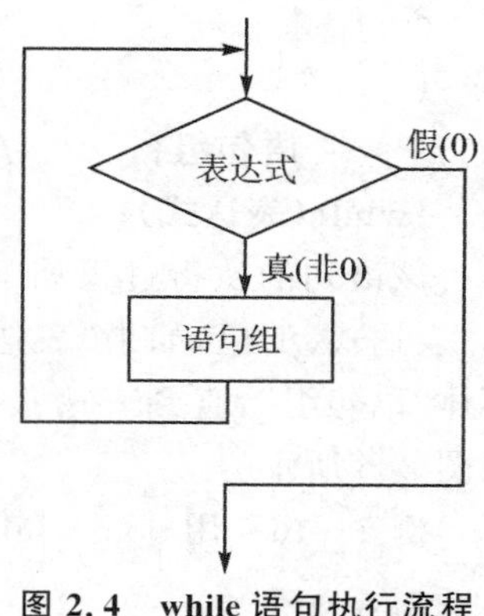

图 2.4　while 语句执行流程

① 使用 while 语句时要注意，当表达式的值为“真”时，执行循环体，循环体执行一次完成后，再次回到 while(表达式)，进行循环体条件判断。如果表达式仍然为“真”，则重复执行循环体；如果为“假”，则退出整个 while 循环语句。

② 如果循环条件一开始就为假，那么 while 后面的循环体一次都不会被执行。

③ 如果循环体条件总为真，例如：while(1)，表达式为常量“1”，非 0 即为“真”，循环条件永远成立，则为无限循环，即死循环。

④ 除非特殊应用的情况，在使用 while 语句进行循环程序设计时，通常循环体内包含修改循环条件的语句，以使循环逐渐趋于结束，避免出现死循环。所以在循环程序设计中，要特别注意循环的边界问题，并且循环的初值和终值要非常明确。

⑤ C51 语言的基本语句规则如下：

- 每个变量必须先说明后引用，变量名采用英文，大小写是有差别的。
- C51 语言程序一行可以书写多条语句必须以“;”结尾，一个语句也可以多行书写。
- C51 语言的注解释用“/ * .... * /”或“//”表示。
- 花括号必须成对，位置随意，可紧挨函数名后，也可另起一行。多个花括号可以同行书写，也可逐行书写。为层次分明，增加可读性，同一行的花括号应对齐，采用逐层缩进方式书写。

例 2-15　编程计算整数 1～100 的累加。

```
main()
{
    int i, sum;
    i = 1;                      //循环控制变量 i 初始值为 1
    sum = 0;                    //累加和变量 sum 初始值为 0
    while (i< = 100)

    {
        sum = sum + i;          //累加和
        i + +                   //i 增 1,修改循环控制变量
    }
}
```

2.5.2　do-while 语句

while 语句是在执行循环体之前判断循环条件，如果条件不成立，则该循环不会被执行。实际情况往往需要先执行一次循环体后，再进行循环执行条件的判断，而 do-while 语句可以满足这种要求。

do-while 语句的一般形式为

do

{

语句组；　　　//循环体

}while(表达式)；

该语句的执行过程如下：先执行循环体“语句组”一次，再计算“表达式”的值，如果“表达式”的值为“真”(非0)，继续执行循环体“语句组”，直到表达式为“假”(0)为止。do while 语句流程如图2.5所示。

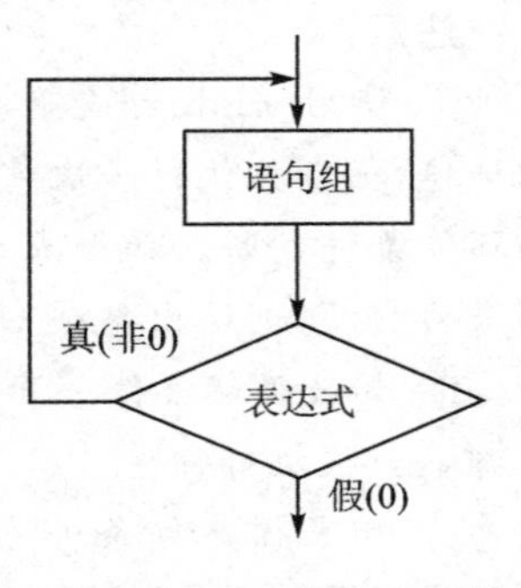

图2.5　do-while 语句执行流程

例2-16　用 do-while 语句求1～100的累加和。

```
main()
{
    int i = 1;                    //循环控制变量 i 初始值为 1
    int sum = 0;                  //累加和变量 sum 初始值为 0
    do
    {
      sum = sum + i;              //累加和
      i ++ ;                      //i 增 1,修改循环控制变量
    } while(i< = 100);
}
```

同样一个问题，既可以用 while 语句，也可以用 do-while 语句来实现，二者的循环体“语句组”部分相同，运行结果也相同。

区别在于：do-while 语句是先执行、后判断，而 while 语句是先判断、后执行。如果条件一开始就不满足，do-while 语句至少要执行一次循环体，而 while 语句的循环体则一次也不执行。

注意：

① 在使用 if 语句、while 语句时，表达式括号后面都不能加分号“;”，但在 do-while 语句的表达式括号后面必须加分号。

② 与 while 语句相比，do-while 语句更适用于处理不论条件是否成立，都须先执行一次循环的情况。

2.5.3　for 语句

在C语言中，当循环次数明确的时候，使用 for 语句比 while 和 do—while 语句更为方便。for 语句的一般形式为

for (循环变量赋初值;循环条件;修改循环变量)

{

语句组；　　　//循环体

}

for 后面的圆括号内通常包括三个重要的表达式：循环变量赋初值、循环条件和修改循环变量，三个表达式之间用“;”隔开，而花括号内是循环体“语句组”。

for 语句的执行过程如下：

① 先执行第一个表达式，给循环变量赋初值，通常是一个赋值表达式。

② 利用第二个表达式判断循环条件是否满足，通常是关系表达式或逻辑表达式。若其值为“真”(非 0)，则执行循环体“语句组”一次，再执行下面第③步；若其值为“假”(0)，则转到第⑤步循环结束。

③ 计算第三个表达式，修改循环控制变量，一般也是赋值语句。

④ 跳到上面第②步继续执行。

⑤ 循环结束，执行 for 语句下面的一个语句。

以上过程如图 2.6 所示。

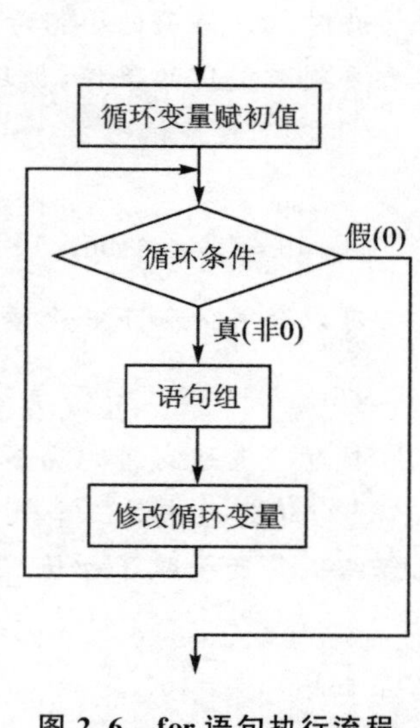

图 2.6　for 语句执行流程

例 2-17　用 for 语句求 1～100 累加和。

```
main()
{
    int i;
    int  sum = 0;                    //累加和变量 sum 初始值为 0
    for (i = 1;i< = 100;i++)
   {
      sum = sum + i;
   }
}
```

上面 for 语句的执行过程如下：先给 i 赋初值 1，判断 i 是否小于或者等于 100，若是，则执行循环体“sum＝sum＋i;”语句一次，然后 i 增 1，再重新判断，直到 i＝101 时，条件 i<＝100 不成立，循环结束。该语句相当于如下 while 语句：

```
i = 1;
while(i< = 100)
{
      sum  =  sum + i;
      i++ ;
}
```

因此，for 语句的一般形式也可以改写为

```
    表达式 1;                   //循环变量赋初值
    while(表达式 2)             //循环条件判断
{
      语句组;                   //循环体
      表达式 3;                 //修改循环控制变量
}
```

通过比较 for 语句和 while 语句，显然用 for 语句更加简捷方便。

注意：

① 进行 C51 单片机应用程序设计时，无限循环也可以采用如下的 for 语句实现：

```
for (;;)
{
    语句组;               //循环体
}
```

此时,for语句的小括号内只有两个分号,三个表达式全部为空语句,意味着没有设初值,不需要判断循环的条件,循环变量不改变,其作用相当于while(1),构成一个无限循环过程。

② 以下两条语句:

```
int sum = 0;                        //累加和变量sum初始值为0
for (i = 1;i< = 100;i ++ ) {……}
```

可以合并为如下一个语句:

```
for (sum = 0;i = 1;i< = 100;i ++ )  {……}
```

赋初值表达式可以由多个表达式组成,用逗号隔开。

③ for语句中的三个表达式都是可选项,即可以省略,但必须保留";"。如果在for语句外已经给循环变量赋了初值,通常可以省去第一个表达式"循环变量赋初值",例如:

```
int i = 1,sum = 0;
for (;i< = 100;i ++ )
{
    sum  = sum + i;
}
```

如果省略第二个表达式"循环条件",则不进行循环结束条件的判断,循环将无休止执行下去而成为死循环,这时通常应在循环体中设法结束循环,例如:

```
int i, sum = 0;
for (i = 1;i ++ )
{
   if (i>100) break;                //当i>100时,结束for循环
   sum  =  sum  + i;
}
```

如果省略第三个表达式"修改循环变量",可在循环体语句组中加入修改循环控制变量的语句,保证程序能够正常结束。例如:

```
int   i, sum = 0;
for (i = 1;i< = 100;)
{
      sum  = sum + i;
      i ++ ;                        //循环变量 i = i + 1
}
```

④ while、do - while和for语句都可以用来处理相同的问题,一般可以互相代替。for语句主要用于给定循环变量初值、循环次数明确的循环结构,而遇到要在循环过程中才能确定循环次数及循环控制条件的问题,则使用while、do - while语句更加方便。

2.5.4 循环的嵌套

循环嵌套是指一个循环(称为"外循环")的循环体内包含另一个循环(称为"内循环")。内循环的循环结构还可以包含循环,形成多层循环。while、do - while和for三种循环结构可以

互相嵌套。

例如，延时函数delay()中使用的双重for循环语句，外循环的循环变量是k，其循环体又是以j为循环变量的for语句，这个for语句就是内循环。内循环体是一条空语句。

```
void delay(unsigned char i)  //延时函数
{
  unsigned char j, k;
    for(k = 0;k<i;k ++ );
      for(j = 0;j<255;j ++ );
}
```

for语句的循环体仅由一条语句构成时，可以不使用复合语句形式(略去花括号)。

2.5.5　表达式语句和复合语句

1. 表达式语句

表达式语句是最基本的C语言语句。表达式语句由表达式加上分号“;”组成，一般形式为

表达式;

执行表达式语句就是计算表达式的值。例如：

```
p1 = 0x00;                    //赋值语句，将p1口的8位引脚清零
x = y + z;                    //y和z进行加法运算后赋给变量x
i ++ ;                        //自增1语句，增1后，再赋给变量i
```

在C语言中有一个特殊的表达式语句，称为空语句。空语句中只有一个分号“;”，程序执行空语句是需要占用一条指令的执行时间，但是什么也不做。在C51程序中常常把空语句作为循环，用于消耗CPU时间等待时间发生的场合。

例如：

```
for(k = 0;k<i;k ++ );
for(j = o;j<255;j ++ );
```

上面的for语句后面的“;”是一条空语句，作为循环体出现。

2. 复合语句

把多个语句用花括号“{}”括起来，组合在一起形成具有一定功能的模块，这种由若干条语句组合而成的语句块称为复合语句。在程序中应把复合语句看成是单条语句，而不是多条语句。

复合语句在程序运行时，“{}”中的各行单语句是依次顺序执行的。在C语言的函数中，函数体就是一个复合语句。例如，以下程序的主函数包含两个复合语句：

```
void   main()
{                               //函数体的复合语句开始
  int a,b;
  while(1)                      //while循环体的复合语句开始
      {
    ......
```

```
    }                                   //while循环体的复合语句结束
}                                       //函数体的复合语句结束
```

在上面的这段程序中,组成函数体的复合语句内还嵌套了组成 while()循环体的复合语句。复合语句允许嵌套,也就是在“{}”中的“{}”也是复合语句。

复合语句内的各条语句都必须以分号“;”结尾,复合语句之间用“{}”分隔,在括号“}”外,不能加分号。

复合语句不仅可由执行语句组成,还可由变量定义语句组成。在复合语句中所定义的变量称为局部变量,它的有效范围只是在复合语句中。函数体是复合语句,故函数体内定义的变量,其有效范围也只在函数内部。

2.6 C51 语言的函数

C 源程序是由函数组成的。虽然在前面的程序中大都只有一个主函数 main(),但实用程序往往由多个函数组成。函数是 C 源程序的基本模块,通过对函数模块的调用实现特定的功能。C 语言中的函数相当于其他高级语言的子程序。

从用户使用角度划分,函数分为库函数和用户自定义函数。

库函数是编译系统为用户设计的一系列标准函数,用户只需调用,而不需要自己去编写这些复杂的函数,如前面所用到的头文件 reg51.h、absacc.h 等,有的头文件中包括一系列函数。要使用其中的函数必须先使用#include 包含语句,然后才能调用。用户自定义函数是用户根据任务编写的函数。

从参数形式上划分,函数分为无参数函数和有参数函数。有参数函数即在调用时,调用函数用实际参数代替形式参数,调用完返回结果给调用函数。

2.6.1 函数的定义

1. 无参数函数的定义

返回值类型　函数名()

{

　　函数体语句

}

如果函数没有返回值,可以将返回值类型设为 void。例如:

```
void Hello()
{
    printf ("Hello, world \n");
}
```

2. 有参数函数的定义

返回值类型 函数名(形式参数表列)

形式参数类型说明

{

函数体语句

return(返回形参名)

}

也可以定义如下：

返回值类型 函数名(类型说明 形式参数表列)

{

函数体语句

return(返回参形名)

}

其中,形式参数表列的各项要用“,”隔开,通过 return 语句将须返回的值返回给调用函数。例如：

```
int max(int a, int b)
{
    if (a>b) return a;
    else return b;
}
```

3. 函数的返回值

函数的值是指函数被调用之后,执行函数体中的程序段所取得的并返回给主调函数的值,如调用正弦函数取得正弦值、调用 max 函数取得的最大数等。对函数的值(或称函数返回值)有以下一些说明：

① 函数的值只能通过 return 语句返回主调函数。

return 语句的一般形式为

return 表达式;

或者为

return (表达式);

该语句的功能是计算表达式的值,并返回给主调函数。在函数中允许有多个 return 语句,但每次调用只能有一个 return 语句被执行,因此只能返回一个函数值。

② 函数值的类型和函数定义中函数的类型应保持一致。如果两者出现不一致时,则以函数类型为准,自动进行类型转换。

③ 若函数值为整型,则在函数定义时可以省去类型说明。

④ 不返回函数值的函数可以明确定义为“空类型”,类型说明符为“void”。一旦函数被定义为“空类型”后,就不能在主调函数中使用被调函数的函数值。

2.6.2 函数的调用

函数调用的形式为

函数名(实际参数表列);

实参和形参的数目相等、类型一致。对于无参数函数当然不存在实际参数表列。

函数的调用方式有以下 3 种：

① 函数调用语句,即把被调函数名作为调用函数的一个语句,如 fun1()。

② 被调函数作为表达式的运算对象,如语句“result=2 * get(a, b);”,此时get函数中的a和b应为实参,以返回值参与式中的运算。

③ 被调函数作为另一个函数的实际参数,如语句“m=max(a, get(a, b));”,此时函数get(a, b)作为max函数的一个实际参数。

注意:在一个函数中调用另一个函数,需要具备如下条件:

① 被调用函数必须是已经存在的函数(标准库函数或者用户已经定义的函数)。如果函数定义在调用之后,那么必须在调用之前(一般在程序头部)对函数进行声明。

② 如果程序使用了标准库函数,则要在程序的开头用“#include”预处理命令将调用函数所需要的信息包含在本文件中。如果不是在本文件中定义的函数,那么在程序开始要用extern修饰符进行函数原型说明。

2.6.3 被调函数的说明

如果被调函数出现在主调函数之后,那么在主调函数前应对被调函数作说明,其一般形式为

返回值类型　被调函数名(形参表列);

如果被调函数出现在主调函数之前,可以不对被调函数说明。下面以一个简单例子来说明。

```
int fun1(int a, int b)
{
    int c;
    c=a + b;
    return(c);
}
main()
{
    int d;
    int u=3,v=2;
    d=2 * fun1(u, v);
}
```

上例被调函数在主调函数前,不用说明。

```
int fun1(a, b);
main()
{
    int d;
    int u=3,v=2;
    d=2 * fun1(u, v);
}
int fun1(int a, int b);
{
    int c;
    c=a+b;
```

```
    return(c);
}
```

上例中被调函数在主调函数后,在前面对被调函数已进行了说明。

2.6.4　函数的声明

在主调函数中调用某函数之前应对该被调函数进行说明(声明),这与使用变量之前要先进行变量说明是一样的。在主调函数中对被调函数作说明的目的是使编译系统知道被调函数返回值的类型,以便在主调函数中按此种类型对返回值作相应的处理。

函数声明的一般形式为

类型说明符　被调函数名(类型 形参,类型 形参 …);

或

类型说明符　被调函数名(类型,类型 …);

括号内给出形参的类型和形参名,或只给出形参类型,这便于编译系统进行检错,以防止可能出现的错误。例如:max 函数的说明为

```
int  max(int a, int b);      或      int  max(int, int);
```

C51 语言中又规定在以下几种情况下可以省去主调函数中对被调函数的函数说明。

① 如果被调函数的返回值是整型或字符型时,可以不对被调的函数进行说明,而直接调用,这时系统将自动对被调函数返回值按整型处理。

② 当被调函数的函数定义出现在主调函数之前时,在主调函数中也可以不对被调函数再作说明而直接调用。函数 max 的定义放在 main 函数之前,因此可在 main 函数中省去对 max 函数的函数说明“int max(int a, int b);”。

③ 若在所有函数定义之前,在函数外预先说明了各个函数的类型,则在以后的各主调函数中,可不再对被调函数作说明。例如:

```
char str1 (int a);
float fm(float b);
main()
{
……
}
char str(int a)
{
……
}
float f(float b)
{
……
}
```

其中第一、二行对 str1 函数和 fm 函数预先进行了说明。因此,在之后各函数中无须对 str1 和 fm 函数再作说明就可直接调用。

④ 对库函数的调用不需要再作说明,但必须把该函数的头文件用“#include”命令包含在源文件前部。

2.6.5 局部变量和全局变量

只有函数的形参变量被调用期间,单片机才为其分配内存单元,调用结束后立即释放。这一点表明形参变量只有在函数内才是有效的,离开该函数就不能再使用了。

这种变量有效性的范围称变量的作用域。不仅对于形参变量,C51语言中所有的量都有自己的作用域。变量说明的方式不同,其作用域也不同。C51语言中的变量,按作用域范围可分为两种,即局部变量和全局变量。

1. 局部变量

局部变量也称为内部变量,它是在函数内作定义说明的,其作用域仅限于函数内,离开该函数后再使用这种变量是非法的。

例如:

```
int f1(int a)                      /*函数f1*/
{
    int b, c;
    ……
}
```

其中,函数中a, b, c有效。

```
main()
{
    int m, n;
    ……
}
```

其中,函数中m, n有效。

在f1函数内定义了3个变量,a为形参,b和c为一般变量。在f1函数的范围内a、b、c有效,或者说a、b、c变量的作用域限于f1函数内。同理,m、n的作用域限于main函数内。关于局部变量的作用域还要说明以下几点:

① 主函数中定义的变量也只能在主函数中使用,不能用于其他子函数。同时,主函数中也不能使用其他函数中定义的变量。因为主函数也是一个函数,它与其他函数是平行关系。

② 形参变量是属于被调函数(或者子函数)的局部变量,实参变量是属于主调函数的局部变量。

③ 允许在不同的函数中使用相同的变量名,它们代表不同的对象,分配不同的单元,互不干扰,也不会发生混淆。

④ 在复合语句中也可定义变量,其作用域只在复合语句范围内。

2. 全局变量

全局变量也称为外部变量,它是在函数外部定义的变量。它不属于哪一个函数,而属于一个源程序文件。全局变量的作用域是整个源程序。在函数中使用全局变量,一般应作全局变量说明。

只有在函数内经过说明的全局变量才能使用,但在一个函数之前定义的全局变量,在该函数内使用可不再加以说明。

例如:

```
int a, b;                          /* 外部变量 */
void  f1()                         /* 函数 f1 */
{
  ……
}
```

a、b 定义在源程序最前面,因此在 f1 及 main 函数内不加说明也可使用。

例 2-18　输入长方体的长宽高 l、w、h,求体积及三个面的面积。

```
int s1, s2, s3;
int vs( int a, int b, int c)
{
    int v;
    v = a * b * c;
    s1 = a * b;   s2 = b * c;   s3 = a * c;
    return v;
}
main()
{
    int v, l, w, h;
    v = vs(l, w ,h);
    printf("v = %d, s1 = %d, s2 = %d, s3 = %d\n", v, s1, s2, s3);
}
```

2.7　任务实施——LED 灯控制

2.7.1　仿真硬件电路

发光二极管又叫 LED,它的种类很多,参数也不尽相同,最常用的是普通的贴片发光二极管。这种二极管通常的正向导通电压为 1.4~2.2 V,工作电流一般为 1~20 mA。其中,当电流在 1~5 mA 变化时,通过 LED 的电流越来越大,发光二极管越来越亮;而当电流在 5~20 mA 变化时,发光二极管的亮度变化就不是太明显了。当电流超过 20 mA 时,LED 就会有烧坏的危险了。在使用过程中,应该特别注意它在电流参数上的设计要求。

LED 硬件仿真电路如图 2.7 所示。

发光二极管是二极管中的一种,因此和普通二极管一样,这个二极管也有阴极和阳极,习惯上也称为负极和正极。原理图中的 LED 画成这样方便在电路上观察,方向必须接对才会有电流通过并使 LED 灯发光。

2.7.2　仿真程序设计

LED 灯控制程序的主要功能是控制 8 个 LED 灯,并实现其轮流点亮。其中 LED_Dis-

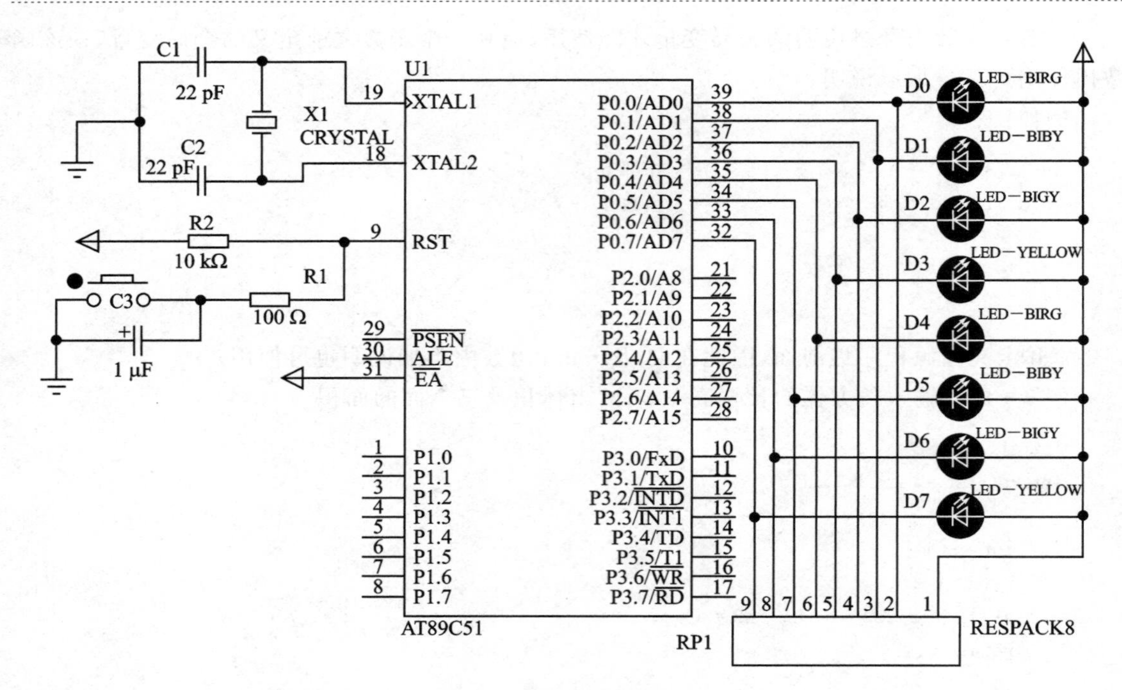

图 2.7 LED 硬件仿真电路

play()是 LED 灯显示函数,delay()为延时函数。

```
/**************************************************************
* 文件名:main.c
* 描  述:单片机控制流水灯演示
* 功  能:实现控制流水灯演示
* 单  位:四川航天职业技术学院电子工程系
* 作  者:乔鸿海
**************************************************************/
#include "reg52.h"
void LED_ Display (unsigned int Pos);
void delay(unsigned int time);
/**************************************************************
函数名称:main()
功    能:实现流水灯演示
入口参数:无
返 回 值:无
备    注:无
**************************************************************/
void main()
{
  unsigned int Pos,i;
```

```
  while(1)
  {
    Pos = 0x01;
    for(i = 0;i<8;i++)
    {
        LED_Display( Pos );
        Pos<<= 1;
        delay(100);
    }
  }
}
/***********************************************************
函数名称：LED_Display(unsigned int Pos)
功    能：流水灯点亮程序
入口参数：无
返 回 值：无
备    注：无
***********************************************************/
void LED_Display(unsigned int Pos)
{
    Pos = ~Pos;
    P0 = Pos;
}
/***********************************************************
函数名称：delay(unsigned int time)
功    能：延时程序
入口参数：无
返 回 值：无
备    注：无
***********************************************************/
void delay(unsigned int time)
{
  unsigned int i, j;
   for(i = 0;i<time; i++)
      for(j = 0;j<200;j++);
}
```

仿真实验结果如图2.8所示。

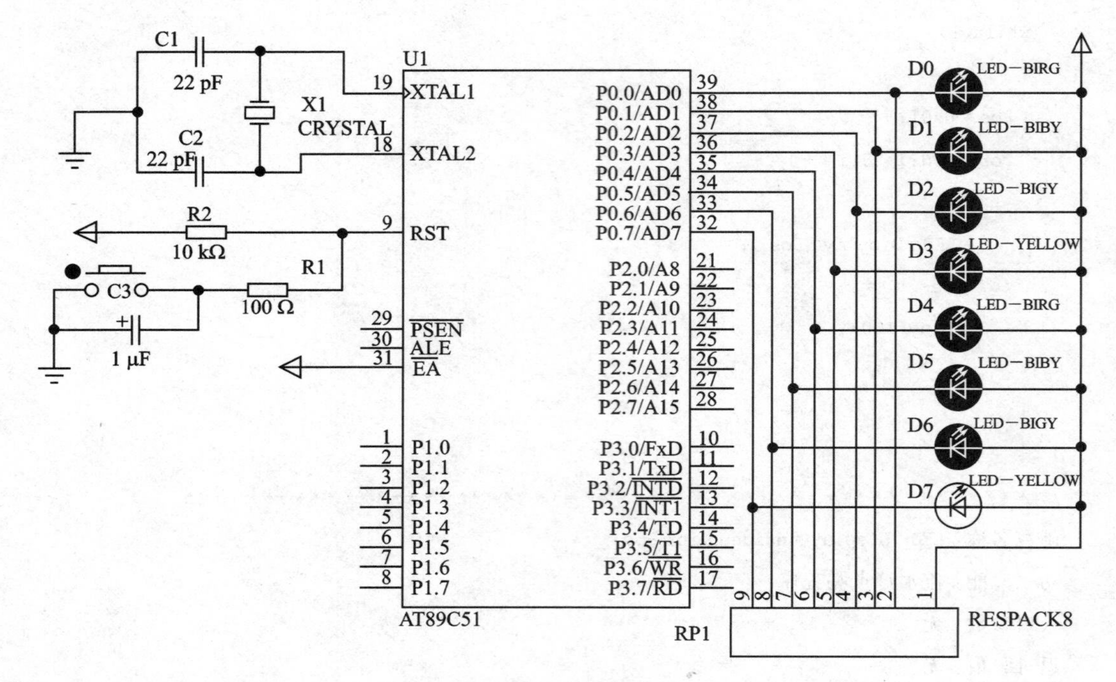

图 2.8　LED 硬件仿真实验结果

2.8　能力拓展——LED 灯花样显示

在让 LED 点亮之后,现在进一步学习如何让 8 个小灯依次一个接一个的流动起来或变换很多不同的流动方式。

如果想让单片机流水灯流动起来,依次赋给 P0 的数值就是 0xFE、0xFD、0xFB、0xF7、0xEF、0xDF、0xBF、0x7F。

在 C51 语言当中,有一个移位操作,其中“<<”代表的是左移,“>>”代表的是右移。例如:

```
a = 0x01<<1;
```

就是 a 的结果等于 0x01 左移一位。

值得注意的是,移位都是指二进制移位,那么移位完了,本来在第 0 位的 1 移动到了第 1 位上,移动完了低位是补 0 的,因此 a 的值最终等于 0x02。还要学习另外一个运算符“~”,这个符号是按位取反的意思,同理按位取反也是针对二进制而言。例如:

```
a = ~(0x01);
```

0x01 的二进制是 0b00000001,按位取反后就是 0b11111110,那么 a 的值就是 0xFE。

2.8.1　硬件电路

LED 灯花样硬件电路主要包括两部分:单片机控制电路和 LED 灯接口电路。

单片机控制电路的主要功能是通过 P0 口和 P2.7(WERA)引脚,实现对 LED 等花样显示的操作功能。单片机的 P0 口连接 74ALS573 的 D1～D8 引脚，P2.7 引脚连接 74ALS573 的 LE 引脚，实现 LED 等不同显示样式的数据输出控制。单片机控制电路如图 2.9 所示。

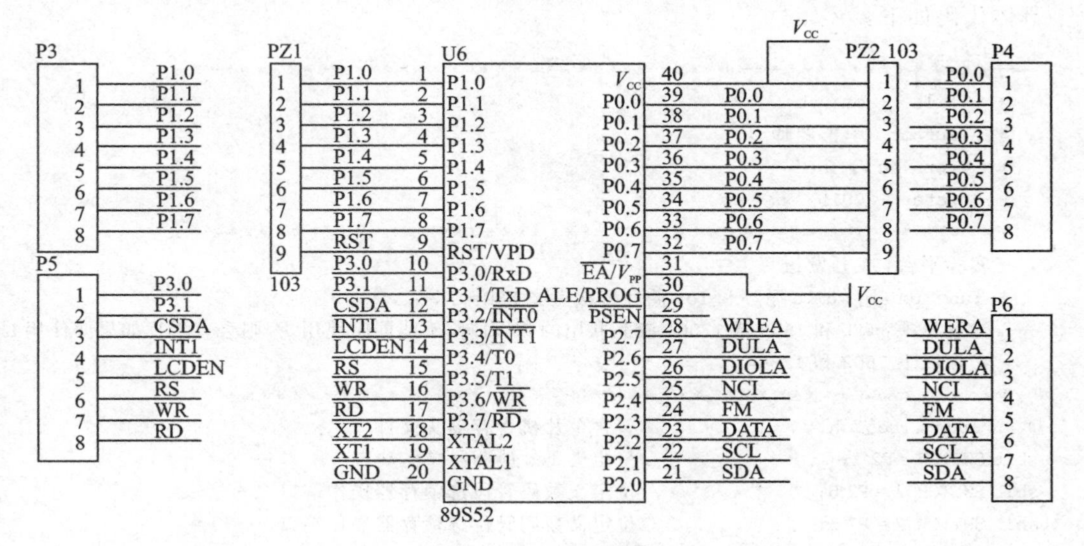

图 2.9　单片机控制电路

LED 灯接口电路的主要功能是接收单片机的数据信息，完成 LED 灯花样显示。LED 灯驱动芯片 74ALS573 能够提供 LED 灯点亮的电气条件，芯片的 LED 引脚和数据输入总线与单片机连接；LED 灯采用共阴极电路，在发光二极管接收正电压后，LED 点亮。

74ALS573 驱动电路如图 2.10 所示。

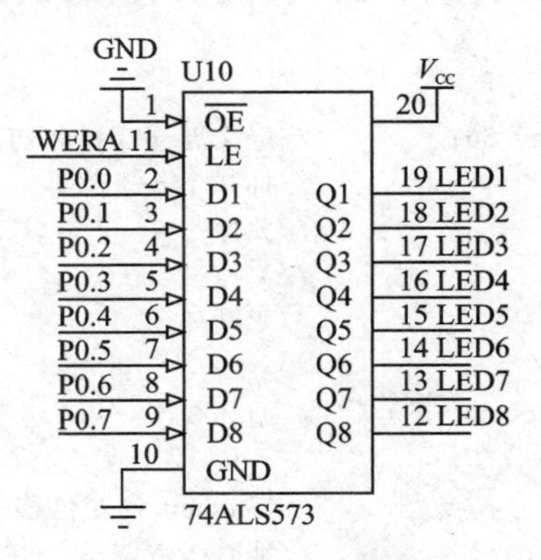

图 2.10　74ALS573 驱动电路

LED 共阴极电路如图 2.11 所示。

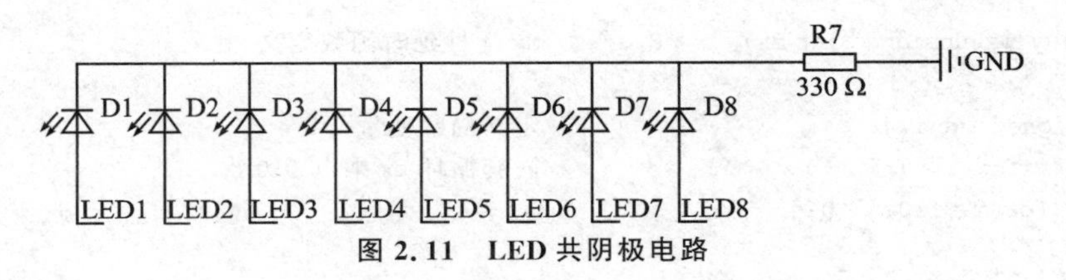

图 2.11　LED 共阴极电路

2.8.2 软件设计

具体代码如下：

```
/*****************************************************
  * @file     main.c
  * @author  李彬老师
  * @version V1.0
  * @date    2015-xx-xx
  ****************************************************
  *实验平台:51开发板
  * function:用 while 循环和 for 循环依次点亮 LED
  注意事项：LED 和 1602 或 12864 液晶共用的 P0 引脚,不能同时使用,否则会有干扰如果要使用 LED
  必须取下 1602 和 12864
  ***************************************************/
#include<reg51.h>                  //包含单片机寄存器头文件
sbit SWITCH = P2^7;                //位定义 led 锁存器操作端口
sbit SWITCH_1 = P2^6;              //位定义数码管段选锁存器操作端口
sbit SWITCH_2 = P2^5;              //位定义数码管位选锁存器操作端口
void delay_ms(unsigned int mx);    //mx 毫秒延时函数声明
/**********************************************
*函 数 名：main
*函数功能：主函数
*输    入：无
*输    出：无
**********************************************/
void main(void)
{
  unsigned char count, time = 50;          //定义局部变量和初始化
  SWITCH = 1;                              //打开 led 锁存器
  SWITCH_1 = 0;                            //关掉
  SWITCH_2 = 0;                            //关掉
  while(1)                                 //死循环
  {
    for(count = 0;count<8;count++ )        //循环 8 次
    {
      P0 = 1<<count;                       //将 count 向左位移一位
      delay_ms(time/count);                //延时函数调用
    }
  }
}
void delay_ms(unsigned int mx)             //mx 毫秒延时函数定义
{
    unsigned int i,j;                      //定义局部变量
    for(i = mx;i>0;i-- )                   //嵌套循环 mx 乘以 110 次
        for(j = 110;j>0;j-- );
}
```

学习情境 3　数码管的显示

通过对学习情境 3 的学习，要求掌握 C51 语言中关于数组的基本知识、程序分支结构语句；掌握 MCS－51 系列单片机中断系统的使用和数码管动态显示硬件电路知识，能编写简单的外部中断计数程序并实现基本的计数统计功能；通过能力拓展任务，熟悉基于单片机的车流量计数方法。

3.1　数组的基本知识

在程序设计中，为了处理方便，把具有相同类型的数据项按有序的形式组织起来。这些按序排列的同类数据元素的集合称为数组。组成数组的各个数据分项称为数组元素。

数组属于常用的数据类型，数组中的元素有固定数目和相同类型，数组元素的数据类型就是该数组的基本类型。按数组元素的类型不同，数组又可分为数值数组、字符数组等各种类别。

3.1.1　数组的定义

数组分为一维、二维、三维和多维数组等，最常用的是一维、二维和字符数组。

在 C51 语言中，数组必须先定义后使用。定义一维数组的一般形式为

类型说明符　数组名[常量表达式]

类型说明符是指数组中的各个数组元素的数据类型；数组名是用户定义的数组标识符；常量表达式表示数组元素的个数，也称为数组的长度。例如：

```
int      a[10];         //定义整型数组 a,有 10 个元素
float    b[10],c[20];   //定义浮点型数组 b,有 10 个元素;浮点型组 c,有 20 个元素
char     ch[20];        //定义字符数组 ch,有 20 个元素
```

注意：

① 数组的类型实际上是指数组元素的取值类型。对于同一个数组，所有元素的数据类型都是相同的。

② 数组名的书写规则应符合标识符的书写规则。

③ 数组名不能与其他变量名相同。

例如，在如下程序段中，变量 num 和数组 num 同名，因此程序编译时出现错误，无法通过：

```
void main()
{
  int  num;
  float num[100];
  ……
}
```

④ 方括号中常量表达式表示数组元素的个数,如a[5]表示数组a有5个元素。数组元素的下标从0开始计算,5个元素分别为a[0],a[1],a[2],a[3],a[4]。

⑤ 方括号中的常量表达式不可以是变量,但可以是符号常数或常量表达式。

例如,下面的数组定义是合法的:

```
#define  NUM  5
main()
{
    int a[NUM],b[7+8];
    ……
}
```

但是,下述定义是错误的:

```
main()
{
    int num=10;     //定义变量num
    int a[num];
    ……
}
```

⑥ 允许在同一个类型说明中说明多个数组和多个变量,例如:

```
int a,b,c,d,k1[10],k2[20];
```

3.1.2 数组的元素

数组元素也是一种变量,其表示方法为数组名后跟一个下标。下标表示该数组元素在数组中的顺序号,只能为整型常量或整型表达式。如果为小数,则C编译器将自动取整。定义数组元素的一般形式为

数组名[下标]

例如,tab[5]、num[i+j]、a[i++]都是合法的数组元素。

在程序中不能一次引用整个数组,只能逐个使用数组元素。例如,数组a包括10个数组元素,累加10个数组元素之和,必须使用下面的循环语句逐个累加各数组元素:

```
int  a[10], sum;
sum = 0;
for(i=0;i<10;i++)  sum=sum+a[i];
```

不能用一个语句累加整个数组,下面的写法是错误的:

```
sum = sum+a;
```

3.1.3 数组的赋值

给数组赋值的方法有赋值语句和初始化赋值两种。

在程序执行过程中,可以用赋值语句对数组元素逐个赋值,例如:

```
for(i=0;i<10;i++)  num[i]=i;
```

数组初始化赋值是指在数组定义时给数组元素赋初值,这种赋值方法是在编译阶段进行的,可以减少程序运行时间,提高程序执行效率。初始化赋值的一般形式为

类型说明符　数组名[常量表达式]={值,值,…值};

其中,在"{}"中的各数据值分别为相应数组元素的初值,各值之间用逗号间隔,例如:

```
int num[10]={0,1,2,3,4,5,6, 7,8,9};
```

相当于

```
num[0]=0,num[1]=1,……,num[9]=9;
```

注意:数组说明和下标变量在形式上有些相似,但二者又具有完全不同的含义。数组说明的方括号中给出的是长度,即可取下标的最大值加1;而数组元素中的下标是该元素在数组中的位置标志。前者只能是常量,后者可以是常量、变量或表达式。

3.1.4　二维数组

定义二维数组的一般形式为

类型说明符　数组名[常量表达式1][常量表达式2];

"常量表达式1"表示第一维下标的长度,"常量表达式2"表示第二维下标的长度,例如:

```
int num[3][4];
```

说明了一个3行4列的数组,数组名为num,该数组共包括3×4个数组元素,即

```
num[0][0],num[0][1],num[0][2],num[0][3]
num[1][0],num[1][1],num[1][2],num[1][3]
num[2][0],num[2][1],num[2][2],num[2][3]
```

二维数组的存放方式是按行排列,放完一行后顺次放入第二行。对于上面定义的二维数组,先存放num[0]行,再存放num[1]行,最后存放num[2]行;每行中的4个元素也是依次存放的。由于数组num说明为int类型,该类型数据占2字节内存空间,故每个元素均占有2字节。

二维数组的初始化赋值可按行分段赋值,也可按行连续赋值。例如,对数组a[3][4]可按下列方式进行赋值。

① 按行分段赋值可写为

```
int a[3][4]={ {80,75,92,61},{65,71,59,63}{70,85,87,90}};
```

② 按行连续赋值可写为

```
int a[3][4]={ 80,75,92,61,65,71,59,63,70,85,87,90};
```

以上两种赋初值的结果是完全相同的。

3.1.5　字符数组

用来存放字符量的数组称为字符数组,每一个数组元素就是一个字符。

字符数组的使用说明与整型数组相同,例如“char ch [10]”语句,说明 ch 为字符数组,包含 10 个字符元素。

字符数组的初始化赋值是直接将各字符赋给数组中的各个元素,例如:

```
char  ch [10] = {'c','h','i','n','e','s','e','\0'};
```

以上定义说明了一个包含 10 个数组元素的字符数组 ch,并且将 8 个字符分别赋值到 ch[0]～ch[7],对于 ch[8]和 ch[9]系统将自动赋予空格字符。

当对全体数组元素赋初值时也可以省去长度说明,例如:

```
char  ch [  ] = {'c','h','i','n','e','s','e','\0'};
```

这时 ch 数组的长度自动定义为 8。

通常用字符数组来存放一个字符串。字符串总是以“\0”作为字符串的结束符,因此,把一个字符串存入一个数组时,也要把结束符“\0”存入数组,并以此作为字符串的结束标志。

C51 语言允许用字符串的方式对数组进行初始化赋值,例如:

```
char  ch [] = {'c','h','i','n','e','s','e','\0'};
```

可写为

```
char  ch[] = {"chinese"};
```

或去掉花括号,写为

```
char  ch[] = "chinese";
```

一个字符串可以用一维数组来装入,但数组的元素数目一定要比字符多一个,即字符串结束符“\0”,由 C 编译器自动加上。

3.2 分支结构程序

在程序设计中,常采用 if 语句构成分支结构。它可以根据给定的条件进行判断,并决定执行哪个分支程序段。

3.2.1 if 语句的几种形式

if 语句有两个关键字:if 和 else,这两个关键字表达的含义为如果和否则。if 语句有 if、if... else 和 if.... else if 3 种不同的形式。

1. if 语句的默认形式

if (条件表达式)

{

语句组;

}

if 语句的执行过程:当“表达式”的值为“真”时,则执行其后的“语句组”,否则不执行该语句组。if 语句执行过程如图 3.1 所示。

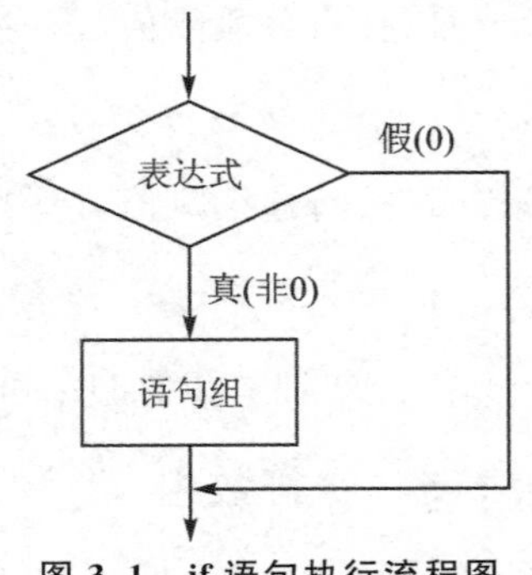

图 3.1 if 语句执行流程图

例 3-1　if 语句功能实现程序。

```
main()
{
  int a, b, max;
  a  = 10; b = 20;
  if (a<b) max = b;
  printf ("max = %d", max);
}
```

输出结果：

```
max = 20
```

2. if-else 语句

有些情况下，除了在满足括号里条件时执行相应的语句外，在不满足该条件的时候，也需要执行一些另外的语句，这时候就用到了 if-else 语句，它的一般形式为

if (条件表达式)

{

语句组 1;

}

else

{

语句组 2;

}

if-else 语句的执行过程：if 语句中的"条件表达式"的值为"真"，则执行"语句组 1"；如果条件表达式的值为"假"，则执行"语句组 2"，其执行过程如图 3.2 所示。

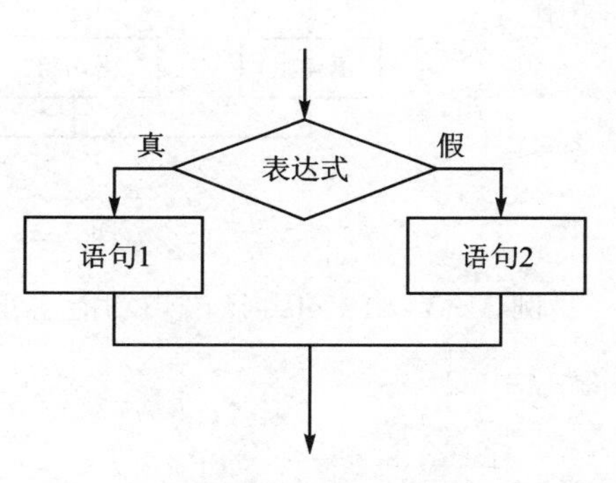

图 3.2　if-else 语句执行流程图

例 3-2　if-else 语句功能实现程序。

```
main()
{
  int a, b, max;
  a  = 10; b = 20;
  if (a<b) max = b;
  else   max = a;
  printf ("max = %d", max);
}
```

输出结果：

```
max = 20
```

3. if-else if 语句

if-esle 语句是一个二选一的语句，即当执行条件满足时，执行 if 分支后的"语句"组，否则执行 else 分支后的"语句组"。还有一种多选一的用法就是使用 if-else if 分支语句，它的一般形式为

if (条件表达式 1)

{语句组 1；}

else if (条件表达式 2)

{语句组 2；}

else if (条件表达式 3)

{语句组 3；}

…… …

else

{语句组 n+1；}

if－else if 语句的执行过程:依次判断“条件表达式”的值,当出现某个值为“真”时,则执行相对应的“语句组”,然后跳出整个 if 语句,执行“语句组 n+1”后面的程序;如果所有“条件表达式”的值都为“假”,则执行 else 分支的“语句组 n+1”后,再执行其后边的程序。if－else if 语句的执行过程如图 3.3 所示。

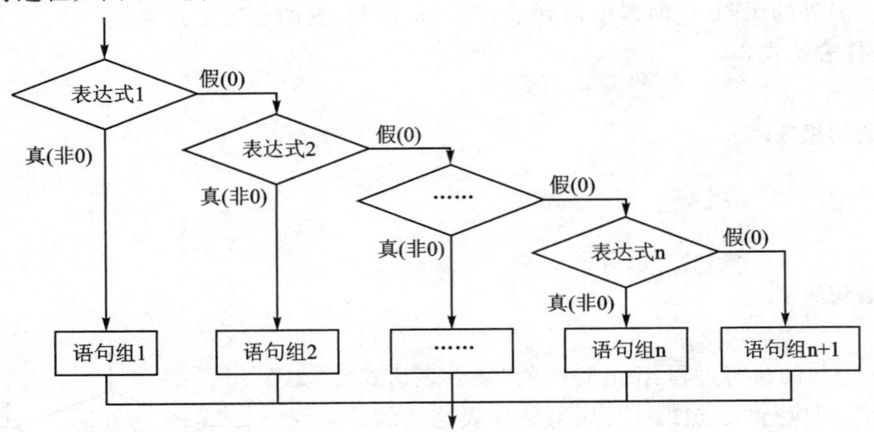

图 3.3 if－else if 语句的执行流程图

例 3－3 if－else if 语句功能实现程序。

```
main()
{
  int a, b,max;
  a = 10; b = 20;
  if (a<b)          max = b;
  else if (b<a)     max = a;
  else              max = a;          //a = b
  printf ("max = %d", max);
}
```

输出结果:

```
max = 20
```

注意:if－else if 语句结构的最后一条 else 语句可以省略。

3.2.2 if 语句的嵌套

当 if 语句中的执行语句又是 if 语句时,即构成了 if 语句嵌套的情形。其一般形式为

if(条件表达式)

if 语句组;

或者为

if(条件表达式)

if 语句组 1;

else

if 语句组 2;

在嵌套内的 if 语句可能又是 if...else 型的,这将会出现多个 if 和多个 else 重叠的情况,这时要特别注意 if 和 else 的配对问题。为了避免配对错误,C51 语言规定,每个 else 总是与它前面最近的 if 进行配对。例如:

if(条件表达式 1)

if(条件表达式 2)

语句组 1;

else

语句组 2;

其中的 else 是和 if(条件表达式 2)进行配对的。

例 3-4　比较两个数的大小关系(方法一)。

```
main()
{
   int a, b;
   a = 10; b = 20;
      if(a!= b)
         if(a>b) printf ("a>b\n");
         else   printf ("a<b\n");
      else   printf ("a = b\n");
}
```

本例中用了 if 语句的嵌套结构。采用嵌套结构是为了进行多分支选择,实际上有 3 种选择,即 a>b,a<b 和 a=b。

这种问题用 if-else if 语句也可以完成,而且程序更加清晰。因此,在一般情况下,尽量较少使用 if 语句的嵌套结构,可采用例 3.5 的编程形式。

例 3-5　比较两个数的大小关系(方法二)。

```
main()
{
      int a, b;
      a = 10; b = 20;
      if(a == b) printf ("a = b\n");
      else if(a>b) printf ("a>b\n");
      else   printf("a<b\n");
}
```

3.2.3　条件表达式

在条件语句中,如果只执行单个赋值语句时,常使用条件表达式来实现。这样不但使程序简

洁,也提高了运行效率。条件运算符为"?"和":",由条件运算符组成条件表达式的一般形式为

表达式1? 表达式2:表达式3

其求值规则为:如果"表达式1"的值为"真",则以"表达式2"的值作为条件表达式的值,否则以"表达式3"的值作为整个条件表达式的值。条件表达式通常用于赋值语句之中。例如:

```
if(a>b)   max = a;
else   max = b;
```

可用条件表达式写为

```
max = (a>b)? a: b;
```

执行该语句的语义:如果"a>b"为"真",则将a赋予max,否则将b赋予max。使用条件表达式时,还应注意以下几点:

① 条件运算符的运算优先级低于关系运算符和算术运算符,但高于赋值运算符。因此"max=(a>b)? a: b;"可以去掉括号而写为"max=a>b? a: b;"。

② 条件运算符"?"和":"是一对运算符,不能分开单独使用。

③ 条件运算符的结合方向是自右至左。

例3-6 比较两个数的大小关系(方法三)。

```
main()
{
  int a, b, max;
  a = 10, b = 20;
  printf("max = %d", a>b? a:b);
}
```

3.3 单片机中断系统

3.3.1 中断系统概念

什么是中断? 这里引入一个生活中的例子。当你正在家中看书时,突然电话铃响了,你放下书本,去接电话,和来电话的人交谈,然后放下电话,回来继续看书。这就是生活中的"中断"现象,就是原来正常的工作过程被外部的事件打断了,需要"暂停"当前工作,转去处理"中断"事件。"中断"事件处理完成后,再重新返回以前的工作过程。

表3.1 中断概念

概念	说明
中断服务程序	CPU响应中断后,转去执行的处理程序
主程序	CPU正常运行的程序
断点	主程序被断开的位置(或地址)
中断源	引起中断的原因,或能发出中断申请的来源
中断请求	中断源要求服务的请求

单片机具有完整的中断处理系统,单片机系统中的中断将改变CPU程序运行方向。结合表3.1列出的几个中断概念,将单片机中断的发生和处理过程总结如下:计算机在执行主程序的过程中,中断源向CPU发出中断请求信号,若中断请求有效,CPU将暂停执行主程序而转去执行相应的中断服务程序,

中断服务程序执行完毕后，再返回断点继续执行主程序。

3.3.2　中断源及中断请求标志

1. 中断源

生活中很多事件都会引起中断：有人按了门铃、电话铃声响起、闹钟响起及烧的水开了等诸如此类的事件，把能引起中断的对象称为中断源。单片机中也有能引起中断的对象。80C51 中一共有 5 个中断源，其符号、名称及产生的条件如下：

- $\overline{INT0}$：外部中断 0，由 P3.2 引脚引入，低电平或下降沿引起。
- $\overline{INT1}$：外部中断 1，由 P3.3 引脚引入，低电平或下降沿引起。
- T0：定时/计数器 0 中断，由 T0 计满溢出引起。
- T1：定时/计数器 1 中断，由 T1 计满溢出引起。
- TI/RI：串行口 I/O 中断，串行端口完成一帧字符发送/接收后引起。

中断源信息如表 3.2 所列。

表 3.2　中断源信息列表

中断函数编号	中断名称	中断标志位	中断使能位	中断向量地址
0	外部中断 0	IE0	EX0	0x0003
1	T0 中断	TF0	ET0	0x000B
2	外部中断 1	IE1	EX1	0x0013
3	T1 中断	TF1	ET1	0x001B
4	串口中断	TI/RI	ES	0x0023

2. 中断触发方式及中断请求标志

在单片机中断系统中，采用哪种中断和触发方式，可以通过定时/计数器的控制寄存器 TCON 和串行接口控制寄存器 SCON 的相应位进行设置。TCON 和 SCON 都属于特殊功能寄存器。

(1) TCON 的中断标志(字节地址：88H)

7	6	5	4	3	2	1	0
TF1	TR1	TF0	TR0	IE1	IT1	IE0	IT0

- IT0：$\overline{INT0}$ 触发方式控制位，可由用户编程进行置位和复位。IT0＝0，$\overline{INT0}$ 为低电平触发方式；IT0＝1，$\overline{INT0}$ 为负跳变触发方式。
- IE0：$\overline{INT0}$ 中断请求标志位。当有外部的中断请求时，该位置 1(由硬件完成)，在 CPU 响应中断后，由硬件将 IE0 清零。
- IT1、IE1 的作用与 IT0、IE0 相同。
- TCON 中高 4 位与内部定时器中断相关。
- 定时器 T0 的溢出中断标记 TF0：当 T0 定时/计数值产生溢出时，由硬件置位 TF0；当 CPU 响应中断后，再由硬件将 TF0 清零。
- TF1：与 TF0 类似。
- TR0 与 TR1：定时/计数器 T0 或 T1 的启动控制位。

(2) SCON的中断标志(字节地址:98H)

7	6	5	4	3	2	1	0
						TI	RI

- TI、RI:串行口发送、接收完一个串行帧后由硬件置位。

人类依靠多种感觉器官来感知突发事件,单片机则是通过标志位检测来发现中断事件。80C51工作时,在每个机器周期的S5P2都会去查询各个中断请求标志,检测其是否为"1",如果是,则说明有中断请求了。

80C51单片机的5个中断源各自的中断请求标志为IE0、TF0、IE1、TF1以及RI/TI。在中断源满足中断请求的条件下,各中断标志位自动置1,并向CPU请求中断。如果某一中断源提出中断请求后,CPU不能立即响应,只要该中断请求标志不被用户使用程序清除,中断请求的状态就将一直保持,直到CPU响应中断为止。

注意:

① 在CPU响应中断后,定时器类中断标志位(TF0和TF1)将自动清零。

② 外部中断若为边沿触发方式(IT0或IT1为1),则标志位(IE0或IE1)可以自动清零;若为低电平触发方式(IT0或IT1为0),标志位(IE0或IE1)状态完全由$\overline{\text{INT0}}$或$\overline{\text{INT1}}$决定,并不能自动清零。

③ 串行口中断标志位RI/TI不会自动清零。对于CPU响应中断后不能自动清零的标志位必须在中断服务程序中设置响应的清除指令,否则该标志位将一直触发中断。

3.3.3 中断系统的控制寄存器

中断系统有两个控制寄存器IE和IP,它们分别用来设定各个单片机中断源的打开/关闭和中断优先级。

1. 中断允许寄存器IE(字节地址:A8H)

人们在处理重要事务时,会尽量避免其他事情的干扰,比如考试时关闭手机就是避免干扰的发生。同理,单片机中断系统中,也可以灵活地通过屏蔽中断,防止干扰。在MCS-51中断系统中,中断的允许或禁止是由片内可进行位寻址的8位中断允许寄存器IE来控制的。IE属于特殊功能寄存器,字节地址为A8H,位地址分别是A8H~AFH。

7	6	5	4	3	2	1	0
EA			ES	ET1	EX1	ET0	EX0

IE用来允许或禁止各中断源的中断请求,寄存器相关位定义如下:

- EA:全局中断允许位。EA=0,禁止全部中断;EA=1,允许全部中断控制。在此条件下,由各个中断控制位允许或禁止相应中断。
- ES:串行口中断允许位。ES=1,允许串行口中断;ES=0,禁止串行口中断。
- ET1:定时/计数器1中断允许位。ET1=1,允许T1中断;ET1=0,禁止T1中断。
- EX1:外部中断1中断允许位。EX1=1,允许外部中断1;EX1=0,禁止外部中断1。
- ET0:定时器/计数器0中断允许位。ET0=1,允许定时器0中断;ET0=0,禁止定时器0中断。

➢ EX0：外部中断0中断允许位。EX0=1，允许外部中断0；EX0 = 0，禁止外部中断0。

结合中断标志位R中断允许等知识，可得CPU响应中断的条件如下：

① 中断源有中断请求，即相应的中断请求标志位为1；

② CPU开启总中断(EA=1)；

③ 相应的中断源的允许标志位为1。

2. 中断优先级控制寄存器IP(字节地址：B8H)

设想一下，当我们正在看书，电话铃响了，同时又有人按了门铃，该先做什么呢？如果你正在等一个很重要的电话，通常不会去理会门铃的事情；如果你正在等一个重要的客人，则可能就不会去理会电话了。如果不符合这两种情况，你可能会按日常的习惯去处理。这就是生活中的事件冲突，引出了事件优先级问题。

单片机的事件处理中也存在中断事件冲突，中断优先级的问题不仅发生在两个中断同时产生的情况，也发生在一个中断已产生，又有一个新的中断产生的情况。中断优先级控制器对中断事件进行顺序排队，优先级高的中断事件先处理，优先级低的事件后处理。

MCS-51系列单片机中设置中断优先级是通过中断优先级控制寄存器IP来实现的。IP属于特殊功能寄存器，字节地址为B8H，位地址分别是B8H～BFH。

7	6	5	4	3	2	1	0
			PS	PT1	PX1	PT0	PX0

➢ PS：串行I/O中断优先级控制位。PS=1，串行通信设为高优先级；PS=0，串行通信设为低优先级。

➢ PT1：定时/计数器1中断优先级控制位。PT1=1，定时器/计数器1设为高优先级；PT1=0，定时/计数器1设为低优先级。

➢ PX1：外部中断1中断优先级控制位。PX1=1，外部中断1设为高优先级；PX1=0，外部中断1设为低优先级。

➢ PT0：定时/计数器0中断优先级控制位。PT0=1，定时/计数器0设为高优先级；PT0=0，定时/计数器0设为低优先级。

➢ PX0：外部中断0中断优先级控制位。PX0=1，外部中断0设为高优先级；PX0=0，外部中断0设为低优先级。

在MCS-51系列单片机中，高级中断能够打断CPU正在处理的低级中断从而形成中断嵌套；同级中断之间，或低级对高级中断则不会产生影响；若几个同级中断同时向CPU提出中断请求，则CPU将按硬件确定的自然优先级进行处理。

5个中断源的自然优先级高低如表3.3所列。

表3.3　中断源自然优先级

中断源	自然优先级
外部中断0	高
定时/计数器0	↓
外部中断1	↓
定时/计数器1	↓
串行口	低

结合中断优先级及中断系统工作原理，出现下列3种情况之一时，CPU将暂停或推迟对中断的响应：

① CPU正在处理同级或更高级别的中断请求。

② 现行的机器周期不是当前正在执行指令的最后一个周期。当80C51单片机程序执行时，C51语言程序需要编译成汇编语言程序，而汇编语言程序中指令的执行时间分为单周期、

双周期、四周期,CPU 中断响应前必须将当前指令处理完毕。

③ 当前正在执行的指令访问中断系统中的 IP、IE 寄存器内容时,CPU 至少再执行一条指令才能响应中断。这些指令都是与中断系统有关的,如果正访问 IP 和 IE,则可能会开、关中断或改变中断的优先级,而中断返回指令则说明本次中断还没有处理完,所以都要等本指令处理结束,再执行一条指令才能响应中断。

3.4 任务实施——数码管的动态显示

3.4.1 数码管基础

1. 数码管结构和类型

传统 LED 灯通过点亮或者熄灭,表达简单的二值化信息。而通过学习一种较为复杂的器件 LED 数码管,能够表达复杂的数字或者字母信息。LED 数码管的原理图如图 3.4 所示。

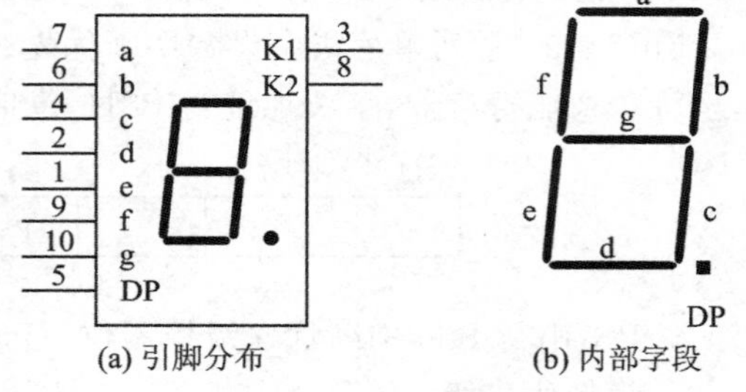

(a) 引脚分布　　(b) 内部字段

图 3.4 LED 数码管原理图

从图 3.4 可知,LED 数码管包含了 a、b、c、d、e、f、g、dp 共 8 个段选信号。而实际上这 8 个段选信号,每一段都是一个 LED,所以一个数码管就是由 8 个 LED 组成的。数码管内部结构如图 3.5 所示。

LED 数码管分为共阳极和共阴极两种类型。共阴极数码管就是 8 只 LED 的阴极连接在一起,即阴极为公共端,并由阳极端的电压信号来控制单个 LED 的亮或灭。同理,共阳极数码管就是所有阳极接在一起,由阴极端的电压信号来控制单个 LED 的亮或灭。实际中,LED 数码管上边有 2 个 COM 端(或者称为段选端),也就是数码管的公共端。通过 2 个 COM 可以把公共电流平均到 2 个引脚上去,减小单条线路上的电流。

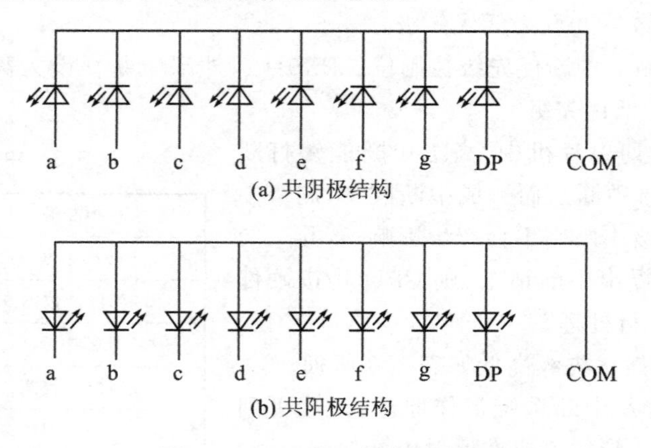

(a) 共阴极结构

(b) 共阳极结构

图 3.5 LED 数码管内部结构

2. 数码管真值表

通过图 3.4 看出,数码管的 8 个段直接当作 8 个 LED 来进行控制。如果点亮数码管中 b

和c这两个LED,也就是数码管的b段和c段,而其他所有的段都熄灭的话,就可以让数码管能够显示出一个数字“1”的符号。采用相似的方法,可以把其他的数字字符都在数码管上显示出来,并且数码管能够显示的数字字符对应单片机相应的端口赋值,这就是数码管的真值表。

共阳极数码管的真值表如表3.4所列,真值表里显示的数字均不带小数点。

表3.4　数码管真值表

字　符	0	1	2	3	4	5	6	7
数　值	0xC0	0xF9	0xA4	0xB0	0x99	0x92	0x82	0xF8
字　符	8	9	A	B	C	D	E	F
数　值	0x80	0x90	0x88	0x83	0xC6	0xA1	0x86	0x8E

3.4.2　基本原理

单片机可以驱动数码管显示多位数字信息。如何完成数字的同时显示呢?这就用到了动态显示的概念。

当多位数码管显示数字时,实际上是单片机轮流点亮数码管(即一个时刻内只有一个数码管是点亮的),而人眼的视觉具有暂留现象(也叫余晖效应),就可以做到看起来是所有数码管都同时亮了,这就是动态显示,也叫作动态扫描。

例如:有两个数码管,如果要显示“02”这个数字,可以让高位的数码管先导通,然后控制LED段信号让其显示“0”;在延时一定时间后,再让低位的数码管导通,控制LED段信号让其显示“2”。这个流程以一定的速度循环运行就可以让数码管显示出“02”,由于交替速度非常快,人眼看到的效果就是两位数字同时亮了。

一般需要多长时间完成一次全部数码管的扫描呢?通常在10 ms以内,即刷新时间小于10 ms就可以做到无闪烁,这就是动态扫描的硬性指标。

3.4.3　硬件电路

数码管动态显示电路由两位的数码管电路和单片机控制电路组成,如图3.6所示。数码管电路由数码管和三极管驱动组成。单片机控制电路由时钟电路、复位电路和按键电路组成。

单片机的P1口通过电阻排RP1,连接数码管的段选信号端(A～DP),可以直接输入段选信息(即数字0～9)。同时,单片机的P3.2和P3.3引脚连接按键电路,按键按下后会有低电平信号输入,引发外部中断信号。单片机的P2.0和P2.1引脚连接NPN型三极管的基极,当上述引脚输出高电平(或者输出电流)时,则三极管导通后,射极和集电极通路后接地,同时数码管的位也相应选通。

3.4.4　软件设计

C51中断函数的书写格式固定如下:

① 首先,中断函数前面为返回变量,如例程中外部中断函数的void表示函数返回空,即中断函数不返回任何值;函数名在符合函数命名规则的前提下可以随便取,如Interrupt_timer0(),取这个函数名是为了方便区分和记忆。

② 函数名后必须紧跟interrupt关键字,这是中断特有的关键字,书写时不允许错误。

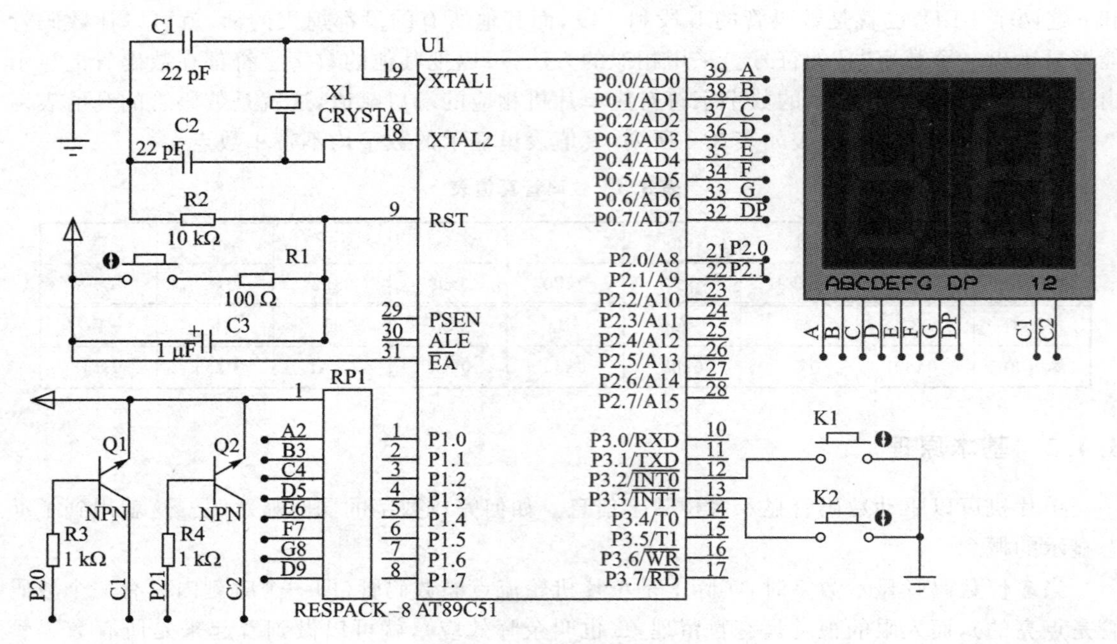

图 3.6　数码管动态显示电路

③ 最后关键字 interrupt 需要加上数字标号 x(0～4)等,代表单片机中不同的中断类型,参见表 3.2。

例如:

```
void Key_UP_Scan()    interrupt 0
```

数码管动态显示程序主要实现外部中断控制信号的计数。K1 和 K2 按键按下后,将计数值显示在数码管。其中 K1 是增按键,按下后计数增加;K2 是减按键,按下后计数减少。

程序包括了主函数 main()完成中断初始化和显示计数数值程序;增按键函数 Key_UP_Scan()为外部中断 0 服务程序,减按键函数 Key_DOWN_Scan()为外部中断 1 服务程序,通过外部中断服务程序来进行计数;display_led()为数码管显示程序,完成计数值的显示。

```
/*************************************************************
* 文件名:main.c
* 描  述:单片机中断控制演示
* 功  能:实现中断控制数码管动态显示程序
* 单  位:四川航天职业技术学院电子工程系
* 作  者:乔鸿海
*************************************************************/
#include "reg52.h"
/* 全局变量 */
char  display;
sbit  Key_INT0 = P3^2;
sbit  Key_INT1 = P3^3;
/* 函数声明 */
void  system_init();
```

```
void   display_led(unsigned char number);
void   delay(unsigned int time);
/*共阳极数码管的编码*/
unsigned char NUM[10] = {0xc0,0xf9,0xa4,0xb0,
0x99,0x92,0x82,0xf8,0x80,0x90};
/*********************************************************
函数名称：main()
功    能：实现中断控制数码管动态显示
入口参数：无
返 回 值：无
备    注：无
*********************************************************/
void main()
{
   system_init();
   while(1)
   display_led(display);
}
/*********************************************************
函数名称：system_init()
功    能：系统初始化
入口参数：无
返 回 值：无
备    注：无
*********************************************************/
void system_init()
{
   EA      = 1;
   EX0     = 1;
   EX1     = 1;
   IT0     = 0;
   IT1     = 0;
   display = 0;
}
/*********************************************************
函数名称：Key_UP_Scan()
功    能：键值增加函数
入口参数：无
返 回 值：无
备    注：无
*********************************************************/
void Key_UP_Scan() interrupt 0
{
   display++;
   if(display > 0x63)                   //超过99
   display = 0;
   while(Key_INT0 == 0||Key_INT1 == 0);
}
```

```
/*****************************************************
函数名称：Key_DOWN_Scan()
功    能：键值减少函数
入口参数：无
返 回 值：无
备    注：无
*****************************************************/
void Key_DOWN_Scan() interrupt 2
{
   display--;
   if(display < 0x00)                    //小于0
   display = 0x63;
   while(Key_INT0 == 0||Key_INT1 == 0);
}
/**********************************************
函数名称：display_led()
功    能：数字的拆解及分位显示
入口参数：无
返 回 值：无
备    注：无
**********************************************/
void display_led(unsigned char number)
{
unsigned inta,b;
a = number/10;                           //求十位
b = number % 10;                         //求个位
P2 = 0x01;
P0 = NUM[a];
delay(1);
P2 = 0x02;
P0 = NUM[b];
delay(1);
}
/**********************************************
函数名称：delay()
功    能：延时程序
入口参数：无
返 回 值：无
备    注：无
**********************************************/
void  delay(unsigned int time)
{
unsigned int i,j;
    for(i = 0;i<time;i++)
  for(j = 0;j<100;j++);
}
```

仿真实验结果如图3.7所示。

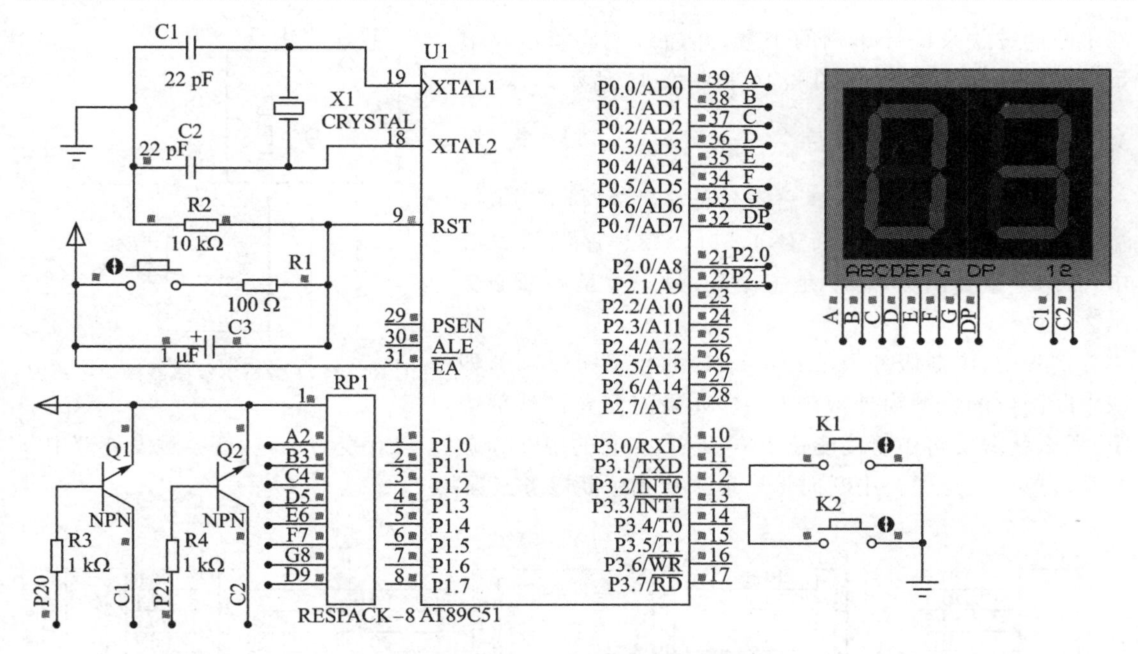

图 3.7　数码管动态显示电路仿真结果

3.5　能力拓展——车流量统计器

3.5.1　硬件电路及接口

要实现车流量的统计功能，就需要一个传感器来检测过往的车辆，本系统采用的是霍尔传感器，如图 3.8 和图 3.9 所示。霍尔传感器是一种磁传感器，其核心部分为霍尔元件。霍尔元件是根据霍尔效应，采用半导体材料制成，可以检测磁场及其变化，具有结构简单、体积小、频率响应宽、输出电压变化大和使用寿命长等优点，在测量、自动化、计算机和信息技术等领域得到广泛的应用。

图 3.8　3144 型霍尔传感器实物图

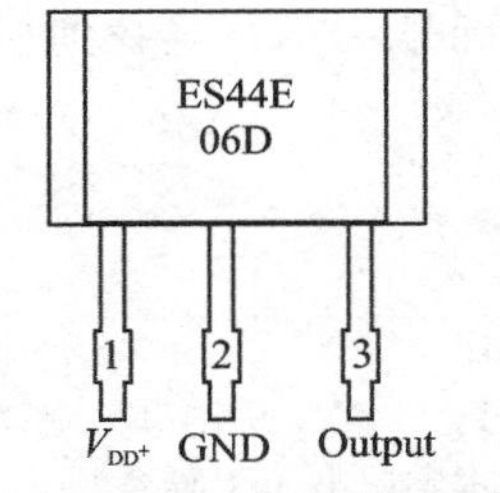

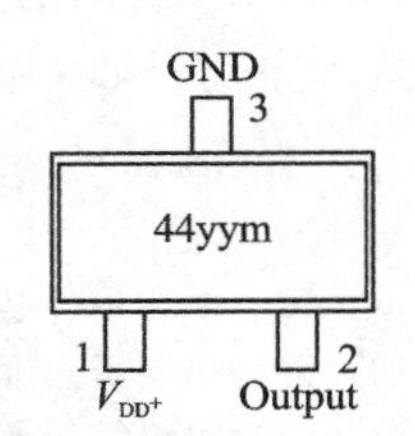

图 3.9　3144 霍尔传感器的引脚功能图及外形

霍尔传感器以霍尔效应为工作基础，由霍尔元件及附属电路组成。霍尔传感器在工业生产、交通运输和日常生活中有着非常广泛的应用。常用的霍尔传感器一般分为开关型和线型两种，开发板用的是开关型霍尔传感器。

车流量统计器由 MCS－51 系列单片机和 3144 型霍尔传感器组成。传感器与单片机以外部中断的方式来统计车辆的个数,并通过数码管电路显示当前统计的车流量,如图3.10和图3.11所示。

3.5.2 车流量统计程序

根据图3.10,可以观察出霍尔传感器3144的OUT端连接着单片机的外中断INT0口。在程序结构设计中,有两个重要函数,一个是主函数,另一个是中断服务函数。

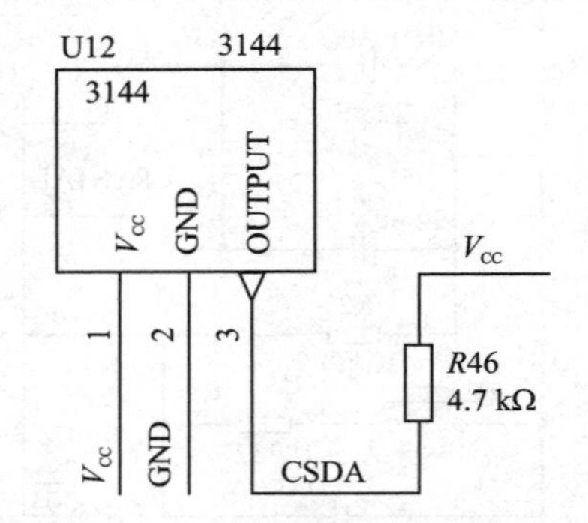

图3.10 3144型霍尔传感器接口电路图

例程中,中断服务函数counter()的数字标号为0,即该中断函数的类型为外部中断0。如果需要允许外部中断,那么就需要将中断使能位EX0置1;当它的中断标志位TE0变为1时,就会触发外部中断0,并且单片机是通过中断向量地址来找到中断服务函数的。

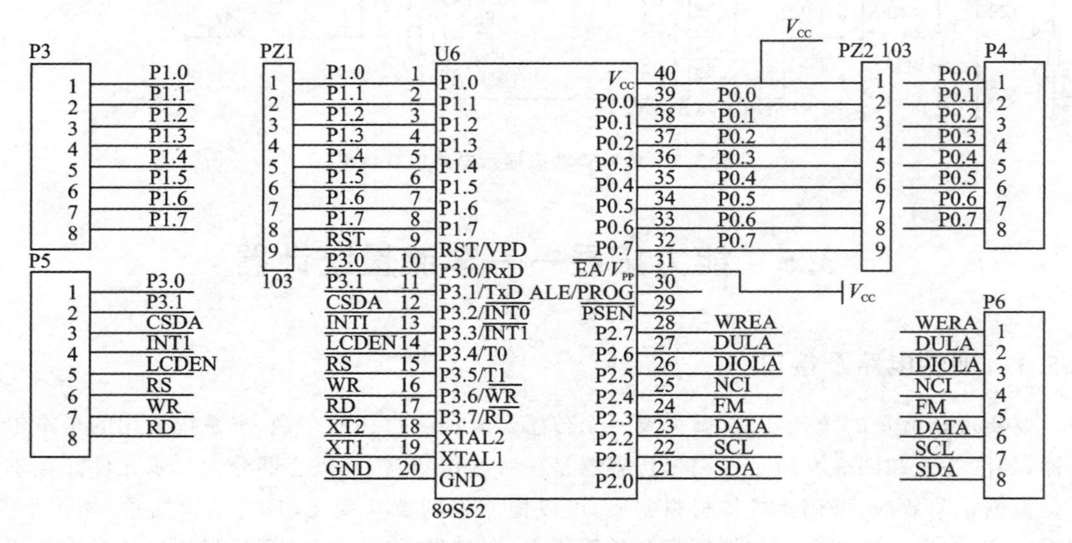

图3.11 车流量检测单片机控制电路图

中断向量地址,即存储中断向量的存储单元地址,中断服务程序入口地址的指示器。根据关键字interrupt后面的数字标号x就可寻找到相应的中断服务程序的入口地址处。

具体程序代码如下:

```
/*********************************************************
 * 文件名:main.c
 * 描  述:车流量计数器程序
 * 功  能:实现霍尔元件采集车流量,并显示车流数据
 * 单  位:四川航天职业技术学院电子工程系
 * 作  者:李彬
*********************************************************/
#include<reg52.h>
/*宏定义*/
sbit SWITCH    = P2^7;   //位定义  led锁存器操作端口
sbit SWITCH_1  = P2^6;   //位定义  数码管段选锁存器操作端口
```

```
sbit SWITCH_2 = P2^5;   //位定义  数码管位选锁存器操作端口
/*全局变量定义*/
unsigned int i=1234,num[8];   //根据车流量大小设定
unsigned char code table[16]={0xc0,0xf9,0xa4,0xb0,0x99,
0x92,0x82,0xf8,0x80,0x90,0x88,0x83,0xc6,0xa1,0x86,0x8e};
/*函数声明*/
void interrupt0_init(void);
void display(void);
void delay_ms(unsigned int x);
/*********************************************************
函数名称:main()
功    能:利用外部中断 0 计数,并显示计数值
入口参数:无
返 回 值:无
备    注:无
*********************************************************/
void main(void)
{

SWITCH   =0;                    //关掉 led
SWITCH_1=1;                     //打开段选
SWITCH_2=1;                     //打开位选
P0=0X00;                        //上电关掉
P1=0X00;
interrupt0_init();              //外部中断 0 初始化
while(1)
{
        display();              //显示计数值
}
}
/*********************************************************
函数名称:counter()
功    能:外部中断 0 服务程序,车辆计数加 1
入口参数:无
返 回 值:无
备    注:无
*********************************************************/
void  counter(void) interrupt 0
{
   EX0=0;
   i++;                         //中断计数
   if(i==65535)                 //避免数值过大溢出
   {
   i=0;
   }
   EX0=1;
}
/*********************************************************
```

```
函数名称：interrupt0_init()
功    能：外部中断服务程序的初始化过程
入口参数：无
返 回 值：无
备    注：无
*********************************************************/
void interrupt0_init(void)
{
IT0 = 1;                                  // 下降沿触发
EX0 = 1;                                  // 使能外部中断 0
EA = 1;                                   // 开启总中断
}
/*********************************************************
函数名称：display()
功    能：显示程序,显示车流量值
入口参数：无
返 回 值：无
备    注：无
*********************************************************/
void display(void)
{
unsigned char t;
num[0] = table[(i%10000)/1000];    //取千位 4
num[1] = table[(i%1000)/100];      //取百位 3
num[2] = table[(i%100)/10];        //取十位 2
num[3] = table[i%10];              //取个位 1
for(t = 0;t<4;t++)
{
P0 = num[t];                       //段值
    P1 = 1<<t;                     //位选
delay_ms(1);
}
}
/*********************************************************
函数名称：delay_ms ()
功    能：延迟程序
入口参数：无
返 回 值：无
备    注：无
*********************************************************/
void delay_ms(unsigned int x)
{
unsigned int i,j;
for(i = x;i>0;i--)
for(j = 110;j>0;j--);
}
```

学习情境 4　定时器

通过对学习情境 4 的学习，要求掌握 MCS－51 系列单片机中定时/计数器的基本原理和使用方法；在外部硬件数码管的配合下，编写程序并实现数字显示功能；通过能力拓展任务，掌握利用定时器产生 PWM 波和进行信号频率测量的方法。

4.1　单片机的定时/计数器

在单片机应用系统中常常会有定时控制任务的需求，如定时信号输出、定时查询、定时扫描等，也可以对外部事件进行计数。80C51 单片机内集成有两个可编程的定时/计数器：T0 和 T1。它们既可以工作于定时模式，也可以工作于外部事件计数模式。此外，T1 还可以作为串行通信接口的波特率发生器。

定时/计数器的使用包含两个特殊寄存器的操作，即 TMOD 和 TCON。TMOD 是定时/计数器的工作方式寄存器，由它确定定时/计数器的工作方式和功能；TCON 是定时/计数器的控制寄存器，用于控制 T0、T1 的启动和停止，并设置溢出标志。

4.1.1　工作原理

1. 单片机内的时序

时钟周期：即振荡脉冲周期，为单片机内部最小时序单位。

机器周期：一个机器周期由 12 个时钟周期组成。它是单片机中计算时间的基本单位。

指令周期：执行一条指令所需要的时间。80C51 单片机的指令按执行时间可以分为三类：单周期指令（指令的执行需要 1 个机器周期）、双周期指令以及四周期指令（乘除法指令）。

例 3－7　假设单片机外接晶振频率为 12 MHz，计算对应的时序周期。

解　时钟周期 $= 1/12\ \text{MHz} = 0.083\,3\ \mu\text{s}$

机器周期 $= 12/12\ \text{MHz} = 1\ \mu\text{s}$

指令周期 $= (1\sim4)$机器周期 $= 1\sim4\ \mu\text{s}$

2. 工作原理

定时/计数器的实质为加 1 计数器，无论是定时模式或是计数模式都表现为对脉冲信号进行计数，但两种工作模式的脉冲来源不同。设置为定时模式时，脉冲由系统的时钟振荡器输出脉冲经 12 分频后获得（机器周期）；设置为计数模式时，通过 T0 或 T1 引脚输入外部脉冲信号。

无论哪种工作模式，定时/计数器都从计数初始值开始，每来一个脉冲，计数器加 1，当计数器全为“1”时，再输入一个脉冲，使计数器溢出归零，而且将 TCON 中 TF1 或 TF0 置 1，然后向 CPU 发出中断请求（定时/计数器中断允许时）。如果定时/计数器工作于定时模式，则表示定时时间已到；如果工作于计数模式，则表示计数值已满。

设置为定时模式时，加 1 计数器对内部机器周期进行计数（1 个机器周期等于 12 个振荡周期,即计数频率为晶振频率的1/12)。定时时间除以机器周期就是脉冲计数值。

例3-8 已知系统晶振频率为12 MHz,若定时10 ms,那么需要计数多少个脉冲?

解 由题可知晶振周期为1/12 μs,机器周期为1 μs。将定时/计数器设置为定时模式,对内部机器周期脉冲进行计数,脉冲计数值等于定时时间除以机器周期,即10 ms/1 μs=10 000个。

设置为计数模式时,外部事件计数脉冲由T0(P3.4)或T1(P3.5)引脚输入到计数器,在每个机器周期的S5P2期间采样T0、T1引脚电平。当某周期采样到高电平输入,而下一周期又采样到低电平输入时,则计数器加1,更新的计数值在下一机器周期的S3P1期间装入计数器。由于检测一个从1到0的下降沿需要两个机器周期,因此要求被采样的电平至少要维持一个机器周期,所以最高计数频率为晶振频率的1/24。例如,当晶振频率为12 MHz时,最高计数频率不超过1/2 MHz,即计数脉冲的周期要大于2 μs。

4.1.2 定时器寄存器

80C51单片机定时/计数器的工作由两个特殊功能计数器控制,TMOD用于设置其工作方式,TCON用于控制其启动和中断申请。

(1) 工作方式寄存器TMOD

工作方式寄存器TMOD用于设置定时/计数器的工作方式,低4位用于T0,高4位用于T1。其格式如下:

TMOD 字节地址:89H	7	6	5	4	3	2	1	0
	GATE	$C/\overline{T}$	M1	M0	GATE	$C/\overline{T}$	M1	M0

GATE:门控位。GATE = 0时,只要用软件使TCON中的TR0或TR1置为1,就可以启动定时/计数器;GATE=1时,要用软件使TR0或TR1置为1,同时外部中断引脚$\overline{\text{INT0}}$或$\overline{\text{INT1}}$也为高电平时,才能启动相关定时/计数器。即此时定时计数器的启动条件,加上了$\overline{\text{INT0}}$或$\overline{\text{INT1}}$引脚为高电平这一条。

注意:门控位GATE具有特殊的作用。GATE=1时,由$\overline{\text{INT0}}$和TR0共同控制定时/计数器启动。TR0=1时,$\overline{\text{INT0}}$引脚的高电平启动计数,$\overline{\text{INT0}}$引脚的低电平停止计数。这种方式可以用来测量$\overline{\text{INT0}}$引脚上正脉冲的宽度。

$C/\overline{T}$:定时/计数模式选择位。$C/\overline{T}=0$为定时模式;$C/\overline{T}=1$为计数模式。

M1M0:工作方式设置位。定时/计数器有4种工作方式,由M1M0进行设置,如表4.1所列。

表4.1 定时/计数器工作方式设置表

M1M0	工作方式	说 明
00	方式0	13位定时/计数器
01	方式1	16位定时/计数器
10	方式2	8位自动重装定时/计数器
11	方式3	T0分成两个独立的8位定时/计数器;T1此方式停止计数

(2) 控制寄存器 TCON

TCON 的低 4 位用于控制外部中断,已在前面介绍。TCON 的高 4 位用于控制定时/计数器的启动和中断申请。其格式如下:

TCON 字节地址:88H	7	6	5	4	3	2	1	0
	TF1	TR1	TF0	TR0				

TF1(TCON.7):定时/计数器 T1 溢出中断请求标志位。定时/计数溢出时由硬件自动置 TF1 为 1。CPU 响应中断源后 TF1 由硬件自动清 0。T1 工作时,CPU 可随时查询 TF1 的状态。所以,TF1 可用作查询测试的标志。TF1 也可用软件置 1 或清 0,同硬件置 1 或清 0 效果一样。

TR1(TCON.6):定时/计数器 T1 运行控制位。TR1 置 1 时,定时/计数器 T1 开始工作;TR1 置 0 时,定时/计数器 T1 停止工作。TR1 由软件置 1 或清 0。因此,用软件可控制定时/计数器的启动与停止。

TF0(TCON.5):定时/计数器 T0 溢出中断请求标志位,其功能与 TF1 类同。

TR0(TCON.4):定时/计数器 T0 运行控制位,其功能与 TR1 类同。

4.1.3 工作方式

80C51 单片机定时/计数器 T0 有 4 种工作方式(方式 0~3),T1 有 3 种工作方式(方式 0~2)。针对前 3 种工作方式,T0 和 T1 除了所使用的寄存器、有关控制位、标志位不同外,其余操作完全相同。为了简化叙述,下面以定时/计数器 T0 为例进行介绍。

1. 方式 0

当 TMOD 的 M1M0 为 00 时,定时/计数器的工作模式为方式 0。方式 0 为 13 位计数,由 TL0 的低 5 位(高 3 位未用)和 TH0 的 8 位组成。TL0 的低 5 位溢出时向 TH0 进位,TH0 溢出时,置位 TCON 中的 TF0 标志,向 CPU 发出中断请求。

定时/计数器的工作特点为当定时时间到或计数个数满时,则刚好溢出并置位中断标志位请求中断。为了满足该要求,定时/计数器的初值必须由溢出值减去脉冲计数个数得到,而溢出值为定时/计数器参与计数位数全为 1 时,再来一个脉冲(即再加 1)得到。求出的计数初值送入 TH1、TL1 或 TH0、TL0 中。方式 0 的计数初值计算公式为

$$X = 8192 - N = 2^{13} - N$$

式中,X 为计数初值:当计数个数为 1 时,初值 X 为 8 191;当计数个数为 8 192 时,初值 X 为 0。即计数个数范围在 1~8 192 间变化时,初值范围为 8 191~0。另外,定时器的初值还可以采用计数个数直接去补法获得。

注意:

① 溢出值的概念仅用于计算定时/计数器的初值。在定时/计时器实际工作中,计数值寄存器计数完成后溢出,计数值会归零。

② 方式 0 采用 13 位计数器是为了与早期产品兼容,计数初值的高 8 位和低 5 位的确定比较麻烦,所以在实际应用中采用由 16 位的方式 1 取代。

2. 方式 1

当 M1M0 为 01 时,定时/计数器的工作模式为方式 1,其操作方法与方式 0 基本相同,仅是计数器的位数不同。方式 1 的计数位数是 16 位,由 TL0 作为低 8 位,TH0 作为高 8 位,组

成了16位加1计数器。计数个数与计数初始值的关系为

$$X = 2^{16} - N$$

可见,当计数个数为1时,初值 X 为65 535;当计数个数为65 536时,初值 X 为0。即计数个数范围为1~65 536时,初值范围为65 535~0。

例3-9 若要求定时器T0工作模式为方式1,定时时间为1 ms,则当晶振为6 MHz时,求送入TH0和TL0的计数初值各为多少?

解 由于晶振为6 MHz,因此机器周期 T_{cy} 为2 μs,有

$$N = t/T_{cy} = 1 \times 10^{-3}/2 \times 10^{-6} = 500$$

$$X = 2^{16} - N = 65\ 536 - 500 = 65\ 036 = FE0CH$$

即应将FEH送入TH0中,0CH送入TL0中。

3. 方式2

当M1M0为10时,定时/计数器工作模式为方式2。方式2为自动重装初值的8位计数方式。TH0为8位初值寄存器。当TL0计满溢出时,由硬件使TF0置1,向CPU发出中断请求,并将TH0中的计数初值自动送入TL0。TL0从初值重新进行加1计数。周而复始,直至TR0=0才会停止。计数个数与计数初值的关系为

$$X = 2^{8} - N$$

可见,计数个数为1时,初值 X 为255;计数个数为256时,初值 X 为0。即计数个数范围为1~256时,初值范围在255~0。

由于工作方式2省去了用户软件中重装常数的程序,故特别适合用作较精确的脉冲信号发生器。

4. 方式3

方式3只适用于定时/计数器T0,定时器T1处于方式3时相当于TR1 = 0,停止计数。当T0的方式字段中的M1M0为11时,T0被设置为方式3。此时,T0分为两个独立的8位计数器TL0和TH0,TL0使用T0的所有控制位:$C/\overline{T}$、GATE、TR0、TF0和 $\overline{INT0}$。当TL0计数溢出时,由硬件使TF0置1,向CPU发出中断请求。而TH0固定为定时方式(不能进行外部计数),并借用了T1的控制位TR1、TF1。因此,TH0的启、停受TR1控制,TH0的溢出将置位TF1。

当T0工作在方式3时,因T1的控制位 $C/\overline{T}$、M1M0并未交出,原则上T1仍可以按方式0、1、2工作,区别在于不能使用运行控制位TR1和溢出标志TF1,也不能发出中断请求信号。方式设定后,T1将自动运行,如果要停止工作,只需要将其定义为方式3即可。

在单片机的串行通信应用中,T1常作为串行接口波特率发生器,且工作于方式2。这时将T0设置为方式3,可以使单片机的定时/计数器资源得到充分利用。

80C51单片机的定时计数器是可编程的,因此,在利用定时/计数器进行定时或计数之前,要先通过软件对它进行初始化。

初始化程序应完成如下工作:

① 对TMOD赋值,以确定T0和T1的工作方式;

② 计算初值,并将其写入TH0、TL0或TH1、TL1;

③ 中断方式时,对IE赋值,开放中断;

④ 使TR0或TR1置位,启动定时/计数器开始定时或计数。

4.2　任务实施——数码管的使用

4.2.1　数码管电路与单片机接口

数码管显示仿真实验采用 51 单片机控制电路、数码管驱动电路和共阳极数码管组成，如图 4.1～图 4.3 所示。

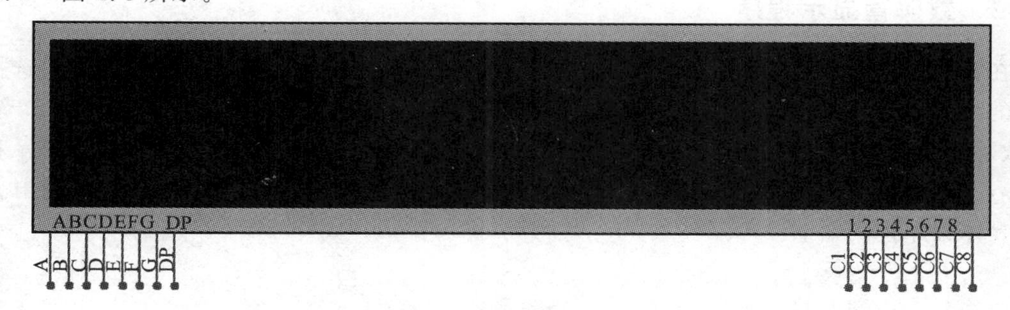

图 4.1　数码管原理图

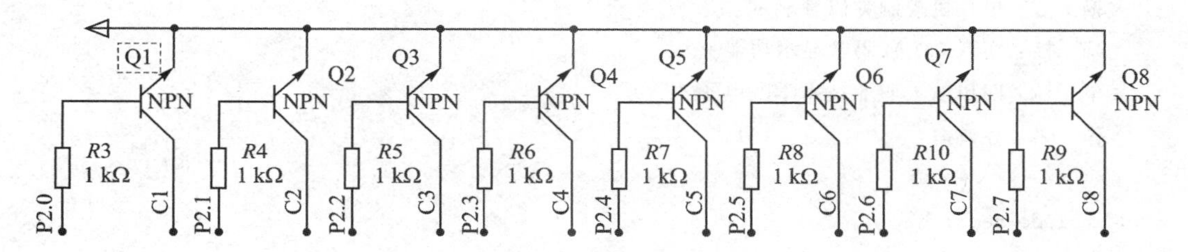

图 4.2　数码管驱动电路

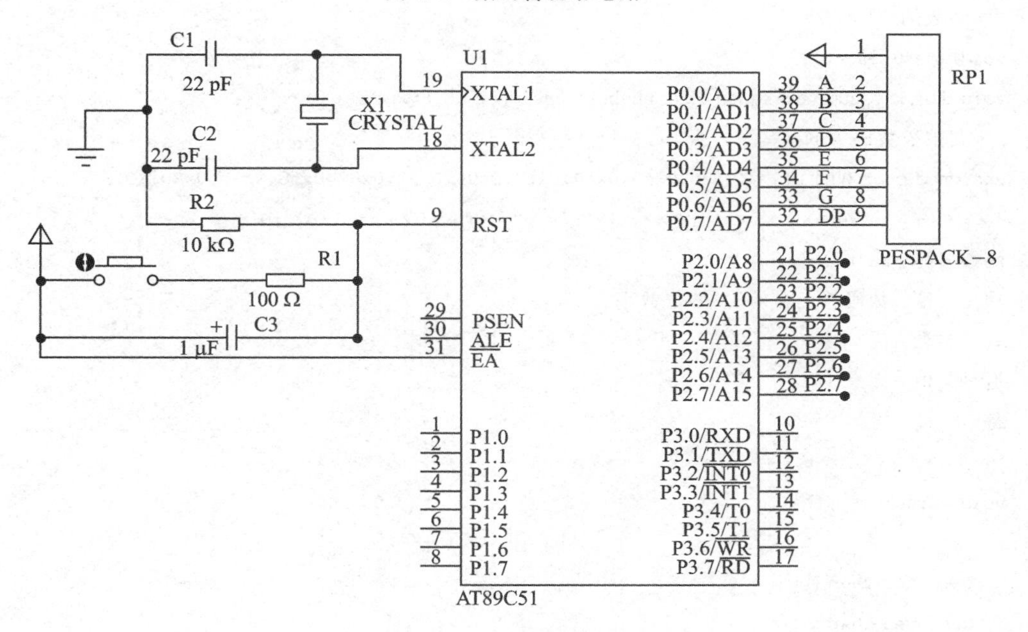

图 4.3　单片机控制电路

数码管电路由8个NPN型三极管组成的驱动电路和8位数码管构成,三极管的基极连接单片机的P2口,其作用是当P2口的任意I/O引脚(P2.0～P2.7)输出电压为高电平或者有电流输出时,对应的三极管(Q1～Q8)导通(射极和集电极通路),集电极端"接地",即选中了数码管对应的位选信号(C1～C8)。R1～R8为限流电阻,保护三极管不被大电流击穿。单片机控制电路中,P0口的I/O引脚接RP1排阻后,并入数码管的段选信号端(A～DP)。单片机的P0口输出将要显示的数字信号,而P2口则输出需要选择数码管的位信号。

4.2.2 数码管显示程序

在数码管显示项目中,主要包含了主函数main(),其作用为通过循环移位的方式选择数码管的位(1～8),并显示相应的数字(1～8)。定时器初始化函数Timer0_init()的作用产生延时,数码管的显示需要一定时间的延迟,否则数码管会出现数字混乱的现象。数码管显示程序display_num()的作用是根据P2口进行位选信号的输出,P0口进行显示数字的显示输出。

具体程序代码如下:

```
/************************************************
 *文件名:main.c
 *描  述:单片机控制数码管显示
 *功  能:实现C51数码管显示功能
 *单  位:四川航天职业技术学院电子工程系
 *作  者:乔鸿海
************************************************/
#include"reg51.h"
#include "stdio.h"
/*函数的声明*/
voidTimer0_init();
void display_num (unsigned char number, unsigned char pos);
/*共阳极数码管的编码*/
unsigned char NUM[10] = {0xc0,0xf9,0xa4,0xb0,0x99,0x92,0x82,0xf8,0x80,0x90};
/************************************************
函数名称:main()
功    能:数码管上显示1～8位数字
入口参数:无
返 回 值:无
备    注:无
************************************************/
void main()
{
   unsigned char Pos;
   unsigned char i;
   Timer0_init();
```

```
  while(1)
  {
  Pos = 0x01;
  for(i = 1;i< = 8;i ++ )
      {
        display_num(i,Pos);     //对应的位显示数字
        while(TF0 = = 0);       //定时器 0 溢出标志位检测
        Pos = Pos<<1;           //移位切换数码管
        display_num(i,0);       //清除数字
        TF0 = 0;                //清除溢出标志位
      }
  }
}
/**********************************************
函数名称：Timer0_Init()
功　　能：定时器初始化程序
入口参数：无
返 回 值：无
备　　注：无
**********************************************/
void Timer0_init()
{
TMOD = 0x02;                        // 设置 T0 为工作 2
TH0 = 0;  TL0 = 0;                  // 赋初值
TR0 = 1;                            // 启动 T0
}
/**********************************************
函数名称：display_num()
功　　能：数码管上显示 1～8 位数字
入口参数：number 显示数字，pos 显示位
返 回 值：无
备　　注：无
**********************************************/
void display_num(unsigned char number,unsigned char pos)
{
   if(number!= 0)
   {
      P0 = NUM[number];             //P0 显示数字
      P2  =  pos;                   //P2 选择数码管位
```

```
    }
}
```

实验结果如图4.4所示。

图4.4 数码管显示仿真实验结果

思考:本例使用了定时器工作方式2的初值自动重装功能。尝试使用定时器工作方式1,思考应在何处重载计数初值,初值大小应如何选择。

4.3 能力拓展——定时器典型应用

4.3.1 PWM的调光实验

PWM(Pulse Width Modulation)控制技术就是对脉冲信号的宽度进行调制的技术,即通过对一系列脉冲的宽度进行调制,等效地获得所需要的波形(含形状和幅值),如图4.5所示。

面积等效原理是PWM技术的重要基础理论。PWM就是利用开通和关断信号来对输出的波形进行调节,也就是调节占空比来达到控制输出的波形。PWM控制技术在逆变电路中应用最广,应用的逆变电路绝大部分是PWM型,通过调整脉冲宽度的占空比,实现平均输出电压的改变。本节是利用PWM输出的平均电压改变LED的亮度。

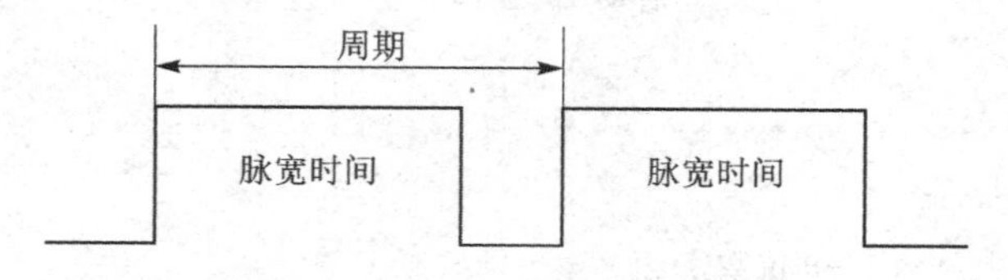

图4.5 PWM技术示意图

1. 仿真硬件电路

PWM硬件电路如图4.6所示,通过单片机定时器可以做到精确的延时,从而可以很精确地控制输出波形的占空比,本节的扩展任务就是利用定时器的精确时间来控制输出波形的脉冲宽度从而实现脉冲宽度在20%~80%之间的变化。

2. 仿真软件设计

PWM调光程序的主要功能是控制PWM的占空比大小,并实现LED灯的亮度变化。其中,key_scan()是键盘扫描函数,System_Init()为系统初始化函数,主要是定时器的初始化过程。display_num()为数字显示函数,用于显示占空比大小信息。delay()为延时函数。

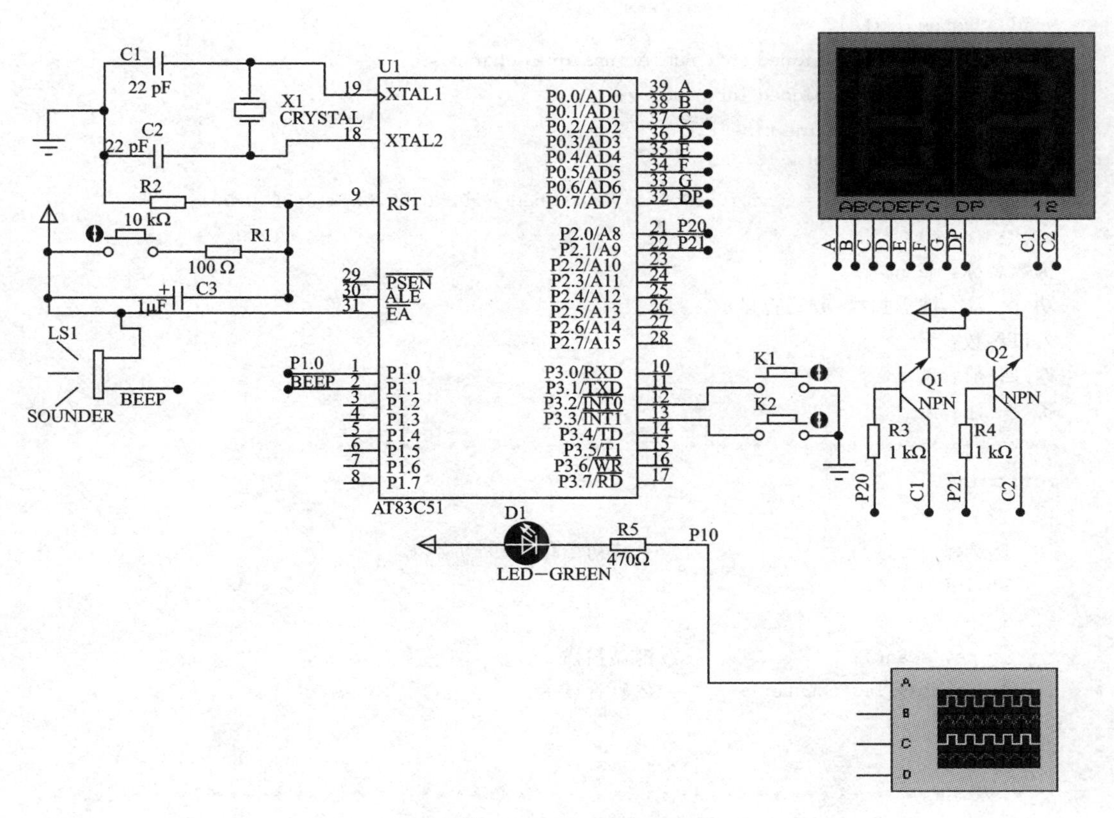

图 4.6　PWM 硬件电路

具体程序代码如下：

```
/*************************************************************
 *文件名：main.c
 *描　述：PWM 演示
 *功　能：实现 PWM 演示
 *单　位：四川航天职业技术学院电子工程系
 *作　者：乔鸿海
 *************************************************************/
#include "stdio.h"
#include "reg52.h"
/*全局变量定义*/
unsigned int counter;
unsigned int timecounter;
unsigned int flag;
sbit  CLK       = P1^0;
sbit  Key_up    = P3^2;
sbit  Key_down  = P3^3;
sbit  BEEP      = P1^1;
/*函数声明*/
void  key_scan();
```

```
void  System_Init();
void  display_num(unsigned char number,unsigned char pos);
void  display_led(unsigned int number);
void  delay(unsigned int time);
/*共阳极数码管的编码*/
unsigned char NUM[10] = {0xc0,0xf9,0xa4,0xb0,0x99,0x92,0x82,0xf8,0x80,0x90};
/*******************************************************
函数名称:main()
功    能:键盘扫描、数码管显示
入口参数:无
返 回 值:无
备    注:无
*******************************************************/
void main()
{
    System_Init();                  //系统初始化、中断初始化
    while(1)
    {
       key_scan();                  //键盘扫描
       display_led(counter);        //数码管显示
    }
}
/*******************************************************
函数名称:System_Init()
功    能:设置中断定时器 0
入口参数:无
返 回 值:无
备    注:无
*******************************************************/
void  System_Init()
{
   EA = 1;
   TMOD = 0x01;
   TL0  = 0x00;
   TH0  = 0x00;
   ET0  = 1;
   TR0  = 1;
   flag = 1;
   counter  =  0;
}
/*******************************************************
函数名称:time0()
功    能:中断服务程序
入口参数:无
返 回 值:无
```

```
备　　注：无
*****************************************************************/
void time0() interrupt 1
{
   switch(counter)
   {
       case 0: if(flag == 1) {flag = 0;CLK = 0;TH0 = 0x27;TL0 = 0x10;}
           else {flag = 1;CLK = 1;TH0 = 0xc3;TL0 = 0x50;}break;          //占空比类型1
       case 1: if(flag == 1) {flag = 0;CLK = 0;TH0 = 0x4e;TL0 = 0x20;}
           else {flag = 1;CLK = 1;TH0 = 0x9c;TL0 = 0x40;}break;          //占空比类型2
       case 2: if(flag == 1) {flag = 0;CLK = 0;TH0 = 0x7f;TL0 = 0xff;}
           else {flag = 1;CLK = 1;TH0 = 0x7f;TL0 = 0xff;}break;          //占空比类型3
       case 3: if(flag == 1) {flag = 0;CLK = 0;TH0 = 0x9c;TL0 = 0x40;}
           else {flag = 1;CLK = 1;TH0 = 0x4e;TL0 = 0x20;}break;          //占空比类型4
       case 4: if(flag == 1) {flag = 0;CLK = 0;TH0 = 0xc3;TL0 = 0x50;}
           else {flag = 1;CLK = 1;TH0 = 0x27;TL0 = 0x10;}break;          //占空比类型5
   }
}
/*****************************************************************
函数名称：key_scan()
功　　能：键盘扫描
入口参数：无
返 回 值：无
备　　注：无
*****************************************************************/
void key_scan()
{
   if(Key_up   == 0)
   {
     counter++;                                   //数字位加1
     while((Key_up == 0)||(Key_down == 0));       //去抖动
   }
   if(Key_down == 0)
   {
     counter--;                                   //数字位减1
     while((Key_up == 0)||(Key_down == 0));       //去抖动
   }
   if(counter>5||counter<0)                       //蜂鸣器报警
     BEEP = 0;
   else
     BEEP = 1;
}
/**********************************************************
函数名称：display_num()
功　　能：两位数码逐步显示
```

```
入口参数：无
返 回 值：无
备    注：无
************************************************/
void display_num(unsigned char number,unsigned char pos)
{
    switch(pos)
    {
      case 0  : P2 = 0x01;P0 = NUM[number];break;
      case 1  : P2 = 0x02;P0 = NUM[number];break;
    }
}
/*****************************************************
函数名称：display_led()
功    能：数码管显示
入口参数：无
返 回 值：无
备    注：无
*****************************************************/
void display_led(unsigned int number)
{
    unsigned int led[2];
    unsigned int Pos;
    led[0] = number/10;
    led[1] = number % 10;
    P2 = 0x00;
    for(Pos = 0;Pos<2;Pos ++ )
    {
      display_num(led[Pos],Pos);
      delay(5);
    }
}
/*****************************************************
函数名称：delay()
功    能：延迟程序
入口参数：无
返 回 值：无
备    注：无
*****************************************************/
void  delay(unsigned int time)
{
    unsigned int i,j;
    for(i = 0;i<time;i ++ )
      for(j = 0;j<100;j ++ );
}
```

实验结果如图 4.7 和图 4.8 所示。

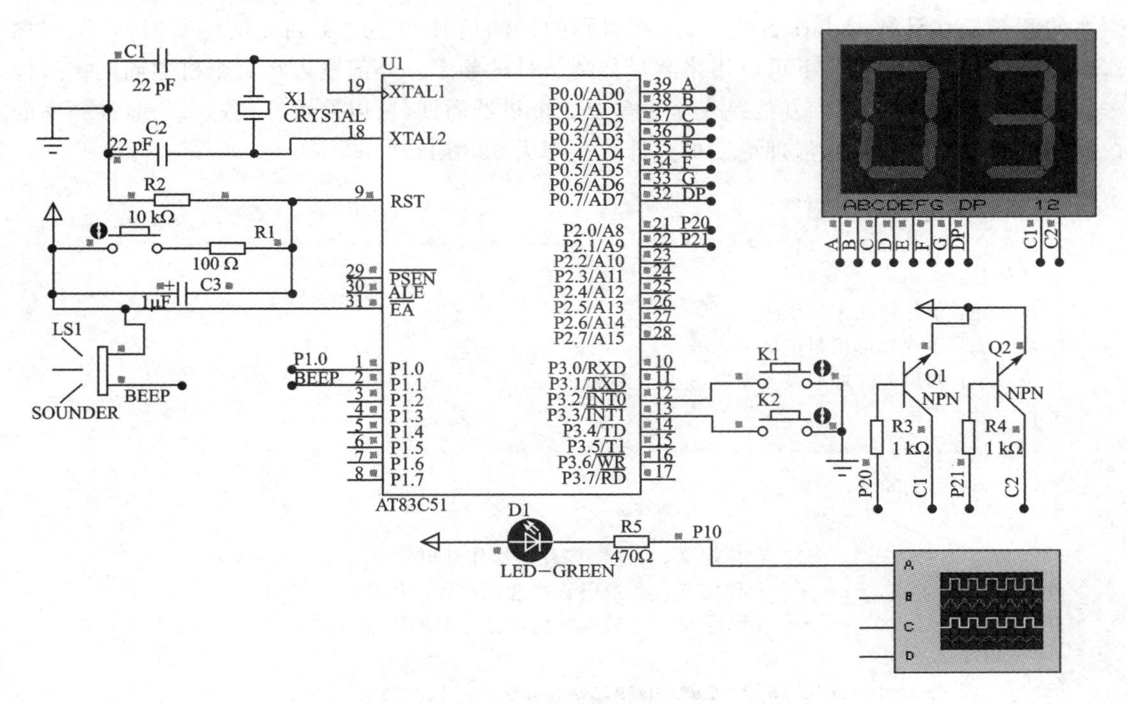

图 4.7　PWM 仿真实验结果图

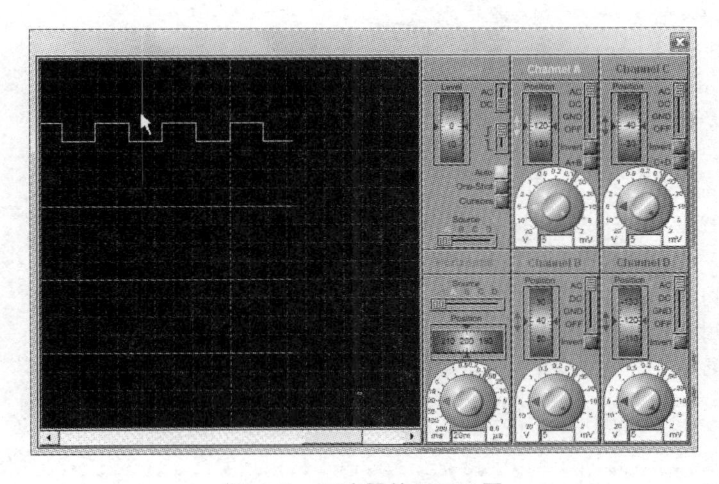

图 4.8　示波器的 PWM 图

思考:尝试分别使用定时器的标志位查询和中断两种方式,编程实现 P1.0 输出周期为 20 ms 的方波。

4.3.2　数字频率计的设计

数字频率计是用数字显示被测信号频率的仪器,被测信号可以是正弦波、方波或其他周期性变化的信号。如果配以适当的传感器,可以对多种物理量进行测试,如机械振动的频率、转速,声音的频率以及产品的计件等。因此,数字频率计是一种应用很广泛的仪器。

频率计的设计以AT89S52单片机为核心,利用它内部的定时/计数器完成待测信号周期/频率的测量。在计数器工作方式下,外部引脚的待测信号发生从1到0的跳变时,计数器加1,这样在计数闸门的控制下可以用来测量待测信号的频率。外部输入在每个机器周期被采样一次,这样检测一次从1到0的跳变至少需要2个机器周期,所以最大计数速率为时钟频率的1/24(使用12 MHz时钟时,理论上最大计数速率为500 kHz)。

程序代码如下:

```
/*******************************************************
* 文件名:main.c
* 描  述:单片机频率计演示
* 功  能:实现外部信号的频率检查
* 单  位:四川航天职业技术学院电子工程系
* 作  者:李彬
*******************************************************/
#include<reg52.h>
/*宏定义*/
sbit SWITCH = P2^7;          //位定义   led锁存器操作端口
sbit SWITCH_1 = P2^6;        //位定义   数码管段选锁存器操作端口
sbit SWITCH_2 = P2^5;        //位定义   数码管位选锁存器操作端口
/*全局变量*/
unsigned char code table[16] = {0xc0,0xf9,0xa4,0xb0,0x99,0x92,
0x82,0xf8,0x80,0x90,0x88,0x83,0xc6,0xa1,0x86,0x8e};
unsigned long f = 0;         //频率
unsigned int count;          //1 s计数
unsigned char num [4];
unsigned int x = 0;          //避免定时器1溢出
/*函数声明*/
void display(unsigned int i);
void time_ init();           //定时器0和1初始化
/*******************************************************
函数名称:main ()
功    能:利用定时中断0和1,显示外部信号的频率值
入口参数:无
返 回 值:无
备    注:无
*******************************************************/
void main(void)
{
    SWITCH = 0;              //关掉led
    SWITCH_1 = 1;            //打开段选
    SWITCH_2 = 1;            //打开位选
    time_init();
    while(1)
    {
        display(f);
```

```
    }
}
/************************************************
函数名称：display()
功    能：显示程序
入口参数：无
返 回 值：无
备    注：无
************************************************/
void display(unsigned int i)
{
        unsigned char t;
        num[0] = table[(i%10000)/1000];     //取千位 4
        num[1] = table[(i%1000)/100];       //取百位 3
        num[2] = table[(i%100)/10];         //取十位 2
        num[3] = table[i%10];               //取个位 1
        for(t = 0;t<4;t++)
        {
          P0 = num [t];                     //段值
          P1 = 1<<t;                        //位选
           delay_ ms (1);                   //便于人眼观察延时
        }
}
/************************************************
函数名称：time_ init ()
功    能：定时中断初始化程序
入口参数：无
返 回 值：无
备    注：无
****************************************************/
void time_ init ()                          //定时器 0 和 1 初始化
{
    TMOD = 0X51;                            //16 位 T0 T1
    TH1 = 0;
    TL1 = 0;
    TH0 = 0X3C;                             //延时 50 ms 初值为 3CB0H
    TL0 = 0XB0;
    ET0 = 1;                                //开中断
    ET1 = 1;
    TR0 = 1;                                //开启定时器
    TR1 = 1;
    EA = 1;                                 //开总中断
}
/****************************************************
函数名称：T0_TIME ()
```

```
功    能：定时中断 0 服务程序，定时 1 s 后，计算频率值
入口参数：无
返 回 值：无
备    注：无
***************************************************************/
void T0_TIME()interrupt 1
{
  TR0 = 0;                              //关掉定时器 0 避免还没处理完又发生中断
  TL0 = 0XB0;                           //重装初值
  TH0 = 0X3C;
  count++;
  if(count == 20)                       //1 s 到了
  {
      count = 0;
      TR1 = 0;
      f = 65536 * x + 256 * TH1 + TL1;  //计算频率
      x = 0;
      TH1 = 0;
      TL1 = 0;
      TR1 = 1;
  }
  TR0 = 1;
}
/*****************************************************
函数名称：T1_TIME()
功    能：利用定时中断 1，计外部信号脉冲数
入口参数：无
返 回 值：无
备    注：无
*****************************************************/
void T1_TIME() interrupt 3
{
        TR1 = 0;
        TH1 = 0;
        TL1 = 0;
        x++;                            //溢出计数
        TR1 = 1;
}
```

学习情境5　人机信息交互

通过对学习情境5的学习，需要掌握C语言分支结构程序的switch语句，掌握独立键盘系统和矩阵键盘电路的原理和使用方法。基于单片机硬件理论，结合矩阵键盘电路和数码管显示电路知识，编写简单的矩阵键盘操作程序，从而实现人机信息交互功能，并在扩展任务中掌握一键多功能技术。

5.1　C51语言分支结构程序

5.1.1　break语句

break语句通常用在循环语句和switch语句中。当break语句用于while、do－while、for循环语句时，不论循环条件是否满足，都可使程序立即终止整个循环而执行后面的语句。通常break语句总是与if语句一起使用的，即满足if语句中给出的条件时便跳出循环。

例5-1　求1＋2＋…＋9＋10的和。

```
void main()
{
  int  i, sum;
  sum = 0;
  for (i = 1; ;i++ )          //设置 for 循环
  {
    if(i>10)  break;          //判断条件是否满足，如果条件满足则退出循环
    sum = sum + i;
  }
}
```

注意：

① 在循环结构程序中，既可以通过循环语句中的表达式控制循环程序是否结束，也可以通过break语句强行退出循环结构。

② break语句对if-else的条件语句不起作用。

③ 在循环嵌套中，一个break语句只能向外跳一层。

5.1.2　continue语句

continue语句的作用是跳过循环体中剩余的语句，结束本次循环，强行执行下一次循环。它与break语句的不同之处：break语句是直接结束整个循环语句，而continue则是停止当前循环体的执行，跳过循环体中剩余的语句，再次进入循环条件判断，准备继续开始下一次循环体的执行。

continue语句只能用在for、while、do-while等循环结构中，通常与if语句一起使用，用来

加速循环结束。

continue语句与break语句的区别如下,执行过程如图5.1和图5.2所示。

```
循环变量赋初值;
while(循环条件)
    {……
    语句组1;
    修改循环变量;
    if(表达式)break;
    语句组2;
    }
```

```
循环变量赋初值;
while(循环条件)
    {……
    语句组1;
    修改循环变量;
        if(表达式)continue;
    语句组2;
    }
```

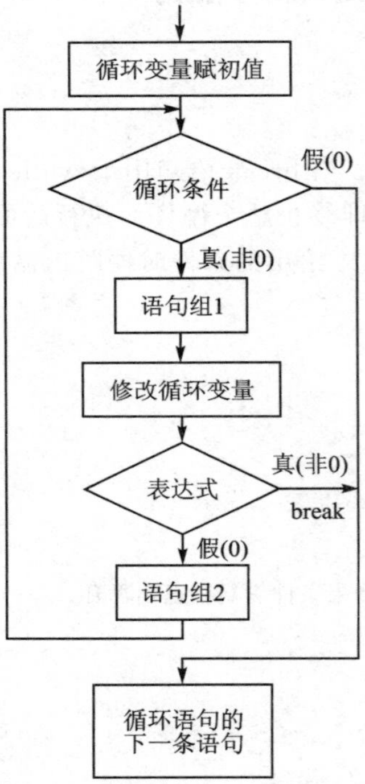

图5.1 break语句执行流程

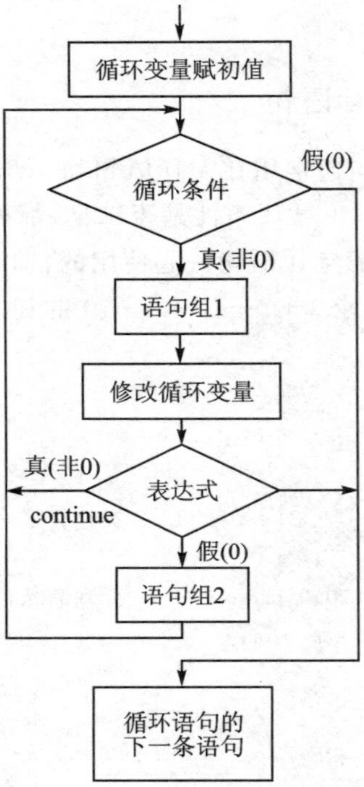

图5.2 continue语句执行流程

例5-2 求出1～20中所有不能被5整除的整数之和。

```
void  main()
{
    int  i, sum;
    sum = 0;
    for (i = 1;i< = 20;i ++ )          //设置for循环
    {
      if (i % 5 =  = 0) continue;       //若i对5取余运算,且结果为0,即i能被5整除,执行
                                        //continue语句,跳过下面求和语句,程序继续执行for循环
      sum = sum + i;                    //如果i不能被5整除,则执行求和语句
```

```
    }
}
```

注意:“%”为取余运算符,要求参与运算的量均为整数,运算结果等于两数相除之后的余数。

5.1.3 switch 语句

当程序采用 if-else 语句处理多分支结构时,分支太多就会显得程序臃肿并导致编写不方便,且容易出现 if 和 else 配对出现错误的情况。在 C51 语言中提供了另外一种多分支选择的语句,即 switch 语句,它的一般形式为

```
switch (表达式)
{
    case 常量表达式 1: 语句 1;
    case 常量表达式 2: 语句 2;
    ......
    case 常量表达式 n: 语句 n;
    default:语句 n+1;
}
```

Switch 语句的执行过程:首先计算“表达式”的值,然后从第一个 case 开始,与“常量表达式”进行比较。如果与当前常量表达式的值不相等,那么就不执行冒号后边的语句;一旦和某个常量表达式的值相等了,那么执行冒号之后所有的语句;如果直到最后一个“常量表达式 n”都没有找到相等的值,那么就执行 default 后的“语句 n+1”。

注意:当找到一个相等的 case 分支后,CPU 不仅会执行该分支语句,而且会继续执行判断之后所有的分支表达式,很明显这不是程序员想要的执行方式。

break 语句常常用在 switch 语句中。switch 的分支语句一共有 n+1 种,而程序员通常希望选择其中的一个分支来执行,执行完后就结束整个 switch 语句,而继续执行 switch 后面的语句,此时就可以通过在每个分支后加上 break 语句来实现了。程序一般形式为

```
switch (表达式)
{
    case 常量表达式 1: 语句 1; break;
    case 常量表达式 2: 语句 2; break;
    ......
    case 常量表达式 n: 语句 n; break;
    default:语句 n+1; break;
}
```

switch 语句加入 break 后,一旦“常量表达式 n”与“表达式”的值相等时,那么就执行“语句 n”;执行完毕后,由于有了 break 语句,故可以结束整个 switch 语句,继续执行 switch 语句组后面的程序,这样就可以避免执行不必要的语句了。

例 5-3 switch-break 语句执行程序。

```
main()
{
  int a;
  a = 3;
  switch (a)
  {
        case 1: printf("a = %d\n", a);break;
        case 2: printf("a = %d\n", a);break;
        case 3: printf("a = %d\n", a);break;
        case 4: printf("a = %d\n", a);break;
        case 5: printf("a = %d\n", a);break;
        case 6: printf("a = %d\n", a);break;
        case 7: printf("a = %d\n", a);break;
        default: printf("error\n"); break;
  }
}
```

5.2 任务实施——按键的应用

5.2.1 独立式按键

1. 硬件电路

常用的按键电路有独立式按键和矩阵式按键两种形式。独立式按键比较简单,它们各自与独立的输入线相连接,如图5.3所示。

根据图5.3所示,K1～K8分别为8个独立按键,而8个独立按键的一端全部连接在一起后,连接电源地;K1～K8依次连接单片机的P1.0～P1.7引脚;P0口连接数码管的A～G引脚,同时P2.0连接数码管的CS使能引脚。

当按键K1按下时,单片机P1.0引脚通过按键K1连接,最终与GND形成一条通路,单片机P1.0引脚即为低电平。松开按键K1后,线路断开,就不会有电流通过,单片机P1.0引脚即为高电平。因此,单片机就可以通过检测P1.0引脚的电平高低来判断按键K1是否按下,按键K2～K8同理。

2. 程序设计

独立式按键程序中,主函数main()实现独立式4个按键扫描功能并点亮相应的LED;switch函数实现8个独立按键的信号读入程序。

程序代码如下:

```
/*********************************************************
 * 文件名: main.c
 * 描  述: 单片机查询式键盘演示
 * 功  能: 实现C51进行键盘查询演示
 * 单  位: 四川航天职业技术学院电子工程系
 * 作  者: 乔鸿海
```

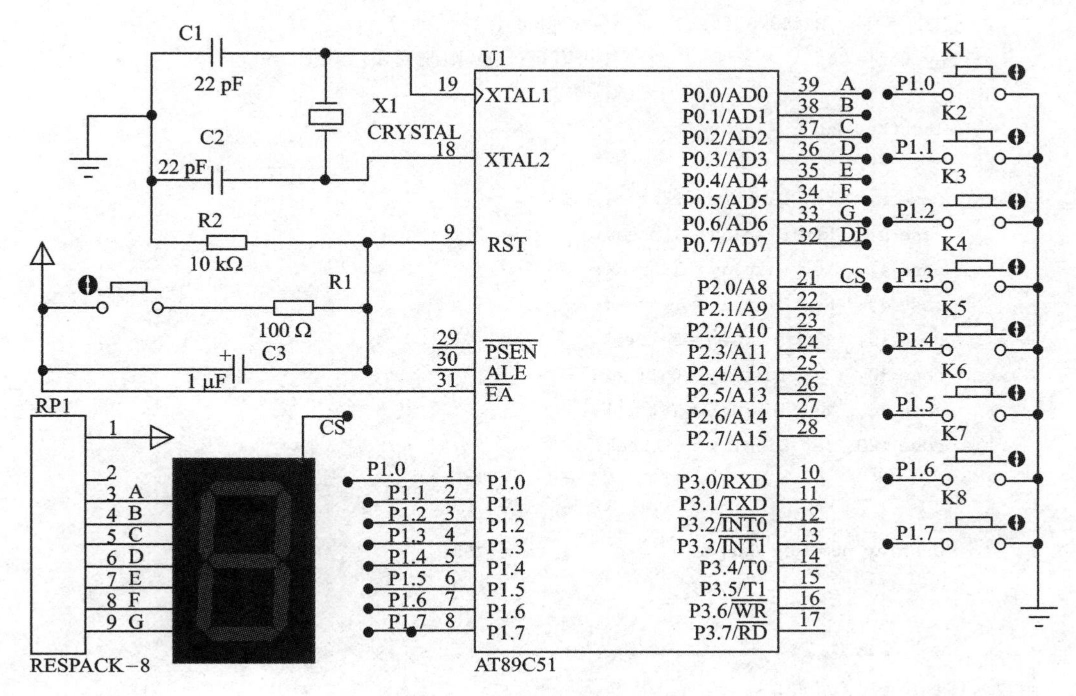

图 5.3　独立按键硬件电路

```
**********************************************************/
#include"reg51.h"
#include"stdio.h"

sbit   Num_CS   = P2^0;
void  display_num(unsigned char number);
/*共阳极数码管的编码*/
unsigned char NUM[10] = {0xc0,0xf9,0xa4,0xb0,
0x99,0x92,0x82,0xf8,0x80,0x90};
/***********************************************************
函数名称：main()
功    能：键盘查询功能程序
入口参数：无
返 回 值：无
备    注：无
**********************************************************/
void main()
{
  unsigned int  Key_Buf;
  unsigned int  Key_Display;
  while(1)
  {
    Key_Buf = P1;                  //读入 P1 口,将数据存放在 Key_Buf 中
    Key_Buf = ~Key_Buf;            //将 Key_Buf 取反
```

```
    Key_Buf = Key_Buf&0x00ff;        //将 Key_Buf 保留低 8 位
    if(Key_Buf!= 0)                  //如果有键按下,则改变显示数据
    {
      switch(Key_Buf)
      {
        case 1:   Key_Display = 1;break;
        case 2:   Key_Display = 2;break;
        case 4:   Key_Display = 3;break;
        case 8:   Key_Display = 4;break;
        case 16:  Key_Display = 5;break;
        case 32:  Key_Display = 6;break;
        case 64:  Key_Display = 7;break;
        case 128: Key_Display = 8;break;
      }
    }
        display_num(Key_Display);          //显示数据
    }
}
/*********************************************************
函数名称:display_num()
功    能:LED 显示程序
入口参数:unsigned char number
返 回 值:无
备    注:无
*********************************************************/
void display_num(unsigned char number)
{
   if(number!= 0)
   {
     P0 = NUM[number];
     Num_CS = 1;
   }
}
```

仿真实验结果如图 5.4 所示。

3. 按键消抖

通常按键所用的开关都是机械弹性开关。当机械触点断开、闭合时,由于机械触点的弹性作用,一个按键开关在闭合时不会马上稳定地接通,在断开时也不会一瞬间彻底断开,而是在闭合和断开的瞬间伴随了一连串的信号抖动,如图 5.5 所示。

按键稳定闭合时间的长短是由操作人员决定的,通常都会在 100 ms 以上。操作人员刻意快速地按键能达到 40～50 ms,但很难更低了。抖动时间是由按键的机械特性决定的,一般都会在 10 ms 以内,为了确保程序对按键的一次闭合或者一次断开只响应一次,必须进行按键的消抖处理。当检测到按键状态变化时,不是立即去响应动作,而是先等待闭合或断开稳定后再进行处理。

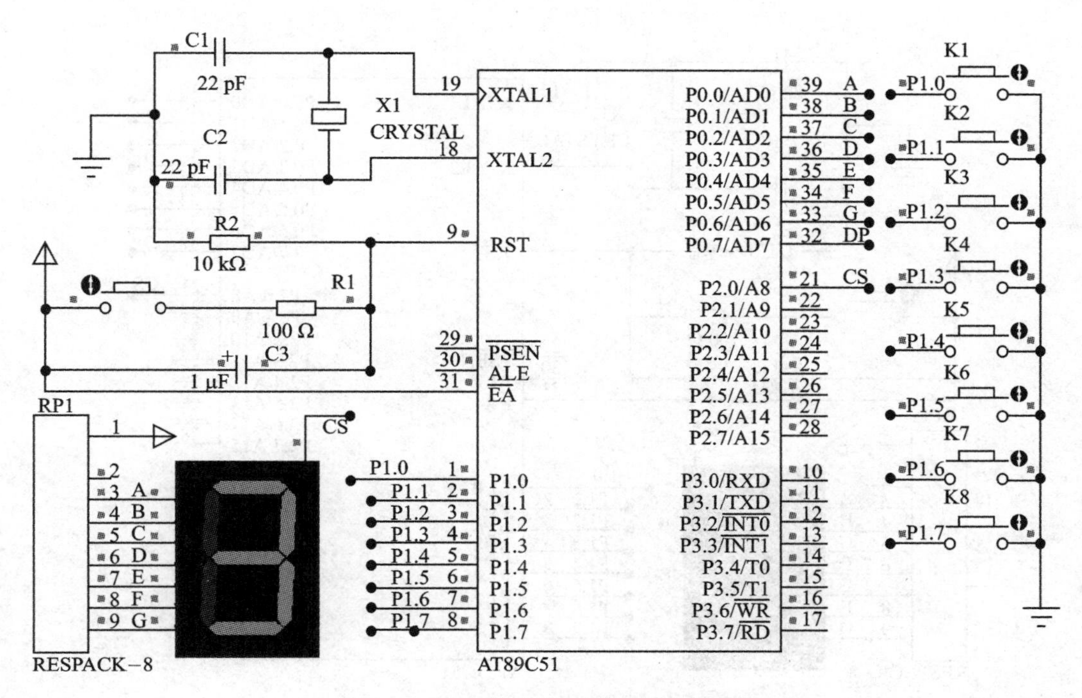

图 5.4　独立按键硬件电路仿真结果图

在绝大多数情况下，程序员通过程序来实现消抖。最简单的消抖方法是在检测按键状态发生变化后，一直等待信号稳定。当信号不再发生变化时，就可以确认按键已经按下且处于稳定状态。

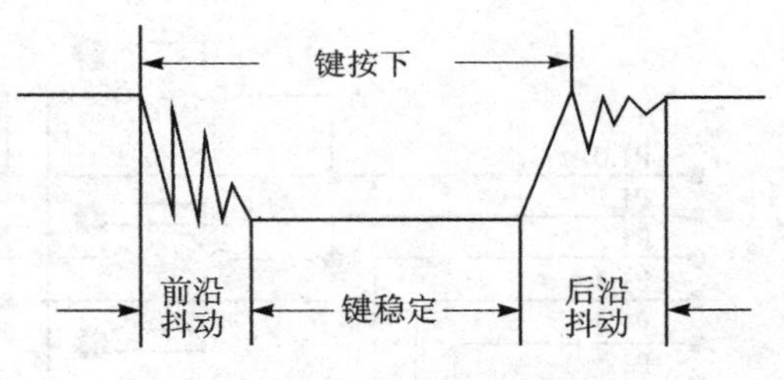

图 5.5　按键抖动过程示意图

5.2.2　矩阵式按键

1. 硬件电路

在系统设计过程中，当需要使用数量较多的按键时，如果全部做成独立式按键，就会占用大量的 I/O 引脚，导致硬件设计出现引脚不足的问题，因此通常采用矩阵式按键的设计。

设计 4 条水平线路和 4 条垂直线路，每条水平线和垂直线在交叉处不直接连通，而是通过一个按键加以连接。这样，一个端口(包含 8 个引脚)就可以构成 4×4 共 16 个按键。矩阵式键盘比独立式键盘多出了一倍按键，而且键盘线数越多，区别越明显。由此可见，在需要的键数比较多时，采用矩阵式键盘是合理的。矩阵式按键电路原理图使用 8 个 I/O 口来实现了 16 个按键，矩阵式按键水平线接单片机的 P1.0～P1.3 引脚，垂直线接 P1.4～P1.7 引脚，如图 5.6 和图 5.7 所示。

矩阵式键盘硬件电路显然比独立式按键要复杂，识别过程也要复杂一些。常用的识别矩阵按键的方法是扫描法，即通过扫描的方式确定矩阵式键盘上某一个键被按下。现在介绍扫描法中的“行列扫描法”。

“行列扫描法”又称为逐行(或逐列)扫描查询方法，是一种最常用的按键识别方法，执行过程如下：

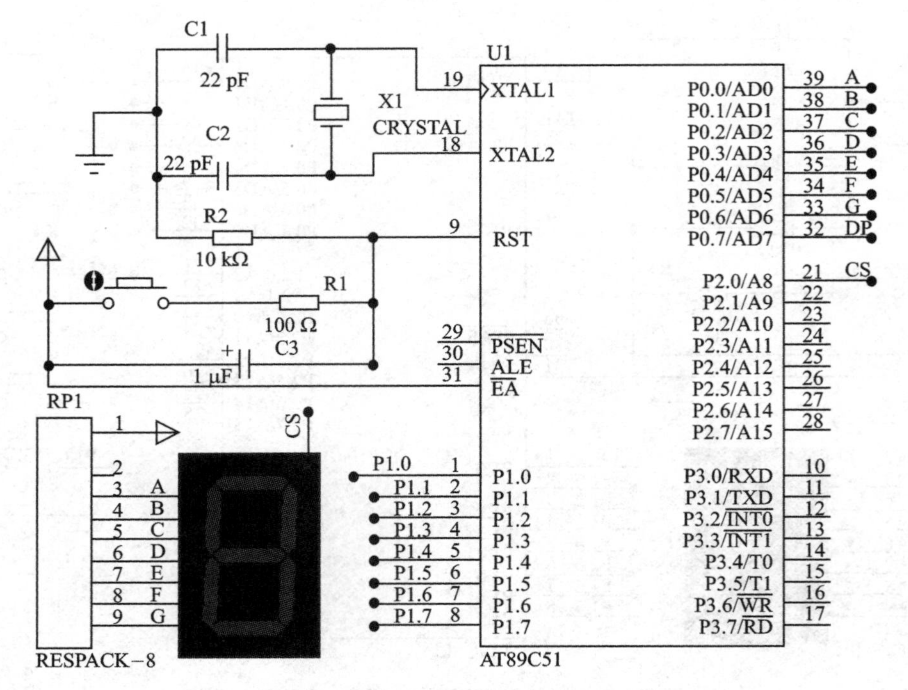

图 5.6　单片机控制电路

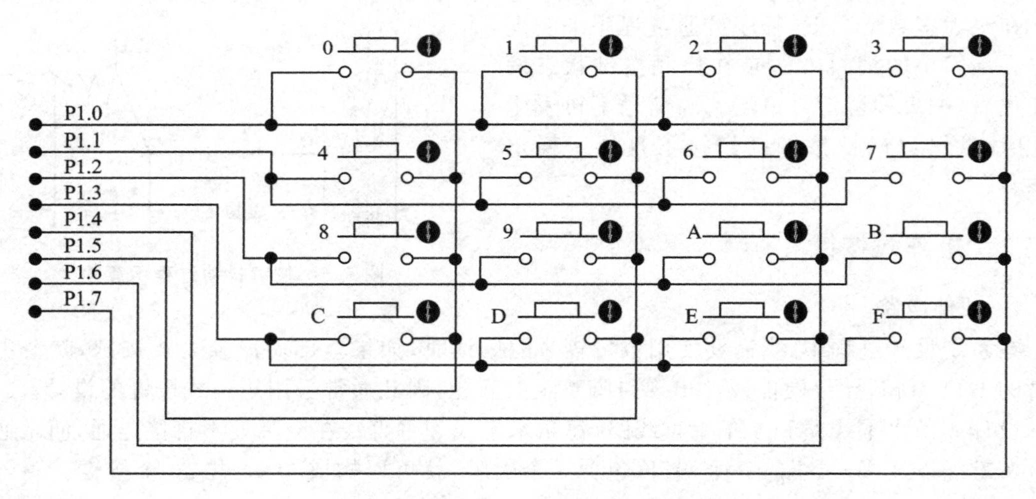

图 5.7　矩阵按键硬件电路

① 判断键盘中有无键被按下(或闭合)。首先,将全部行线的引脚置为低电平;然后检测列线的信号状态。只要有一列的信号为低电平,即表示矩阵键盘中有按键被按下,而被按下的键位必然是与 4 根行线相交叉并产生低电平的按键;若所有列线信号均为高电平,则表明键盘中无键按下。

② 判断被按下键的具体位置。确认有键被按下后,即可进入确定具体按键的过程。其方法是依次将行线的信号置为低电平,即将某根行线置为低电平时,其他行线置为高电平,再逐行检测各列线的电平状态。若某列线的信号为低电平,则该列线与置为低电平的行线交叉处

即为被按下的按键。

2. 程序设计

矩阵式按键程序包括主函数 main()完成实时矩阵键盘的扫描程序;键盘扫描子函数 key_scan()为矩阵键盘行、列线路进行置1和置0处理,读取按键;键盘显示子函数 display_num()根据读取的按键,亮灯指示信号。

程序代码如下:

```
/*********************************************************
 * 文件名:main.c
 * 描  述:单片机矩阵键盘查询演示
 * 功  能:实现矩阵键盘查询演示
 * 单  位:四川航天职业技术学院电子工程系
 * 作  者:乔鸿海
*********************************************************/
#include "main.h"
#include "reg52.h"
/*全局变量定义*/
sbit P1.0 = P1^0;
sbit P1.1 = P1^1;
sbit P1.2 = P1^2;
sbit P1.3 = P1^3;
sbit P1.4 = P1^4;
sbit P1.5 = P1^5;
sbit P1.6 = P1^6;
sbit P1.7 = P1^7;
unsigned int key_Val;
sbit  CS = P2^0;
unsigned char NUM[16] = {0xc0,0xf9,0xa4,0xb0,0x99,0x92,0x82,
0xf8,0x80,0x90,0x88,0x83,0xc6,0xa1,0x86,0x8e};
/*函数声明*/
int key_scan();
void display_num(unsigned int number);
/*************************************************
函数名称:main()
功    能:实现键盘扫描显示功能
入口参数:无
返 回 值:无
备    注:无
*********************************************************/
void main()
{
    CS =1;
    while(1)
```

```
    {
      key_Val = key_scan();
      if(key_Val != 255)
      display_num(key_Val);
    }
}
/*************************************************
函数名称:key_scan()
功    能:键盘的扫描方式
入口参数:无
返 回 值:key
备    注:无
*************************************************/
int key_scan()
{
    unsigned int key;
    key = 255;          //设置按键值,当没有按键按下时,数码管不会显示数值
    P1 = 0xfe;
    if( P14 == 0) key = 0; if( P15 == 0)  key = 1; if( P16 == 0) key = 2; if( P17 == 0)  key = 3;
    P1 = 0xfd;
    if( P14 == 0) key = 4; if( P15 == 0)  key = 5; if( P16 == 0) key = 6; if( P17 == 0)  key = 7;
    P1 = 0xfb;
    if( P14 == 0) key = 8; if( P15 == 0)  key = 9; if( P16 == 0) key = 10;if( P17 == 0)  key = 11;
    P1 = 0xf7;
    if( P14 == 0) key = 12;if( P15 == 0)  key = 13;if( P16 == 0) key = 14;if( P17 == 0)  key = 15;
    return key;
}
/*************************************************
函数名称:display_num()
功    能:显示程序
入口参数:无
返 回 值:无
备    注:无
*************************************************/
void display_num(unsigned int number)
{
    P0 = NUM[number];
}
```

仿真实验结果如图5.8所示。

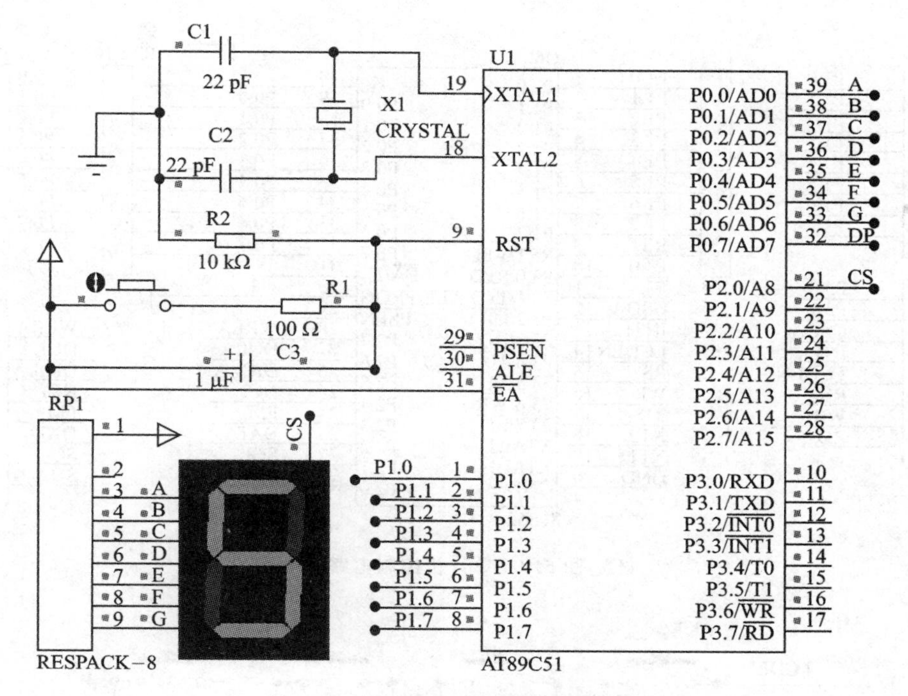

图 5.8 单片机控制电路仿真结果图

5.3 能力拓展——一键多功能

在单片机控制的自动化设备系统中，键盘是单片机系统中最常用的输入设备，是实现人机对话的纽带。按照它与单片机连接方式的不同，分为矩阵式键盘与独立式键盘。

5.3.1 硬件电路

矩阵式键盘由行线和列线组成，按键位于行列的交叉点上，能够节省很多I/O口线，但软件设计比较复杂；独立式键盘相互独立，每个按键占用1根I/O口线，不影响其他按键工作状态，软件程序简单，占用I/O口线较多。为了节省I/O口线，简化软件设计，提高CPU工作效率，在本能力拓展中，引用一键多功能的概念，解决了独立式键盘占用I/O口线多、矩阵式键盘软件设计复杂的问题，对单片机系统中的复合键和一键多功能的硬件及软件进行了设计与调试。在现有的单片机应用系统中，键盘大多采用独立式键盘和矩阵式键盘，就是因为有关复合键和一键多功能的设计资料较少，不能在实际中得到运用。单片机控制电路如图5.9所示；独立式按键控制电路如图5.10所示；LED显示电路如图5.11所示。

图5.9～图5.10所示为一键多功能电路原理图。其中，K1可以实现一键多功能的按键。按键K1与AT89S52单片机P3.4相连，K1闭合一次，该电路完成第一种功能；键K1闭合两次，该电路完成第二种功能；以此类推，键K1闭合n次，该电路就完成第n种功能，实现了一键多功能。为了显示一键多功能，AT89S52单片机的P0口连接8个发光二极管，显示不同的功能。第一种功能8个发光二极管全亮，第二种功能8个发光二极管全灭，第三种功能3个红色发光二极管全亮。

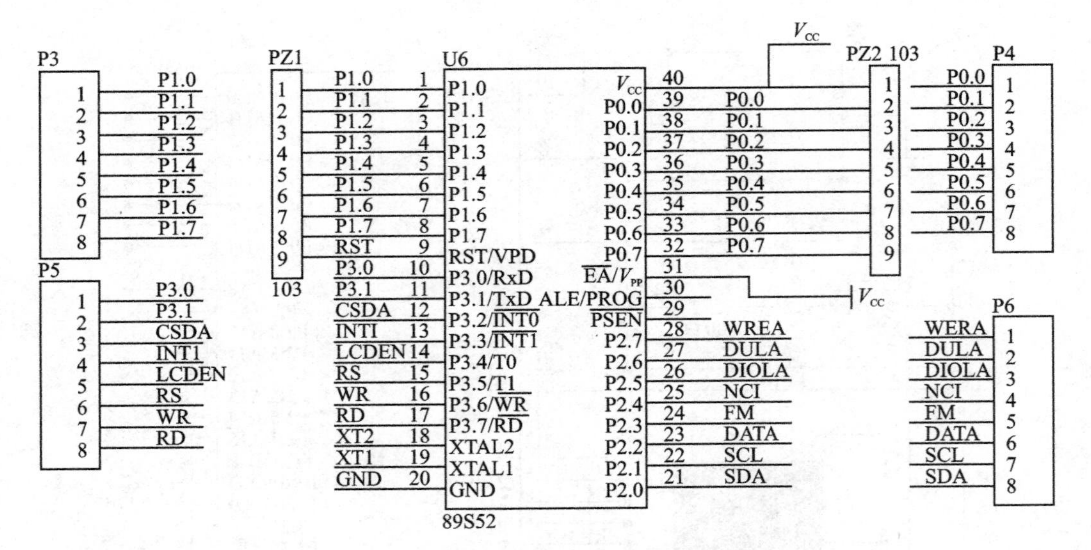

图 5.9 单片机控制电路

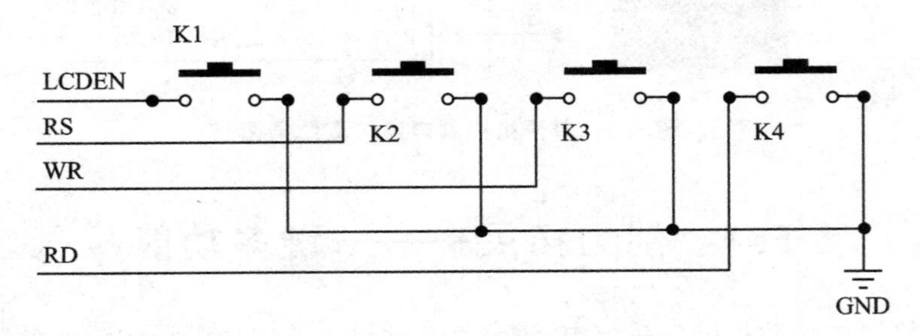

图 5.10 独立式按键控制电路

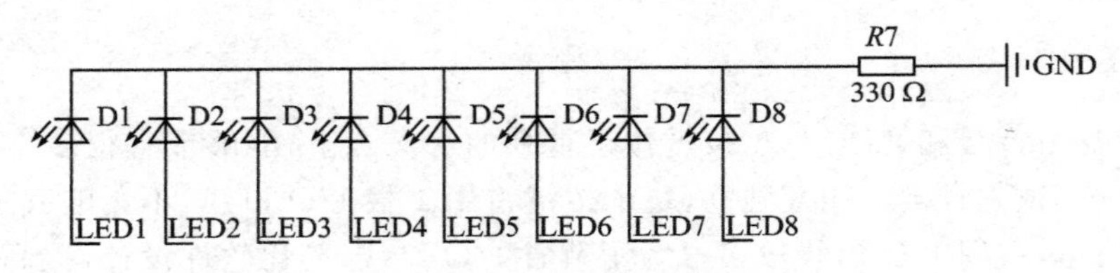

图 5.11 LED 显示电路

5.3.2 程序设计

程序代码如下：

```
/*******************************************************
* 文件名：main.c
* 描  述：单片机一键多功能演示
* 功  能：实现一键多功能演示
* 单  位：四川航天职业技术学院电子工程系
* 作  者：李彬
*******************************************************/
```

```
#include<reg52.h>
/*全局变量定义*/
sbit SWITCH = P2^7;         //位定义  led锁存器操作端口
sbit SWITCH_1 = P2^6;       //位定义  数码管段选锁存器操作端口
sbit SWITCH_2 = P2^5;       //位定义  数码管位选锁存器操作端口

sbit  k1 = P3^4;
sbit  led1 = P0^0;
sbit  led2 = P0^1;
unsigned char count = 0;
/*函数声明*/
void keyscan(void);         //按键扫描
void delay_ms(unsigned int x);
/*************************************************
函数名称:main()
功    能:第1次按下一个独立按键,对应的P0.0点亮;第2次按下一个独立按键,对应的P0.1点亮。
        依次循环,实现一键多功能
入口参数:无
返 回 值:无
备    注:无
*************************************************/
void main(void)
{
    SWITCH = 1;             //打开led
    SWITCH_1 = 0;           //关掉数码管
    SWITCH_2 = 0;           //关掉数码管
    P0 = 0X00;              //初始不亮
    while(1)
    {
       keyscan();           //按键扫描
    }
}
/*************************************************
函数名称:keyscan(void)
功    能:键盘扫描子程序
入口参数:无
返 回 值:无
备    注:无
*************************************************/
void keyscan(void)                 //按键扫描
{

  if(k1 == 0)
  {
    delay_ms(10);
```

```
    if(k1 == 0)
    {
      count ++ ;
      if(count == 1)
      {
        led1 = 1;
        led2 = 0;
      }
      else
      {
        led1 = 0;
        led2 = 1;
        count = 0;
      }
      while(k1 == 0);              //松手检测
    }
  }
}
/**************************************************
函数名称:delay_ms(unsigned int x)
功    能:时间延迟程序
入口参数:unsigned int x
返 回 值:无
备    注:无
**************************************************/
void delay_ms(unsigned int x)
{
    unsigned int i,j;
    for(i = x;i>0;i -- )
      for(j = 110;j>0;j -- );
}
```

学习情境 6　串行通信技术应用

通过对学习情境 6 的学习，要求掌握串行通信原理的基本知识、MCS－51 系列单片机中关于串行通信的技术及其硬件电路的基本知识和使用方法。基于前面关于单片机硬件的理论，结合 C51 编程语言相关知识，编写简单的单片机串行通信控制程序，从而实现控制蜂鸣器的功能。

6.1　串行通信理论知识

6.1.1　串行通信的概念

单片机应用于数据采集或工业控制时，往往作为前端机（或者称为下位机）安装在工业现场。现场数据采用串行通信方式发往主机进行处理，以降低通信成本，提高通信的可靠性，如图 6.1 所示。

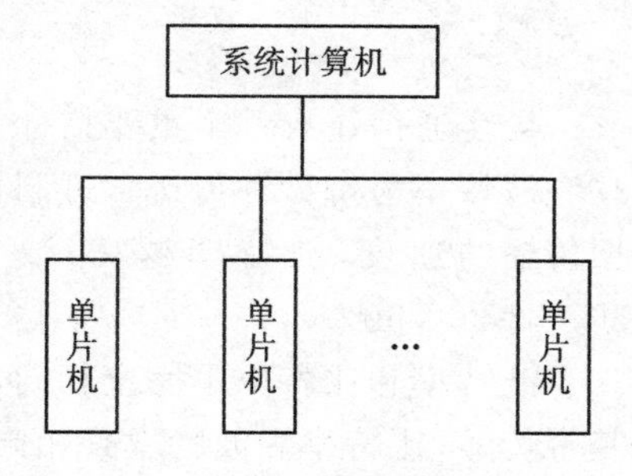

图 6.1　单片机通信示意图

MCS－51 系列单片机自身具有全双工的异步通信接口，可以较为方便地实现各种通信方式。在传统计算机系统中，CPU 与外部有两种主要通信方式：并行通信和串行通信。

并行通信，即所传送数据的各位同时发送或接收，如图 6.2 所示。

串行通信，即所传送数据的各位根据时钟信号按规定顺序逐位发送或接收，如图 6.3 所示。

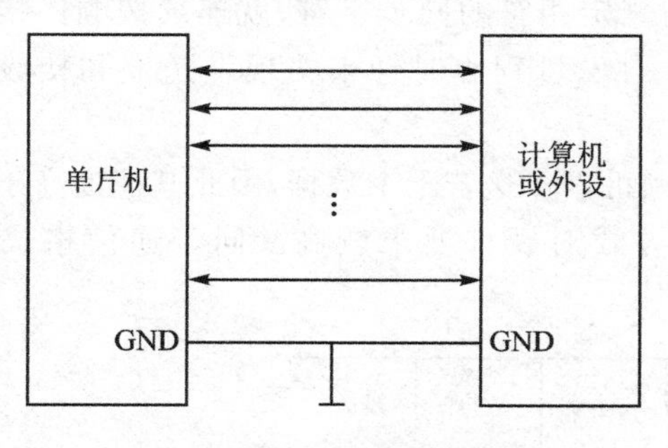

图 6.2　并行通信示意图

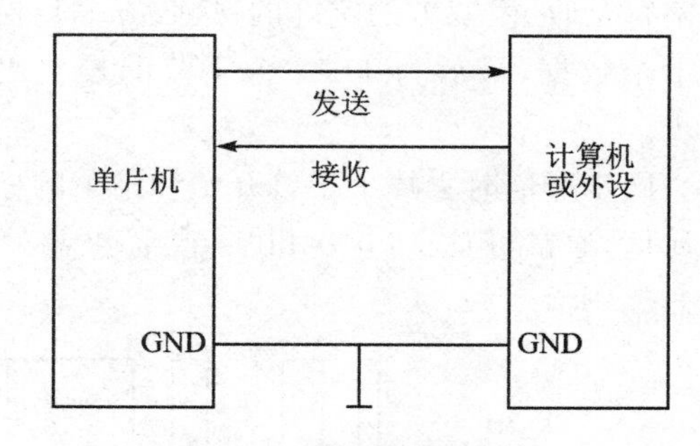

图 6.3　串行通信示意图

在并行通信中，一个并行数据占多少二进制数位，就需要多少根数据线。这种方式的特点是通信速度快，但传输线多，成本高，适合近距离传输，如主机与存储器或主机与键盘、显示器之间的通信。

在串行通信中，通信电路仅需 1～2 根数据传输线即可，故在长距离传送数据时，成本较低，但由于该方式每次只能传送一位二进制数据，因此传输速度比并行通信方式慢。

6.1.2 串行通信的分类

在串行传输中,通信双方必须遵从通信协议。所谓通信协议,就是双方必须共同遵守的一种约定,包括数据的格式、同步的方式、传送的步骤、检/纠错方式及控制字符的定义等。按照串行数据的时钟控制方式,串行通信可分为异步通信和同步通信两类。

1. 异步通信

异步通信的数据帧格式:首先是起始位"0",表示字符的开始,然后是5～8位数据(即该字符的代码),规定低位在前,高位在后,接下来是奇偶校验位(可省略),最后以停止位"1"表示字符的结束。在异步通信中,两相邻字符帧之间可以没有空闲位,也可以有若干空闲位,这由编程人员来决定。异步通信格式如图6.4所示。

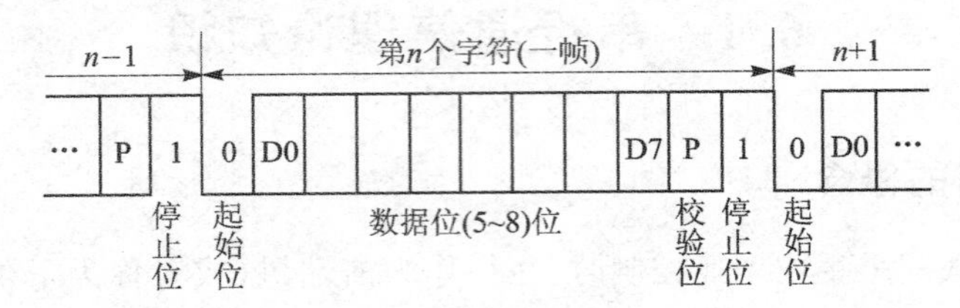

图6.4　异步通信格式

异步通信还有一个重要指标——波特率。

波特率为每秒钟传送二进制数据的位数,也称比特率,单位为bit/s。波特率用来表示数据传输的速度,波特率越高,数据传输的速度越快。通常情况下,异步通信的波特率为50～19 200 bit/s。

波特率和比特率不完全相同,但对于将数字信号1或0直接用两种不同电压表示的所谓基带传输,比特率和波特率是相同的。因此,经常用比特率表示数据的传输速率。

2. 同步通信

在同步通信中,发送方在数据或字符前面用1～2个字节的同步字符指示一帧的开始。同步字符是收、发双方约定好的,接收方一旦检测到与规定相符的同步字符,就连续按顺序接收若干个数据,最后为1～2个字节的校验码。整个收发过程由时钟来实现发送端和接收端同步。

同步通信时去掉了字符开始和结束的标志,一帧可以传送若干个数据,因此其速度高于异步通信,通常可达56 000 bit/s或者更高,但这种方式对硬件要求较高。同步通信格式如图6.5所示。

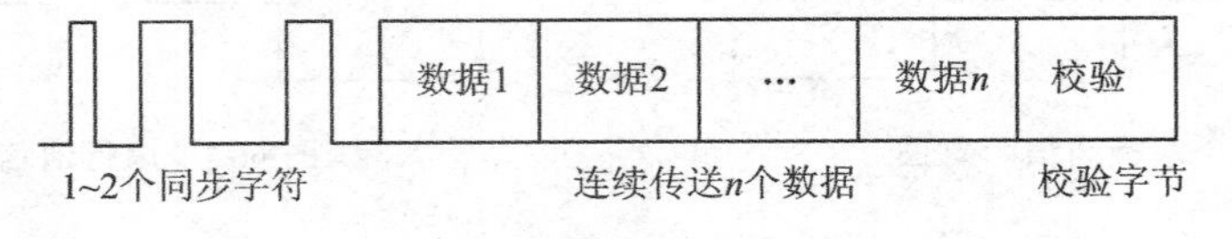

图6.5　同步通信格式

6.1.3 按通信方向分类

按通信方向,串行通信又分为单工、半双工和全双工通信方式,如图6.6所示。

单工方式:一端为发送端,另一端为接收端。

半双工方式:每端口有一个发送器和一个接收器,通过开关连接在线路上,数据可以双向传送,但不能同时发送和接收,要通过换向器转换方向。

全双工方式:通信双方用两个独立的收发器单独连接,可以同时发送和接收数据,因而提高了速度。

在实际应用中,尽管多数串行通信接口电路具有全双工功能,但一般情况下,只工作于半双工方式下。

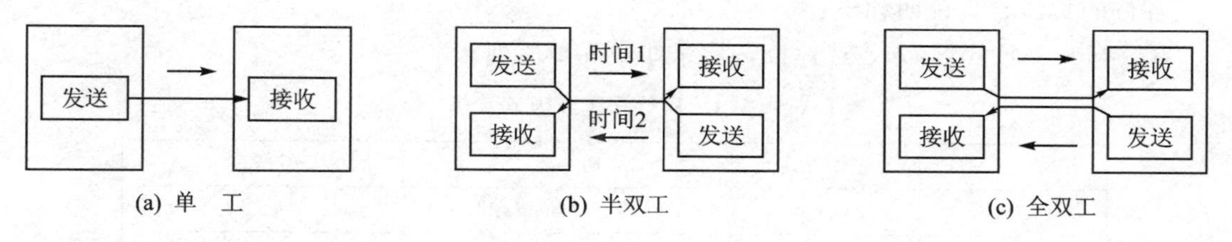

图 6.6　通信方向分类

6.1.4　串行接口寄存器

MCS－51 系列单片机内部有一个可编程的全双工串行通信接口,它可作为通用异步接收和发送器 UART(Universal Asynchronous Receiver/Transmitter)使用,也可作为同步移位寄存器。其帧格式可有 8 位、10 位或 11 位,并能设置各种波特率,增加了使用时的灵活性。

MCS－51 系列单片机的串行口结构如图 6.7 所示。与 MCS－51 系列单片机串行口有关的特殊功能寄存器有 SBUF、SCON 和 PCON,下面分别讨论。

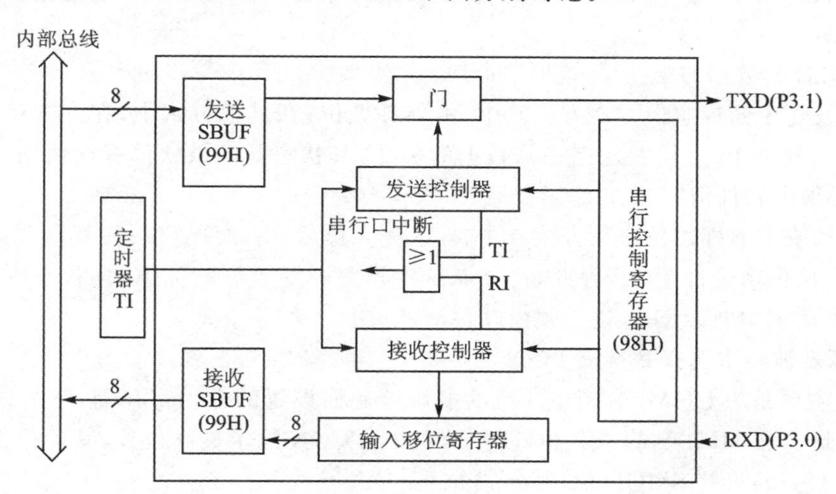

图 6.7　单片机的串行口结构

1. 串行口数据缓冲器 SBUF

SBUF 是两个独立的接收或者发送寄存器,一个用于存放接收的数据,另一个用于存放待发送的数据,可同时发送和接收数据。两个缓冲器共用一个地址 99H,通过对 SBUF 的读、写语句来区别是对接收缓冲器还是对发送缓冲器进行操作。CPU 在写 SBUF 时,操作的是发送缓冲器;读 SBUF 时,就是读接收缓冲器的内容。

2. 串行口控制寄存器 SCON

SCON 用来控制串行口的工作方式和状态,可以进行位寻址,字节地址为98H。单片机复位时,所有位全为0,其格式如下:

SM0	SM1	SM2	REN	TB8	RB8	TI	RI
方式选择		多机控制	接收允许/禁止	欲发的第9位	收到的第9位	发送中断有/无	接收中断有/无

各位的具体含义说明如下:

① SM0、SM1:串行方式选择位。定义如表6.1所列。

表6.1 串行口工作方式选择

SM0	SM1	工作方式	功 能	波特率
0	0	方式0	8位同步移位寄存器	$f_{osc}/12$
0	1	方式1	10位 UART	可变
1	0	方式2	11位 UART	$f_{osc}/64$ 或 $f_{osc}/32$
1	1	方式3	11位 UART	可变

② SM2:多机通信控制位,用于方式2和方式3。

③ REN:允许串行接收位。由软件置位或清零。REN=1时,串行允许接收;REN=0时,串行禁止接收。

④ TB8:发送数据的第9位。在方式2和方式3中,由软件置位或清零。一般可作奇偶校验位。在多机通信中,可作为区别地址帧或数据帧的标志位。当TB8作为地址帧时置1,作为数据帧时置0。

⑤ RB8:接收数据的第9位。功能同TB8。

⑥ TI:发送中断标志位。在方式0中,由硬件置位;在其他方式中,在发送停止位之初由硬件置位。因此,TI=1是发送完一帧数据的标志,其状态既可供软件查询使用,也可请求中断。TI位必须由软件清零。

⑦ RI:接收中断标志位。在方式0中,接收完8位后,由硬件置位;在其他方式中,当接收到停止位时,该位由硬件置1。因此,RI=1是接收完一帧数据的标志,其状态既可供软件查询使用,也可请求中断。RI位也必须由软件清零。

3. 电源及波特率选择寄存器 PCON

PCON 主要是为CHMOS型单片机的电源控制而设置的专用寄存器,字节地址为87H,不可以位寻址。在HMOS的AT89C51单片机中,PCON除了最高位外,其他位都是虚设的,与串行通信相关的只有SMOD位,其格式如下:

SMOD				GF1	GF0	PD	IDL

SMOD为波特率选择位。在方式1、2和3时,串行通信的波特率与SMOD有关。当SMOD=1时,通信波特率乘2;当SMOD=0时,波特率不变。其他各位用于电源管理,在此不再介绍。

6.1.5　串行口的工作方式

MCS－51 系列单片机的串行口有 4 种工作方式，由 SCON 中的 SM1 和 SM0 决定，可参考表 6.1 的相关内容。

1. 方式 0

在方式 0 下，串行口用作同步移位寄存器，其波特率固定为 $f_{osc}/12$。串行数据从 RXD(P3.0)引脚输入或输出，同步移位脉冲由 TXD(P3.1)送出。该方式通常用于扩展 I/O 端口。

2. 方式 1

在方式 1 下，串行口为波特率可调的 10 位通用异步接口 UART，发送或接收的一帧信息包括 1 位起始位 0，8 位数据位和 1 位停止位 1。

发送时，数据写入发送缓冲器 SBUF 后，启动发送器发送，数据从 TXD 输出。当发送完一帧数据后，置中断标志 TI 为 1。方式 1 下的波特率取决于定时器 1 的溢出率和 PCON 中的 SMOD 位。

接收时，REN 位置 1，允许接收，串行口采样 RXD，当采样由 1 到 0 跳变时，确认是起始位“0”，开始接收一帧数据。当 RI＝0，且停止位为 1 或 SM2＝0 时，停止位进入 RB8 位，同时置中断标志 RI；否则信息将丢失。因此，采用方式 1 接收时，应先用软件清除 RI 或 SM2 标志。

3. 方式 2

在方式 2 中，串行口为 11 位 UART，传送波特率与 SMOD 有关。发送或接收的一帧数据包括 1 位起始位 0、8 位数据位、1 位可编程位(用于奇偶校验)以及 1 位停止位 1。

发送时，先根据通信协议由软件设置 TB8，然后将要发送的数据写入 SBUF，启动发送。写 SBUF 的语句，除了将 8 位数据送入 SBUF 外，同时还将 TB8 装入发送移位寄存器的第 9 位，并通知发送控制器进行一次发送，一帧信息即从 TXD 发送。在发送完一帧信息后，TI 被自动置 1；在发送下一帧信息前，TI 必须在中断服务程序或查询程序中清零。

当 REN＝1 时，允许串行口接收数据。当接收器采样到 RXD 引脚出现负跳变，并判断起始位有效时，数据由 RXD 引脚输入，开始接收一帧信息。当接收器接收到第 9 位数据时，若同时满足以下两个条件：RI＝0 和 SM2＝0 或接收到的第 9 位数据为 1，则接收数据有效，将 8 位数据送入 SBUF，第 9 位送入 RB8 位后，并置 RI＝1。若不满足上述两个条件，则信息丢失。

4. 方式 3

方式 3 为波特率可变的 11 位 UART 通信方式，除波特率外，方式 3 与方式 2 完全相同。

综上所述，单片机串行通信可归纳如下：

① 接收过程。SCON 的 REN 为 1 时，允许接收，外部数据由 RXD 引脚串行输入(最低位先入)。一帧数据接收完毕后送入 SBUF，同时置 SCON 的 RI 为 1，向 CPU 发出中断请求。CPU 响应中断后用软件将 RI 清零，接收到的数据从 SBUF 读出，然后开始接收下一帧。

② 发送过程。先将要发送的数据送入 SBUF，即可启动发送，数据由 TXD 引脚串行发送，最低位先发)。一帧数据发送完毕，自动置 SCON 的 TI 为 1，向 CPU 发出中断请求。CPU 响应中断后用软件将 TI 清零，然后开始发送下一帧。

串行通信方式 1、2、3 都按照上述接收和发送过程来完成通信，对于方式 0，接收和发送数据都由 RXD 引脚实现，TXD 引脚输出同步移位时钟脉冲信号。

6.1.6 串行口波特率

在串行通信中,收发对传送数据的速率(即波特率)要有一定的约定。在MCS-51系列单片机串行口的4种工作方式中,方式0和方式2的波特率是固定的,方式1和方式3的波特率可变,由定时器T1的溢出率决定。

1. 方式0和方式2

在方式0中,波特率为时钟频率的1/12,即$f_{osc}/12$,其值固定不变。

在方式2中,波特率取决于PCON中SMOD的值,当SMOD=0时,波特率为$f_{osc}/64$;当SMOD=1时,波特率为$f_{osc}/32$,即波特率=$(2^{SMOD}\times f_{osc})/64$。

2. 方式1和方式3

在方式1和方式3下,波特率由定时器T1的溢出率和SMOD共同决定,即:

$$\text{波特率}=\frac{2^{SMOD}}{64}\times\text{定时器 T1 的溢出率}$$

其中,定时器T1的溢出率取决于单片机定时器T1的计数速率和定时器的初值。计数速率与TMOD寄存器中的$C/\overline{T}$位有关。当$C/\overline{T}=0$时,计数速率为$f_{osc}/12$;当$C/\overline{T}=1$时,计数速率为外部输入时钟频率。

实际上,当定时器T1作为波特率发生器使用时,通常工作在方式2下,即作为一个自动重装的8位定时器,此时TL1作为计数用,自动重载的值存在TH1内。

设计数初值为X,那么每过$256-X$个机器周期,定时器溢出一次。为了避免溢出而产生不必要的中断,此时应禁止T1中断。溢出周期为$12\times(256-X)/f_{osc}$,溢出率为溢出周期的倒数。波特率计算公式如下:

$$\text{波特率}=\frac{2^{SMOD}}{32}\times\frac{f_{osc}}{12\times(256-X)}$$

表6.2列出了常用波特率及获取方法。

表6.2 常用波特率及获取方法

波特率/$(\text{bit}\cdot\text{s}^{-1})$	f_{osc}/MHz	SMOD	定时器1		
			$C/\overline{T}$	方式	初始值
方式0:10^6	12				
方式2:3.75×10^5	12	1			
方式1、3:6.25×10^4	12	1	0	2	FFH
19.2×10^3	11.0592	1	0	2	FDH
9.6×10^3	11.0592	0	0	2	FDH
4.8×10^3	11.0592	0	0	2	FAH
2.4×10^3	11.0592	0	0	2	F4H
1.2×10^3	11.0592	0	0	2	E8H
1.375×10^5	11.986	0	0	2	1DH
1.1×10^5	6	0	0	2	72H
1.1×10^5	12	0	0	1	FEEBH

6.2　串口通信硬件电路

串行通信电路主要包括两个主要部分：单片机控制电路和电平信号转换电路。

6.2.1　单片机控制电路

单片机控制电路的主要功能为通过 RXD(P3.0)和 TXD(P3.1)引脚，实现数据的串行输出和接收，如图 6.8 所示。值得注意的是，单片机时钟电路的晶振大小和波特率的设置有直接关系。

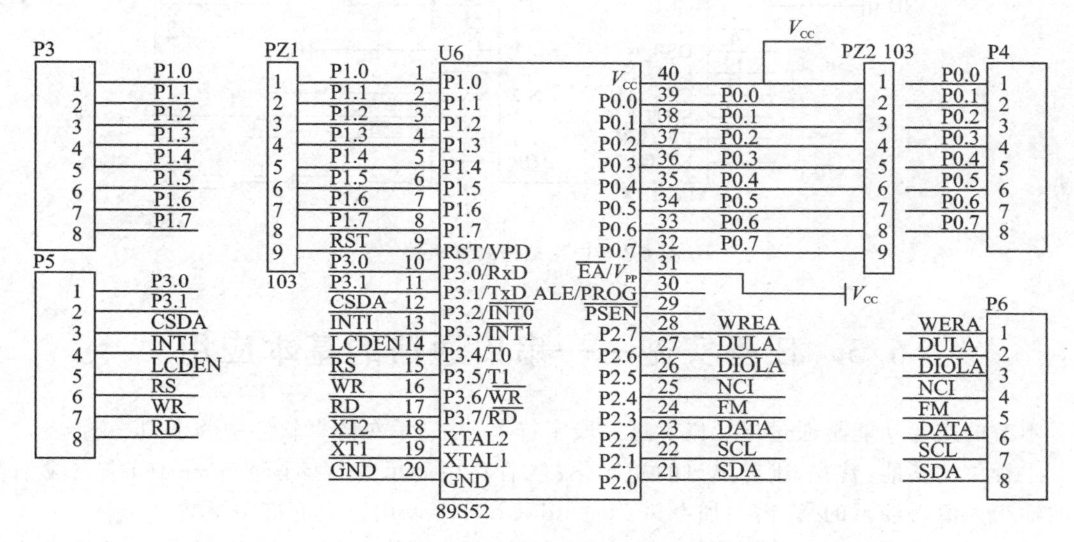

图 6.8　单片机控制电路

6.2.2　电平信号转换电路

当用单片机和计算机通过串口进行通信时，尽管单片机有串行通信的功能，但单片机提供的信号电平和 RS-232 的标准不一样，因此要通过电平信号转换芯片来统一通信标准。

通过 PL-2303HX 芯片及其外围电路的搭建，芯片的 TIN1、ROUT1 引脚与单片机的 TXD(P3.1)、RXD(P3.2)相连接；同时，芯片的 RTOUT1、RRIN1 引脚连接串行口的第 3 和第 2 引脚。电平信号转换电路原理如图 6.9 所示。

PL-2303HX 芯片是 Prolific 公司专为 RS-232 标准串口设计的单电源电平转换芯片，使用+5 V 单电源供电。该芯片符合所有 RS-232C 技术标准，并且片载电荷泵具有升压和电压极性反转能力；同时，能够产生+10 V 的电压 V+和-10 V 的电压 V-；芯片的功耗低，典型供电电流 5 mA，高集成度，而且片外最低只需要 4 个电容即可工作。通常情况下，电容器应选择 1 μF 的电解电容。

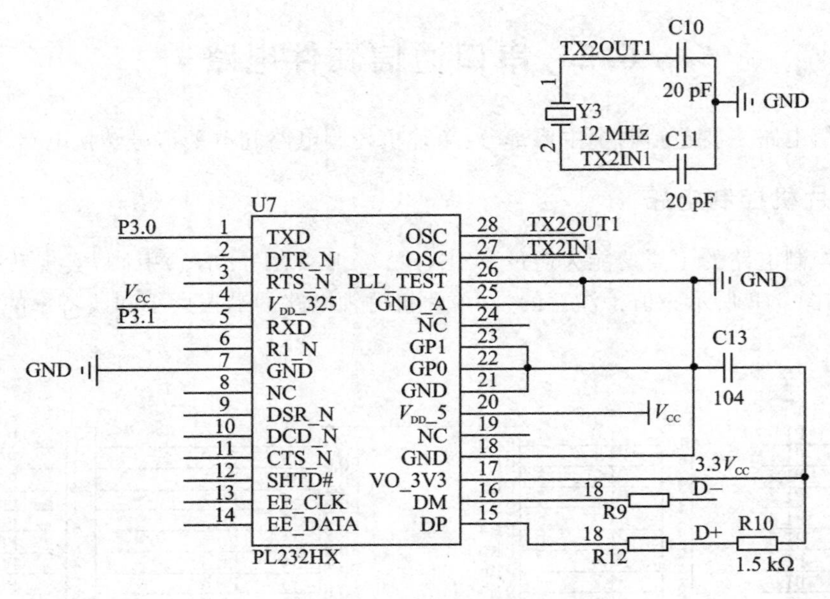

图 6.9 电平信号转换电路

6.3 任务实施——串口通信的基本应用

本节的主要功能是通过单片机发送一段字符串,并显示在仿真软件中的虚拟终端上。

主程序的功能:首先,进行串口的初始化;然后利用简单的打印函数 printf()来完成字符串的输出。值得注意的是,需要加上头文件 stdio.h 才能调用以上的打印函数。

串口初始化子程序的功能:设定串口工作寄存器 SCON 的工作方式,设定定时器 1 的工作方式和波特率的值。

串口中断服务程序的功能:接收空信息,并清除 RI 标志位。

程序代码如下:

```
/*********************************************************
 *文件名:main.c
 *描  述:单片机串行通信演示
 *功  能:实现单片机串行通信发生字符串的演示
 *单  位:四川航天职业技术学院电子工程系
 *作  者:乔鸿海
*********************************************************/
#include "reg52.h"
#include "stdio.h"
/*函数声明*/
void  UART_Init();
void main()
{
    UART_Init();            //串行口的初始化
printf("welcome to the world of MCU\n");
```

```
    while(1);              //死循环等待
}
/************************************************************
name：串口的初始化程序
input：none
output：none
describe：串行口的设置，波特率采用 9 600
creator：乔鸿海
************************************************************/
void UART_Init()
{
    EA = 1;               //开总中断
    ES = 1;               //串行口允许中断
    SM0 = 0;              //设置串行口工作方式为方式 1。SM0 = 0,SM1 = 0 为工作方式 0。依次类推
    SM1 = 1;
    REN = 1;              //串行口接收允许。REN = 0 时，禁止接收
    SCON = 0x50;          //或者使用 SCON 来进行控制
    TMOD = 0x20;          //定时器 1 工作方式 2
    TH1 = 0xfd;           //相应波特率设初值计算方法。初值 X = (256 - 11059200/(12 * 32 * 9 600))
    TL1 = 0xfd;           //9 600 为要设置的波特率。11059200 为晶振频率。X 的值最后要换算成
                          //十六进制
    TR1 = 1;              //定时器 T1 开始工作，TR1 = 0,T1 停止工作
    TI  = 1;
}
/************************************************************
name：串口中断服务程序
input：none
output：none
describe：接收数据
creator：乔鸿海
************************************************************/
void UARTInterrupt(void) interrupt 4
{
    if(RI)
    {
       RI  =  0;
       P0 = SBUF;
    }
}
```

仿真软件的虚拟终端显示字符串“welcome to the world of MCU”，如图 6.10 所示。

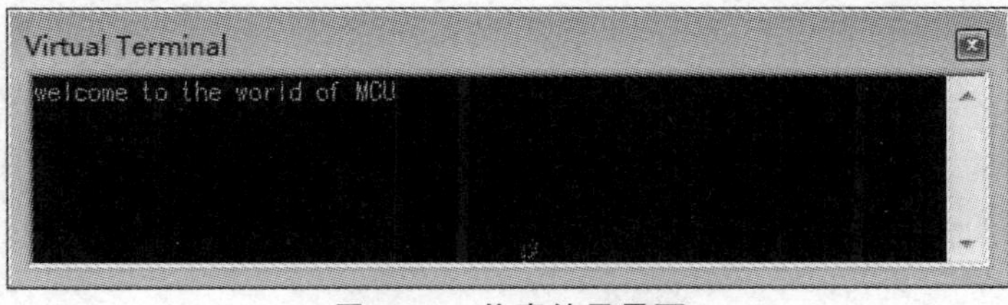

图 6.10　仿真结果界面

6.4 能力拓展——基于串口的蜂鸣器控制

本节的任务是通过单片机的串口发送命令字符串,并根据命令字符串的内容控制蜂鸣器的打开或者关闭。

主程序的功能:首先进行串口通信的初始化,然后关闭蜂鸣器,最后进入死循环进行等待。

串口初始化子程序的功能:设定串口工作寄存器 SCON 的工作方式,设定定时器 1 的工作方式和波特率的值。

串口中断服务程序的功能:接收字符串信息,如果接收到的是“A”,则打开蜂鸣器;如果接收到的是其他字符,则关闭蜂鸣器。

程序代码如下:

```
/**********************************************************
* 文件名:main.c
* 描  述:单片机串行通信控制蜂鸣器的演示
* 功  能:通过上位机发送数据字符 'A' 给单片机,使蜂鸣器发出声音
* 单  位:四川航天职业技术学院电子工程系
* 作  者:李彬
**********************************************************/
#include<reg52.h>
sbit SWITCH = P2^7;          //位定义  led锁存器操作端口
sbit SWITCH_1 = P2^6;        //位定义  数码管段选锁存器操作端口
sbit SWITCH_2 = P2^5;        //位定义  数码管位选锁存器操作端口
sbit beep = P2^3;            //用 PNP 三极管控制蜂鸣器,输出高电平时不叫
/* 函数声明 */
void send(uint k);           //发送函数
void init();                 //初始化
/***************************************************
函数名称:main()
功    能:串行初始化设置、蜂鸣器关闭
入口参数:无
返 回 值:无
备    注:无
***************************************************/
void main()
{
    SWITCH = 0;              //关掉
    SWITCH_1 = 0;            //关掉
    SWITCH_2 = 0;            //关掉
    init();
    beep = 1;                //蜂鸣器关闭
    while(1);
}
/***************************************************
函数名称:ser()
功    能:串行中断服务程序,接收数据
```

```
当接收到"A"时,蜂鸣器打开
其他字符时,蜂鸣器关闭
入口参数:无
返 回 值:无
备    注:无
*************************************************/
void ser() interrupt 4      //串口接收中断函数
{
    unsigned char a;
    RI = 0;
    a = SBUF;
    if(a == 'A')            //用户发送数据字符 'A'
    beep = 0;               //蜂鸣器打开
}
/*************************************************
函数名称:send()
功    能:发送函数
入口参数:无
返 回 值:无
备    注:无
*************************************************/
void send(uint k)           //发送函数
{
    ES = 0 ;                //因为发送不需要中断,故必须关掉,否则会形成死循环
    SBUF = k;
    while(!TI);
    TI = 0;
    ES = 1;                 //发送完成打开中断
}
/*************************************************
函数名称:init()
功    能:串行通信的初始化设置
入口参数:无
返 回 值:无
备    注:无
*************************************************/
void init()                 //初始化
{
    TMOD = 0X20;            //定时器 1 波特率 9 600
    TH1 = 0XFD;
    TL1 = 0XFD;
    TR1 = 1;
    SM0 = 0;
    SM1 = 1;
    REN = 1;
    EA = 1;
    ES = 1;
}
```

学习情境 7　液晶显示实现

通过对学习情境 7 的学习，要求掌握多 C 源文件工程项目的建立和使用；掌握 1602 和 12864 液晶显示器的工作原理和使用方法。基于前面 C51 语言基础知识，结合本节液晶显示器内容，编写简单的 1602 液晶字符显示程序。在拓展任务中，实现 12864 液晶显示器的显示图片功能。

7.1　多 C 源文件的初步认识

在一个单片机 C51 工程项目中，程序员为了方便管理和维护代码，可能会采用多个 C 源文件的方式进行项目建立，如图 7.1 所示。

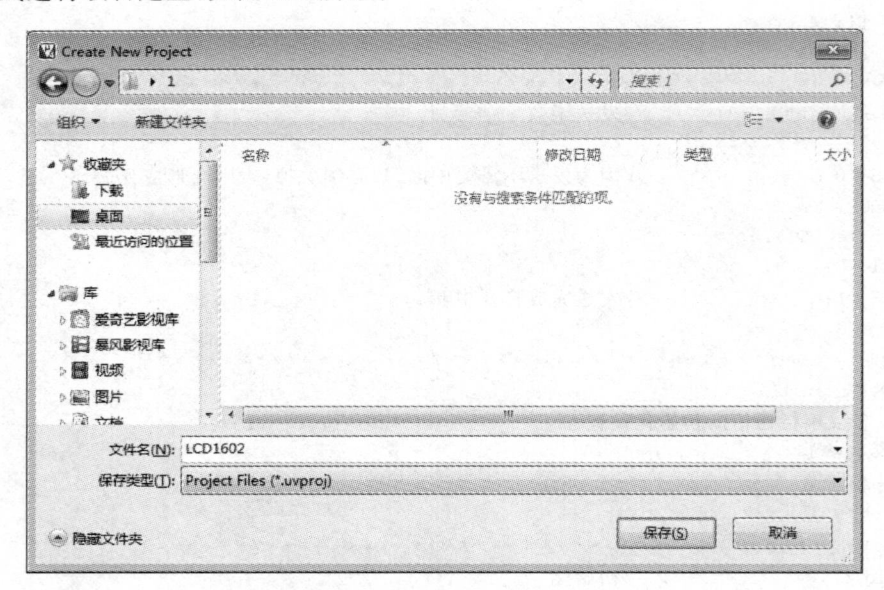

图 7.1　LCD1602 项目的建立

多个 C 源文件的工程项目编程方式并不复杂。首先新建一个工程项目，如图 7.1 所示的 LCD1602 项目。一个工程项目代表一个完整的单片机程序，最终只能生成一个“.hex”文件，但是一个工程项目可以有很多个 C 源文件组成，并共同参与程序的编译。

当工程建立好之后，在“Source”文件下新建源文件，取名为“main.c”并且保存，再新建一个源文件并且保存取名为“1602.c”，如图 7.2 所示。

图 7.2　LCD1602 项目中多 C 源文件的建立

下面就可以在两个不同的C源文件中，分别编写相应的程序。在程序编写过程中，并不需要先把main.c中的源程序全部写完，再进行1602.c程序的编写，而是可根据程序结构和编程思路交替执行。例如，在LCD1602工程项目中，通常是先编写1602.c文件中LCD1602液晶显示器的各个底层函数（write_com()写命令函数、write_date()写数据函数、init_lcd()液晶初始化函数），然后编写main.c文件中的功能程序。在编写main.c文件中的程序时，又有对1602.c文件底层程序的综合调用。

如果main.c源文件需要调用1602.c文件中的变量或者函数，必须在main.c中进行外部声明，告诉编译器这个变量或者函数是定义在其他的C源文件中的，并可以直接在当前C源文件中进行调用，如图7.3和图7.4所示。

```
#include "reg52.h"

sbit lcdrs = P2^0;
sbit lcdrw = P2^1;
sbit lcden = P2^2;

void delay(unsigned int time);
void write_com(unsigned char com);
void write_date(unsigned char date);
void init_lcd();
void display();
```

图7.3　1602.c头文件1602.h的内容

```
3 #include "reg52.h"
4 #include "1602.h"
```

图7.4　main.c头文件main.h的内容

在LCD1602项目中，main.c的头文件main.h包括1602.c的头文件1602.h的内容，则在main.c中函数就可以调用1602.c的各种子函数，如图7.3中所声明的各种子函数。

7.2　液晶显示器的介绍

液晶显示器为平面超薄的显示设备，通常由一定数量的彩色或黑白像素组成，放置于光源或者反射面前方。液晶显示器功耗很低，因此倍受工程师们的青睐，适用于使用电池的电子设备。它的主要原理是以电流刺激液晶分子产生各种点、线、面，配合背部灯管构成画面。

液晶是一种介于固体和液体之间的特殊物质。它是一种有机化合物，常态下呈液态，但是它的分子排列却和固体晶体一样非常规则，因此取名液晶。液晶的一种特殊性质在于，如果给液晶施加一个电场，会改变它的分子排列，这时如果配合偏振光片，它就具有阻止光线通过的作用（当不施加电场时，光线可以顺利透过），如果再配合彩色滤光片，改变施加给液晶的电压大小，就能改变某一颜色的透光量。也可以形象地说，改变液晶两端的电压就能改变它的透光度。

针对单片机领域而言，下面主要介绍两种在市面上比较流行、操作相对简单的液晶显示器：1602和12864液晶显示器。

7.2.1 LCD1602 液晶显示器

1. LCD1602 简介

LCD1602 字符型液晶显示模块是一种专门用于显示字母、数字、符号等点阵式 LCD 信息。它能够同时显示 32 个字符(16 列 2 行)。LCD1602 液晶显示器实物如图 7.5 和图 7.6 所示。

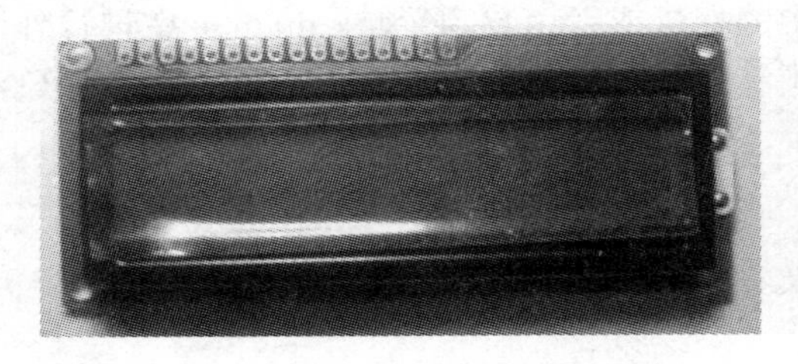

图 7.5 LCD1602 的正面实物图

图 7.6 LCD1602 的背面实物图

2. LCD1602 的主要基本参数

LCD1602 分为带背光和不带背光两种,其控制器大部分为 HD44780。同时带背光的比不带背光的厚,是否带背光在应用中并无差别。这需要设计人员根据实际要求而选定具体的型号。LCD1602 尺寸结构如图 7.7 所示。

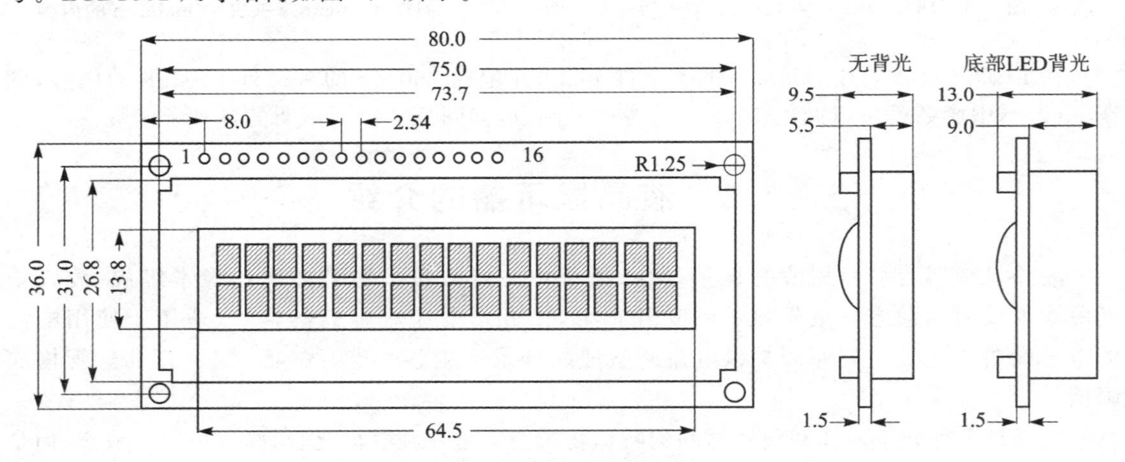

图 7.7 LCD1602 尺寸结构图

基本参数:

显示容量:16×2 个字符;

芯片工作电压:4.5~5.5V;

工作电流:2.0 mA (5.0 V);

模块最佳工作电压:5.0 V;

字符尺寸:2.95×4.35(W×H) mm。

3. 引脚功能说明

LCD1602 采用标准的 14 脚(无背光)或 16 脚(带背光)接口,各引脚接口说明如表 7.1 所列。

表 7.1　引脚接口说明表

编　号	符　号	引脚说明	编　号	符　号	引脚说明
1	V_{SS}	电源地	9	D2	数据位
2	V_{DD}	电源正极	10	D3	数据位
3	V_L	液晶显示偏压	11	D4	数据位
4	RS	数据/命令选择	12	D5	数据位
5	R/W	读/写选择	13	D6	数据位
6	E	使能信号	14	D7	数据位
7	D0	数据位	15	BLA	背光电源正极
8	D1	数据位	16	BLK	背光电源负极

具体说明：

第 1 脚：V_{SS} 为电源地。

第 2 脚：V_{DD} 接 5V 正电源。

第 3 脚：V_L 为液晶显示器对比度调整端，当这个引脚接电压 V_{DD} 时，对比度最弱，接地 V_{SS} 时对比度最高，但对比度过高时会产生“鬼影”现象。使用时可以通过一个 10 kΩ 的电位器调整对比度。

第 4 脚：RS 为寄存器选择，高电平时选择数据寄存器，低电平时选择指令寄存器。

第 5 脚：R/W 为读/写信号线，当高电平时进行读操作，低电平时进行写操作。当 RS 和 R/W 共同为低电平时可以写入指令或者显示地址，当 RS 为低电平而 R/W 为高电平时，可以读 Busy 信号；当 RS 为高电平而 R/W 为低电平时可以写入数据。

第 6 脚：E 端为使能端，当 E 端由高电平跳变成低电平时，液晶模块执行命令。

第 7～14 脚：D0～D7 为 8 位双向数据线。

第 15 脚：背光电源正极。

第 16 脚：背光电源负极。

4. LCD1602 控制指令介绍

LCD1602 液晶模块内部的控制器共有 11 条控制指令，如表 7.2 所列。

表 7.2　LCD1602 液晶指令表

序　号	指　令	RS	R/W	D7	D6	D5	D4	D3	D2	D1	D0
1	清空显示	0	0	0	0	0	0	0	0	0	1
2	光标返回	0	0	0	0	0	0	0	0	1	
3	置输入模式	0	0	0	0	0	0	0	1	I/D	S
4	显示开/关控制	0	0	0	0	0	0	1	D	C	B
5	光标或字符移位	0	0	0	0	0	1	S/C	R/L		
6	置功能	0	0	0	0	1	DL	N	F		
7	置字符发生存储器地址	0	0	0	1	字符发生存储器地址					

续表 7.2

序　号	指　令	RS	R/W	D7	D6	D5	D4	D3	D2	D1	D0
8	置数据存储地址	0	0	1	显示数据存储地址						
9	读 Busy 标志或地址	0	1	BF	计数器地址						
10	写 CGRAM 或 DDRAM	1	0	要写的数据内容							
11	CGRAM 或 DDRAM 读数	1	1	读出的数据内容							

LCD1602 液晶模块的读/写操作,屏幕和光标的操作都是通过指令编程来实现的。其中,1 为高电平信号,0 为低电平信号。

指令 1:清空显示,指令码 01H,光标复位到地址 00H 位置。

指令 2:光标复位,光标返回到地址 00H。

指令 3:光标和显示位置设置。I/D 位设定光标的移动方向,高电平右移,低电平左移;S 位设定屏幕上文字的移动方向,高电平右移,低电平左移。

指令 4:显示开关控制。D:控制整体显示的开与关,高电平表示开信息显示,低电平表示关信息显示。C:控制光标的开与关,高电平表示有光标,低电平表示无光标 B:控制光标是否闪烁,高电平闪烁,低电平不闪烁。

指令 5:光标或显示移位。S/C:高电平时显示移动的文字,低电平时移动光标。

指令 6:功能设置命令。DL:高电平时为 4 位总线操作,低电平时为 8 位总线操作。N:低电平时为单行显示,高电平时为双行显示。F:低电平时显示 5×7 的点阵字符,高电平时显示 5×10 的显示字符。

指令 7:字符发生器 RAM 地址设置。

指令 8:DDRAM 地址设置。

指令 9:读 Busy 信号和光标地址。BF:Busy 标志位,高电平表示忙,此时模块不能接收命令或数据,如果为低电平表示不忙。

5. LCD1602 操作时序

LCD1602 液晶显示器中 HD44780 芯片操作功能时序表如表 7.3 所列。

表 7.3　基本操作时序表

读状态	RS=L,R/W=H,E=H	D0～D7=状态字
写指令	RS=L,R/W=L,D0～D7=指令码,E=高脉冲	无
读数据	RS=H,R/W=H,E=H	D0～D7=数据
写数据	RS=H,R/W=L,D0～D7=数据,E=高脉冲	无

1602 液晶的读/写操作时序如图 7.8 和图 7.9 所示。

6. LCD1602 的 RAM 地址映射

液晶显示模块是一个慢显示器件,因此在执行每条指令之前一定要确认模块的忙(Busy)标志为低电平,表示不忙,否则此指令失效。要显示字符时应先输入显示字符地址,也就是告诉模块在哪个位置显示字符。1602 的内部显示地址如图 7.10 所示。

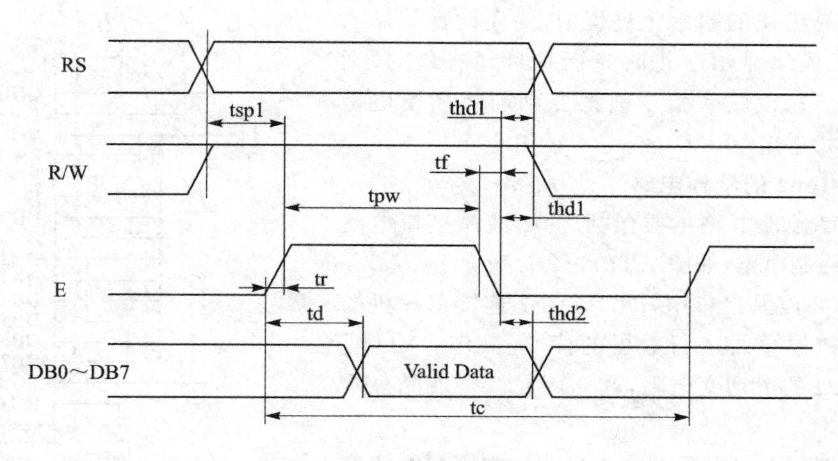

图 7.8　读操作时序

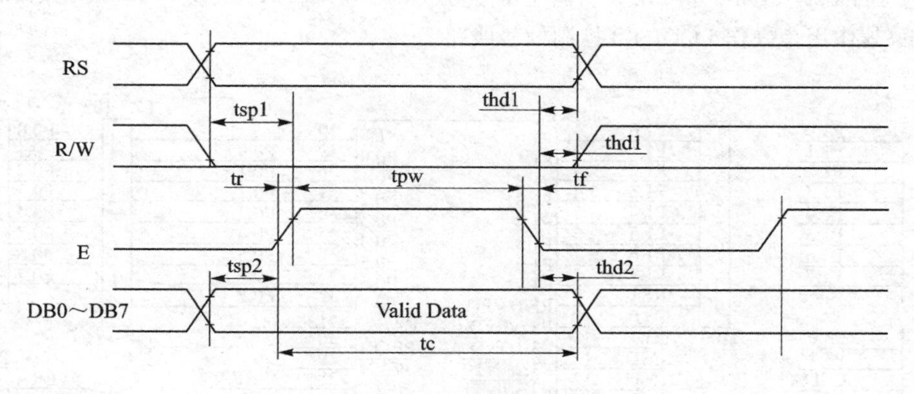

图 7.9　写操作时序

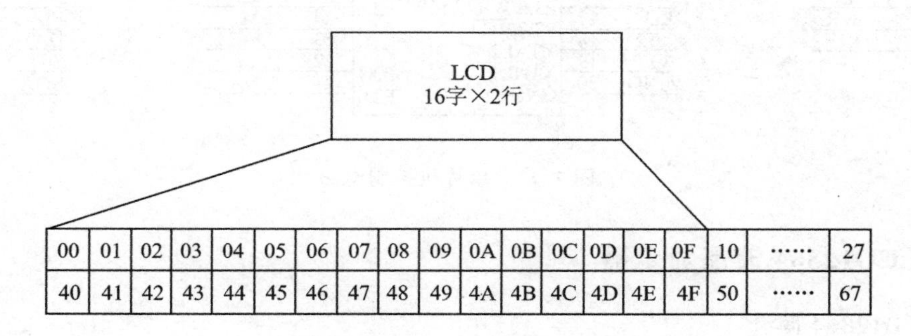

图 7.10　LCD1602 内部显示地址

例如：假设第二行第一个字符的地址是 40H，那么是否直接写入 40H 就可以将光标定位在第二行第一个字符的位置呢？答案是否定的，因为写入显示地址时要求最高位 D7 恒定为高电平 1，所以实际写入的数据应该是 01000000B（40H）＋10000000B（80H）＝11000000B（C0H）。

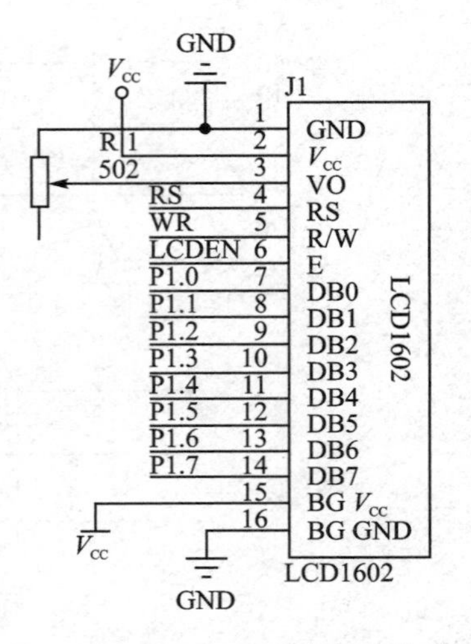

图 7.11　LCD1602 液晶接口电路

在对液晶模块的初始化过程中,要先设置其显示模式,在液晶模块显示字符时光标是自动右移的,无须人工干预。每次输入指令前都要判断液晶模块是否处于忙的状态。

7. LCD1602 的硬件电路

LCD1602 硬件电路主要包括 1602 液晶接口电路和单片机主控制电路,如图 7.11 和图 7.12 所示。

LCD1602 液晶接口中,DB0～DB7 连接单片机的 P2 口,作为数据总线进行数据的读/写操作。VO 引脚连接 10 kΩ 的滑动变电阻,其作用是调整液晶显示器的对比度。

单片机控制电路主要由单片机芯片和附属电路组成。单片机的 P3.5、P3.6 和 P3.7 引脚分别连接 RS、R/W 和 E,其作用是操作 LCD1602 控制信号线路。

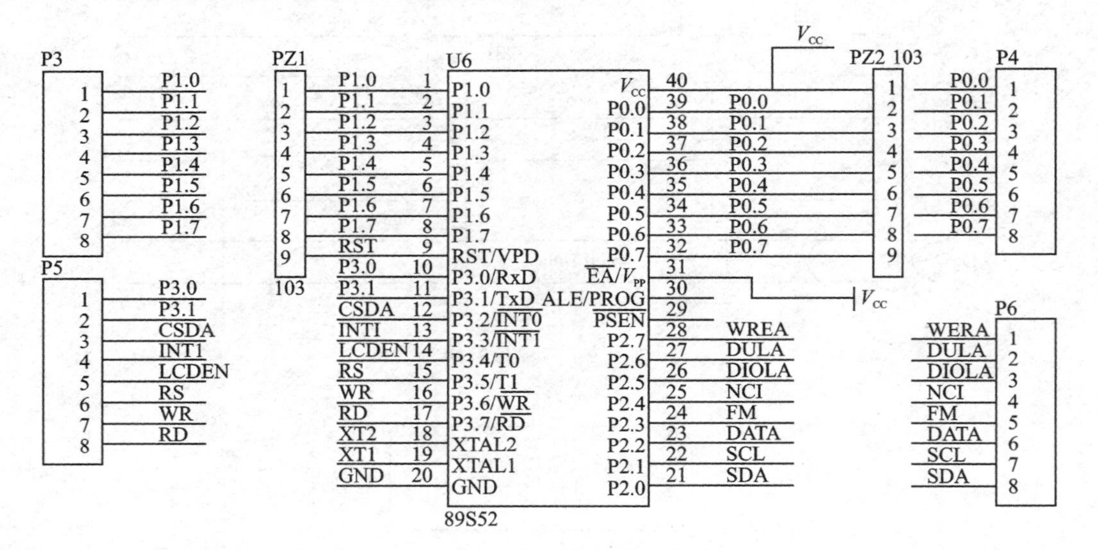

图 7.12　单片机控制电路

7.2.2　LCD12864 液晶显示器

1. LCD12864 简介

LCD12864 是一种图形点阵液晶显示器,它主要由行驱动器、列驱动器及 128×64 全点阵液晶显示器等组成。LCD12864 可完成简单图形的显示,也可以显示 8×4 个(即 16×16 点阵)汉字。12864 液晶显示器的实物如图 7.13 和图 7.14 所示。

2. LCD12864 主要指标参数

LCD12864 的主要指标参数分为基本参数和电气参数。基本参数主要包括了 LCD12864 的基本尺寸规格、工作环境要求等。电气参数主要包含了液晶模块各个部分对电压和电流的相关要求,尤其液晶驱动电压和背光驱动电流值的大小是有一定设计考量的。这需要设计人员根据实际应用，选择不同的应用型号以满足实际需求。LCD12864 的基础参数和电气参数如表 7.4 和表 7.5 所列。LCD12864 的尺寸结构如图 7.15 所示。

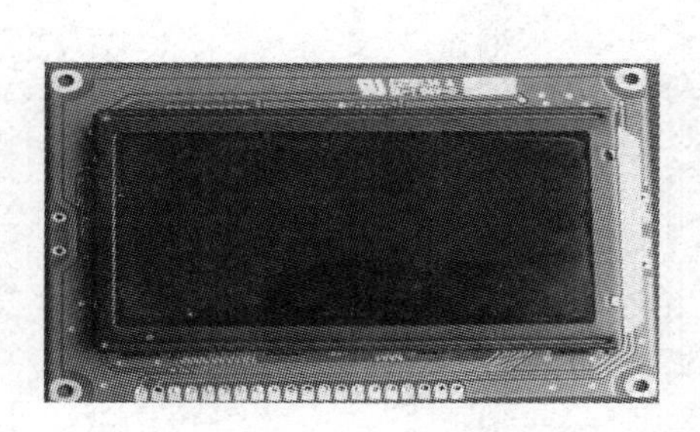

图 7.13　LCD12864 实物正面图

图 7.14　LCD12864 实物背面图

表 7.4　LCD12864 的基础参数表

驱动方式	1/64 DUTY 1/9 BIAS
背　光	LED
控制器	KS0108 或兼容 IC
数据总线	8 位并口/6800 方式
温度特性	工作温度：－20 ℃～＋70 ℃储藏温度：－30 ℃～＋80 ℃
点阵格式	128×64
点尺寸	0.39 mm×0.55 mm
点中心距	0.44 mm×0.60 mm
视　域	62.0 mm×44.0 mm
有效显示区域	56.27 mm×38.35 mm
外形尺寸	78.0 mm×70.0 mm×12.5 mm(最大)
净　重	65 g

表 7.5　LCD12864 的电气参数表

项　目	符　号		最　小	典　型	最　大
电源电压	$V_{DD}-V_{SS}$		4.75	5.0	5.25
液晶驱动电压	$V_{DD}-V_{ADJ}$	Ta＝0	－11.0	－11.5	－12.0
		Ta＝25	－10.5	－11.0	－11.5
		Ta＝50	－10.0	－10.5	－11.0
输入信号电压	V_{IH}		$0.8\ V_{DD}$		$V_{DD}+0.3$
	VIL		0		$0.2\ V_{DD}$
LCM 工作电流	I_{DD}			3	8
背光驱动电流	I_{LED}			60	80
液晶驱动电流	I_{EE}			1.0	

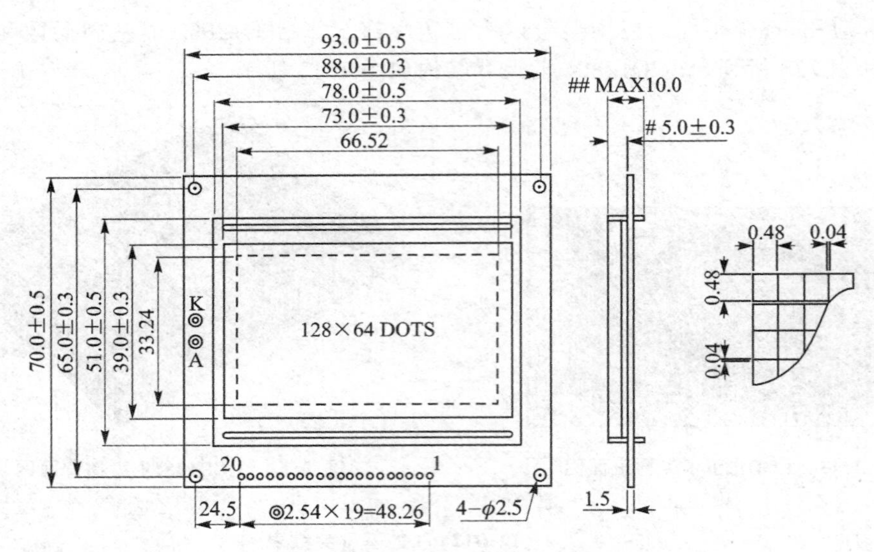

图 7.15　LCD12864 的尺寸结构图

3. 引脚功能说明

LCD12864 共有 20 个引脚,若按照功能性分类,可分为电源信号、控制信号和数据信号,具体用法如表 7.6 所列。

表 7.6　LCD12864 引脚功能说明表

引脚号	引脚名称	电　平	引脚功能描述
1	V_{SS}	0 V	电源地
2	V_{CC}	3.0～+5 V	电源正电压
3	V_0	—	对比度(亮度)调整
4	RS(CS)	H/L	RS="H",表示 DB7～DB0 为显示数据 RS="L",表示 DB7～DB0 为显示指令数据
5	R/W(SID)	H/L	R/W="H",E="H",数据被读到 DB7～DB0 R/W="L",E="H→L" DB7～DB0 的数据被写到 IR 或 DR
6	E(SCLK)	H/L	使能信号
7～14	DB0～DB7	H/L	三态数据线
15	PSB	H/L	H:8 位或 4 位并口方式,L:串口方式
16	NC	—	空脚
17	/RESET	H/L	复位端,低电平有效
18	V_{OUT}	—	LCD 驱动电压输出端
19	A	V_{DD}	背光电源正端(+5V)
20	K	V_{SS}	背光电源负端

在使用 LCD12864 前必须先了解其内部功能器件及相关功能。

(1) 指令寄存器(IR)

IR 用于寄存指令码,与数据寄存器数据相对应。当 RS=0 且 R/W=0 时,在使能信号下降沿的作用下,指令码写入 IR。

(2) 数据寄存器(DR)

DR 用于寄存数据的,与指令寄存器寄存指令相对应。当 RS=1 且 R/W=0 时,在使能信号下降沿作用下,图形显示数据写入 DR,或在 E 信号高电平作用下由 DR 读到 DB7～DB0 数据总线。

(3) 忙标志(BF)

BF 标志提供内部工作情况。BF=1 表示模块在内部操作,此时模块不接受外部指令和数据。当 BF=0 时,模块为准备状态,随时可接收外部指令和数据。

利用 STATUS READ 指令,可以将 BF 读到 DB7 总线,从而检验模块的工作状态。

(4) 显示控制触发器(DFF)

DFF 用于模块屏幕显示开和关的控制。DFF=1 为开显示(DISPLAY ON),DDRAM 的内容就显示在屏幕上;DFF=0 为关显示(DISPLAY OFF)。

DDF 的状态是指令 DISPLAY ON/OFF 和 RST 信号控制的。

(5) XY 地址计数器

XY 地址计数器是一个 9 位计数器。高 3 位为 X 地址计数器,低 6 位为 Y 地址计数器。XY 地址计数器实际上是作为 DDRAM 的地址指针,X 地址计数器为 DDRAM 的页指针,Y 地址计数器为 DDRAM 的 Y 地址指针。

X 地址计数器是没有记数功能的,只能用指令设置。

Y 地址计数器具有循环记数功能,各显示数据写入后,Y 地址自动加 1,Y 地址指针从 0 到 63。

(6) 显示数据 RAM(DDRAM)

DDRAM 用于存储图形显示数据。数据为 1 表示显示选择,数据为 0 表示显示非选择。

(7) Z 地址计数器

Z 地址计数器是一个 6 位计数器,此计数器具备循环记数功能,用于显示行扫描同步。完成一行扫描后,Z 地址计数器自动加 1,指向下一行扫描数据,RST 复位后 Z 地址计数器为 0。

Z 地址计数器可以用指令 DISPLAY START LINE 预置。因此,显示屏幕的起始行就由此指令控制,即 DDRAM 的数据从哪一行开始显示在屏幕的第一行。此模块的 DDRAM 共 64 行,屏幕可以循环滚动显示 64 行。

4. 基本指令

LCD12864 液晶显示模块(即 KS0108B 及其兼容控制驱动器)的指令系统比较简单,总共只有 7 种。其指令如表 7.7 所列。

表 7.7 LCD12864 指令表

指令名称	控制信号		控制状态字							
	R/W	RS	DB7	DB6	DB5	DB4	DB3	DB2	DB1	DB0
显示开关	0	0	0	0	1	1	1	1	1	1/0
显示起始行设置	0	0	1	1						

续表 7.7

指令名称	控制信号		控制状态字							
	R/W	RS	DB7	DB6	DB5	DB4	DB3	DB2	DB1	DB0
页设置	0	0	1	0	1	1	1			
列地址设置	0	0	0	1						
读状态	1	0	BUSY	0	ON/OFF	RST	0	0	0	0
写数据	0	1	写的数据内容							
读数据	1	1	读的数据内容							

各功能指令分别介绍如下：

(1) 显示开/关指令

代　码	R/W	RS	DB7	DB6	DB5	DB4	DB3	DB2	DB1	DB0
形　式	0	0	0	0	1	1	1	1	1	1/0

当 DB0＝1 时，LCD 显示 RAM 中的内容；当 DB0＝0 时，LCD 关闭 RAM 中的内容。

(2) 显示起始行(ROW)设置指令

代　码	R/W	RS	DB7	DB6	DB5	DB4	DB3	DB2	DB1	DB0
形　式	0	0	1	1	显示起始行(0～63)					

该指令设置对应了液晶屏最上一行的显示 RAM 的行号，有规律地改变显示起始行，可以使 LCD 实现显示滚屏的效果。

(3) 页(PAGE)设置指令

代　码	R/W	RS	DB7	DB6	DB5	DB4	DB3	DB2	DB1	DB0
形　式	0	0	1	0	1	1	1	页号(0～7)		

显示 RAM 共 64 行，分 8 页，每页 8 行。

(4)列地址(Y Address)设置指令

代　码	R/W	RS	DB7	DB6	DB5	DB4	DB3	DB2	DB1	DB0
形　式	0	0	0	1	显示列地址(0～63)					

设置了页地址和列地址，能够唯一确定显示 RAM 中的一个单元，这样单片机就可以用读、写指令读出该单元中的内容或向该单元写进一个字节数据。

(5) 读状态指令

代　码	R/W	RS	DB7	DB6	DB5	DB4	DB3	DB2	DB1	DB0
形　式	1	0	BUSY	0	ON/OFF	REST	0	0	0	0

该指令用来查询液晶显示模块内部控制器的状态，各参量含义如下：

BUSY：当该位为 1 时内部在工作，为 0 时为正常状态。

ON/OFF：当该位为 1 时显示关闭，为 0 时显示打开。

RESET：当该位为 1 时复位状态，为 0 时正常状态。

在 BUSY 和 RESET 状态时，除读状态指令外，其他指令均不对液晶显示模块产生作用。

在对液晶显示模块操作之前要查询 BUSY 状态，以确定是否可以对液晶显示模块进行操作。

(6)写数据指令

代　码	R/W	RS	DB7	DB6	DB5	DB4	DB3	DB2	DB1	DB0
形　式	0	1	写数据							

(7) 读数据指令

代　码	R/W	RS	DB7	DB6	DB5	DB4	DB3	DB2	DB1	DB0
形　式	1	1	读数据							

读或者写数据指令每执行完一次读或者写操作，列地址就自动加 1。值得注意的是，在进行读操作之前，必须进行一次空读操作，紧接着再读才会读出所要读的单元中的数据。

5. LCD12864 硬件电路

LCD12864 硬件电路主要包括 12864 液晶接口电路和单片机主控制电路，如图 7.16 和图 7.17 所示。

LCD12864 液晶接口中，DB0～DB7 连接单片机的 P1 口，作为数据总线进线数据的读/写操作。V0 引脚连接 10 kΩ 的滑动变电阻，其作用是液晶显示器对比度调整端，具体内容前文已有阐述。BLA 连接 V_{CC}，作为背光源的正极。BLK 直接连接地，作为背光源的负极。

单片机控制电路主要由单片机芯片和附属电路组成。单片机的 P3.5、P3.6 和 P3.7 引脚分别连接 RS、WR 和 RD，其作用是操作 LCD12864 控制信号。

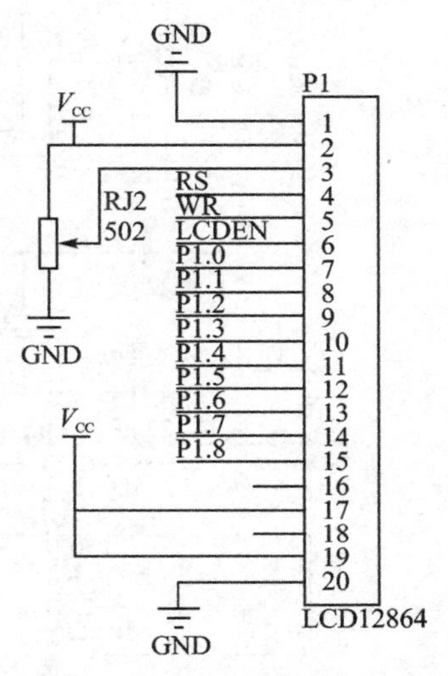

图 7.16　LCD12864 液晶接口电路

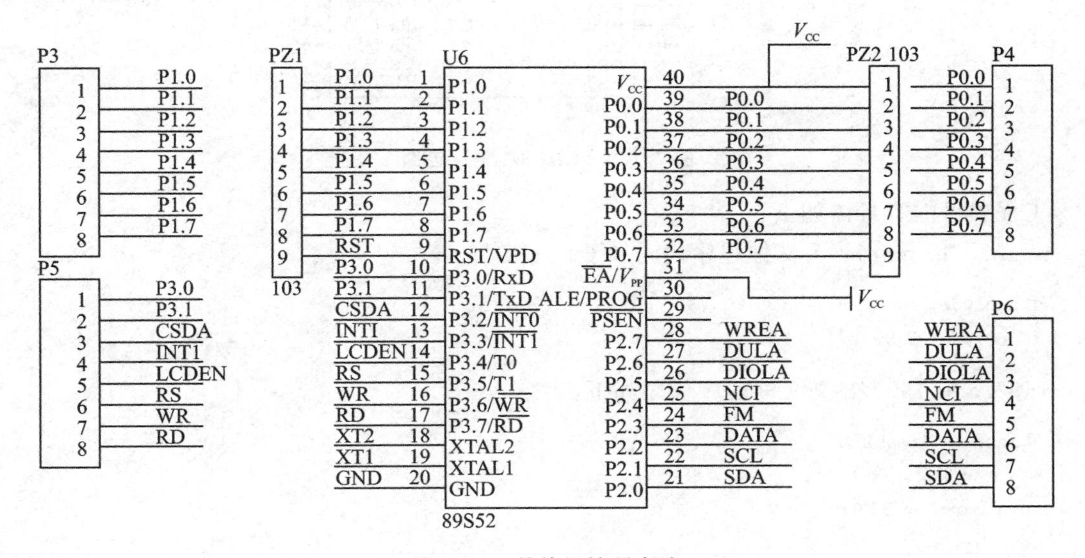

图 7.17　单片机控制电路

7.3 任务实施——LCD1602液晶显示

本节要实现的主要功能:基于前面介绍的LCD1602硬件电路知识,通过单片机发送一段字符串,并将字符串“Welcome to the world of MCU!!!”显示在LCD1602上,如图7.18所示。

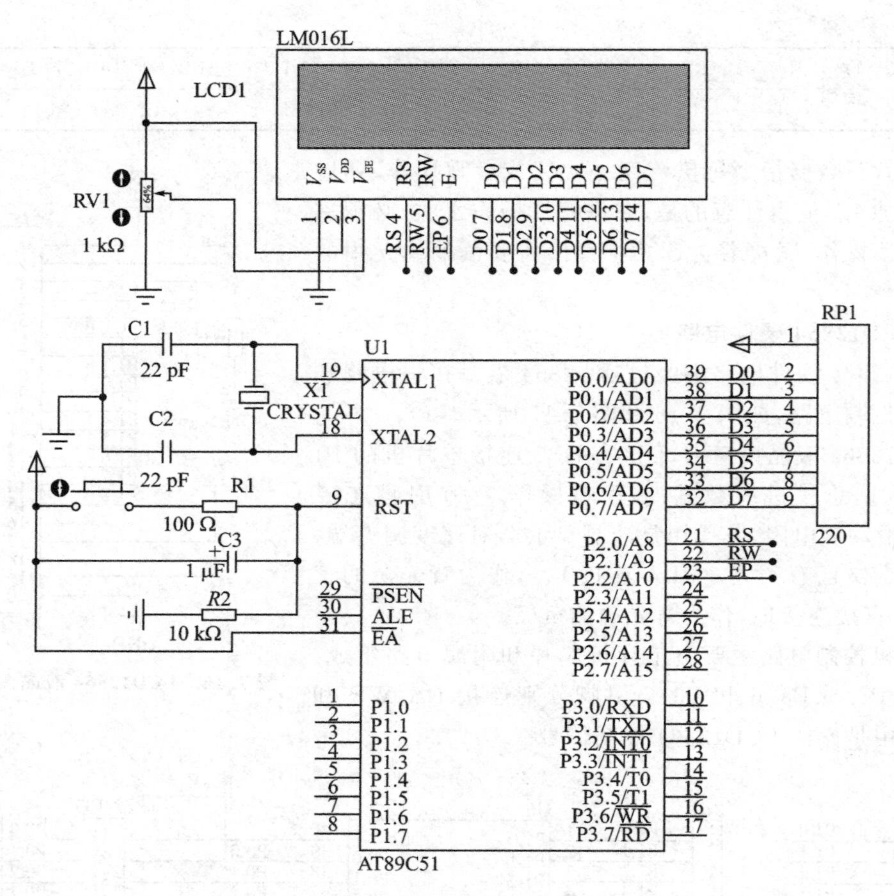

图7.18 LCD1602硬件电路

工程项目内容具体如下:

main.c中main.h头文件程序代码如下:

```
#include "reg52.h"
#include "1602.h"
```

1602.c中1602.h头文件程序代码如下:

```
#include "reg52.h"
/*全局变量定义*/
sbit lcdrs = P2^0;
sbit lcdrw = P2^1;
sbit lcden = P2^2;
```

```
/*函数声明*/
void delay(unsigned int time);
void write_com(unsigned char com);
void write_date(unsigned char date);
void init_lcd();
void display();
```

main.c 源文件中的程序代码如下：

```
/********************************************************************
 *文件名：main.c
 *描　述：单片机操作 1602 程序
 *功　能：实现 1602 液晶字符显示具体操作
 *单　位：四川航天职业技术学院电子工程系
 *作　者：乔鸿海
********************************************************************/
#include "main.h"
/********************************************************************
函数名称：main()
功　　能：主函数
入口参数：无
返 回 值：无
备　　注：无
********************************************************************/
void main()
{
   init_lcd();
   display();
   while(1);
}
```

1602.c 源文件中的程序代码如下：

```
/********************************************************************
 *文件名：1602.c
 *描　述：单片机操作 1602 程序
 *功　能：实现 1602 的具体子函数操作
 *单　位：四川航天职业技术学院电子工程系
 *作　者：乔鸿海
********************************************************************/
#include "1602.h"
unsigned char code t0[] = "Welcome  to  the";
unsigned char code t1[] = "world of MCU!!! ";
/********************************************************************
函数名称：delay()
功　　能：延时程序
入口参数：无
```

```
返 回 值：无
备    注：无
*******************************************************/
void delay(unsigned int time)
{
  unsigned int i,j;
  for(i = 0;i<time;i++)
    for(j = 0;j<200;j++);
}
/*******************************************************
函数名称：write_com(unsigned char com)
功    能：写命令函数
入口参数：无
返 回 值：无
备    注：无
*******************************************************/
void write_com(unsigned char com)              //写命令函数
{
  lcdrs = 0;
  P0 = com;
  delay(1);
  lcden = 1;
  delay(1);
  lcden = 0;
}
/*******************************************************
函数名称：write_date(unsigned char date)
功    能：写数据函数
入口参数：无
返 回 值：无
备    注：无
*******************************************************/
void write_date(unsigned char date)            //写数据函数
{
  lcdrs = 1;
  P0 = date;
  delay(1);
  lcden = 1;
  delay(1);
  lcden = 0;
}
/*******************************************************
函数名称：init_lcd()
```

```
功    能：1602初始化函数
入口参数：无
返 回 值：无
备    注：无
*********************************************************/
void init_lcd()                   //初始化函数
{
  lcden = 0;                      //默认开始状态为关使能端,见时序图
  lcdrw = 0;                      //选择状态为写
  write_com(0x0f);
  write_com(0x38);                //显示模式设置,默认为0x38,不用变
  write_com(0x01);                //显示清屏,将上次的内容清除,默认为0x01
  write_com(0x0c);                //显示功能设置。0x0f为开显示,显示光标,光标闪烁;0x0c为开
                                  //显示,不显光标,光标不闪
  write_com(0x06);                //设置光标状态默认0x06,为读一个字符光标加1
  write_com(0x80);                //设置初始化数据指针,是在读指令的操作里进行的
}
/*********************************************************
函数名称：display()
功    能：显示函数
入口参数：无
返 回 值：无
备    注：无
*********************************************************/
void display()                     //显示函数
{
  unsigned int i;
  for(i = 0;i<16;i++)
  {
    write_date(t0[i]);
    delay(1);
  }
write_com(0x80 + 0x40);            //更改数据指针,让字符换行
for(i = 0;i<16;i++)
  {
    write_date(t1[i]);
    delay(1);                      //增加延时可以达到动态的效果
  }
}
```

显示仿真效果如图7.19所示。

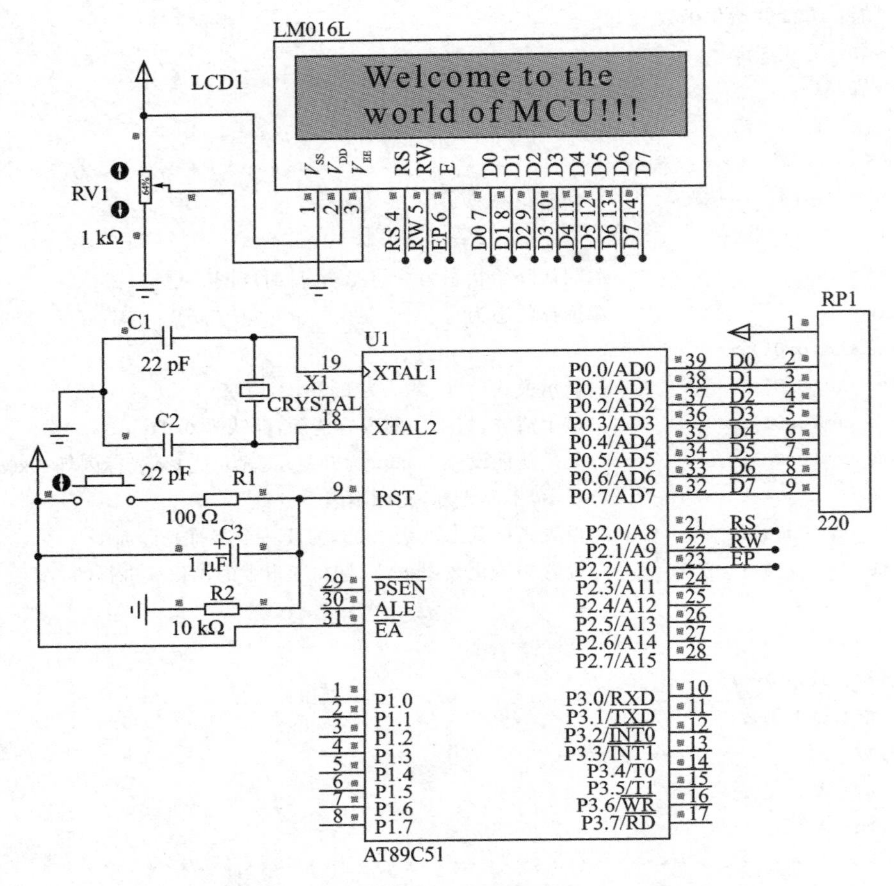

图7.19　LCD 1602硬件电路仿真结果图

7.4　能力拓展——LCD12864显示图片

1. LCD12864显示原理

(1) 字符显示

带中文字库的12864每屏可显示4行8列共32个16×16点阵的汉字,每个显示RAM可显示1个中文字符或2个16×8点阵全高ASCII码字符,即每屏最多可实现32个中文字符或64个ASCII码字符的显示。带中文字库的12864内部提供128×2字节的字符显示RAM缓冲区(DDRAM)。

字符显示是通过将字符显示编码写入该字符显示RAM实现的。首先,根据写入内容的不同,可分别在液晶屏上显示CGROM(中文字库)、HCGROM(ASCII码字库)及CGRAM(自定义字形)的内容。三种不同字符/字形的选择编码范围为0000～0006H(其代码分别是0000、0002、0004、0006共4个)显示自定义字形,而02H～7FH显示半宽ASCII码字符,A1A0H～F7FFH显示8192种GB2312中文字库字形。字符显示RAM在液晶模块中的地址80H～9FH。字符显示的RAM的地址与32个字符显示区域有着对应关系。

(2) 图形显示

先设垂直地址再设水平地址(连续写入两个字节的资料来完成垂直与水平的坐标地址)。

垂直地址范围 AC5...AC0

水平地址范围 AC3…AC0

绘图 RAM 的地址计数器(AC)只会对水平地址(X 轴)自动加 1,当水平地址=0FH 时会重新设为 00H 但并不会对垂直地址进行进位自动加 1,故当连续写入多笔资料时,程序须自行判断垂直地址是否要重新设定。

2. LCD12864 显示工程项目代码

```
/***********************************************************
 * 文件名:main.c
 * 描  述:单片机完成图片显示
 * 功  能:在 12864 液晶显示图片的演示
 * 单  位:四川航天职业技术学院电子工程系
 * 作  者:李彬
***********************************************************/
#include<reg51.h>
#include"lcd12864.h"
//---图片代码---//
unsigned char code Photo1[] = {
0x00,0x00,0x00,0x04,0x00,0x00,0x00,0x00,0x00,0x00,0x00,0x00,0x00,0x00,0x00,0x00,0x00,
0x00,0x00,0x00,0x00,0x00,0x00,0x00,0x00,0x00,0x00,0x00,0x00,0x00,0x00,0x00,0x00,0x00,0x00,
0x00,0x00,0x01,0x3F,0xC0,0x80,0x42,0x04,0x20,0x00,0x00,0x00,0x00,0x00,0x00,0x00,0x00,0x00,
0x00,0x8A,0x1F,0xFC,0x42,0x04,0xF8,0x00,0x00,0x00,0x00,0x00,0x00,0x00,0x00,0x00,0x00,0x3F,
0x80,0x01,0xFF,0xDE,0x88,0x00,0x00,0x00,0x00,0x00,0x00,0x00,0x00,0x00,0x01,0x2A,0x87,0xF0,
0xA2,0x0A,0xF8,0x00,0x00,0x00,0x00,0x00,0x00,0x00,0x00,0x00,0x00,0xBF,0x84,0x10,0xA2,0x0A,
0x88,0x00,0x00,0x00,0x00,0x00,0x00,0x00,0x00,0x00,0x00,0x80,0x1F,0xFC,0xA2,0x0A,0xF8,0x00,
0x00,0x00,0x00,0x00,0x00,0x00,0x00,0x00,0x00,0x9F,0x90,0x05,0x2F,0xCA,0xA4,0x00,0x00,0x00,
0x00,0x00,0x00,0x00,0x00,0x00,0x01,0x80,0x03,0xE1,0xA8,0x4A,0xA8,0x00,0x00,0x00,0x00,0x00,
0x00,0x00,0x00,0x00,0x00,0xBF,0xC2,0x24,0x48,0x44,0x90,0x00,0x00,0x00,0x00,0x00,0x00,0x00,
0x00,0x00,0x00,0x92,0x84,0x24,0xA8,0x4A,0xA8,0x00,0x00,0x00,0x00,0x00,0x00,0x00,0x00,0x00,
0x00,0xA6,0x58,0x3D,0x0F,0xD0,0xC4,0x00,0x00,0x00,0x00,0x00,0x00,0x00,0x00,0x00,0x00,0x00,
0x00,0x00,0x00,0x00,0x00,0x00,0x00,0x00,0x00,0x00,0x1C,0xFF,0xC0,0x00,0x00,0x00,0x00,0x00,
0x00,0x00,0x00,0x00,0x00,0x00,0x00,0x00,0x23,0x08,0x37,0x80,0x00,0x00,0x00,0x00,0x00,0x00,
0x00,0x00,0x00,0x00,0x00,0x00,0x40,0x10,0x08,0x40,0x00,0xFF,0x90,0x10,0x08,0x00,0x00,0x00,
0x00,0x00,0x00,0x00,0x81,0x86,0x10,0x40,0x00,0x08,0x08,0x10,0xFF,0x86,0x00,0x00,0x00,0x00,
0x00,0x01,0x02,0x49,0x40,0x40,0x00,0x7F,0x0B,0xFC,0x08,0x0F,0x00,0x00,0x00,0x00,0x00,0x01,
0x08,0x00,0x40,0x20,0x00,0x10,0x00,0x10,0x49,0x0F,0x00,0x00,0x00,0x00,0x00,0x02,0x08,0x00,
0x20,0x20,0x01,0xFF,0xDD,0x10,0x2A,0x0F,0x00,0x00,0x00,0x00,0x00,0x04,0x31,0x83,0x20,0x20,
0x00,0x20,0x04,0x91,0xFF,0xC6,0x00,0x00,0x00,0x00,0x00,0x04,0x52,0x44,0x90,0x20,0x00,0x7F,
0x04,0x90,0x1C,0x06,0x00,0x00,0x00,0x00,0x00,0x09,0xA4,0x28,0x4C,0x10,0x00,0xA1,0x04,0x10,
0x2A,0x00,0x00,0x00,0x00,0x00,0x00,0x0E,0x44,0xE9,0xC3,0x90,0x01,0x3F,0x04,0x70,0x49,0x06,
0x00,0x00,0x00,0x00,0x00,0x00,0x82,0xC5,0x81,0x70,0x00,0x21,0x0A,0x01,0x88,0xC6,0x00,0x00,
0x00,0x00,0x00,0x01,0x01,0x83,0x00,0x80,0x00,0x3F,0x11,0xFC,0x08,0x00,0x00,0x00,0x00,0x00,
0x00,0x01,0x0C,0x70,0x00,0x80,0x00,0x00,0x00,0x00,0x00,0x00,0x00,0x00,0x00,0x00,0x00,0x02,
0x13,0x87,0x10,0x40,0x00,0x00,0x00,0x00,0x00,0x00,0x00,0x00,0x00,0x00,0x00,0x02,0x20,0x78,
0xA0,0x40,0x00,0x00,0x00,0x00,0x00,0x00,0x00,0x00,0x00,0x00,0x00,0x02,0x20,0x00,0x60,0x40,
```

```
0x00,0x00,0x00,0x00,0x00,0x00,0x00,0x00,0x00,0x00,0x00,0x02,0x21,0x80,0x60,0x40,0x00,0x00,
0x71,0xEE,0x3C,0x00,0x00,0x00,0x00,0x00,0x00,0x01,0x11,0x98,0x90,0x80,0x00,0x00,0x8E,0x31,
0xC6,0x00,0x00,0x00,0x00,0x00,0x00,0x01,0x08,0x18,0x80,0x80,0x00,0x01,0x24,0x24,0x83,0x00,
0x00,0x00,0x00,0x00,0x00,0x00,0x96,0x01,0x01,0x00,0x00,0x01,0x40,0x28,0x03,0x00,0x00,0x00,
0x00,0x00,0x00,0x00,0x49,0x86,0x03,0x00,0x00,0x01,0x40,0x28,0x03,0x00,0x00,0x00,0x00,0x00,
0x00,0x00,0x34,0x78,0x8C,0x00,0x00,0x01,0x00,0x20,0x03,0x00,0x00,0x00,0x00,0x00,0x00,0x00,
0x0E,0x01,0x30,0x00,0x00,0x00,0x80,0x30,0x06,0x00,0x00,0x00,0x00,0x00,0x00,0x00,0x71,0x87,
0xCE,0x00,0x00,0x00,0x40,0x68,0x0C,0x00,0x00,0x00,0x00,0x00,0x00,0x00,0xE0,0x78,0x07,0x00,
0x00,0x00,0x20,0xC4,0x18,0x00,0x00,0x00,0x00,0x00,0x00,0x01,0xAF,0xFF,0xC5,0x80,0x00,0x00,
0x11,0x82,0x30,0x00,0x00,0x00,0x00,0x00,0x00,0x03,0xA9,0xB6,0x45,0xC0,0x00,0x00,0x0B,0x01,
0x60,0x00,0x00,0x00,0x00,0x00,0x00,0x07,0x2F,0x03,0xC4,0xE0,0x00,0x00,0x06,0x00,0xC0,0x00,
0x00,0x00,0x00,0x00,0x00,0x0E,0x16,0x01,0x88,0x70,0x00,0x00,0x00,0x00,0x00,0x00,0x00,0x00,
0x00,0x00,0x00,0x0F,0x08,0x00,0x10,0xF0,0x00,0x00,0x00,0x00,0x00,0x00,0x00,0x00,0x00,0x00,
0x00,0x0F,0x84,0x00,0x21,0xF0,0x00,0x00,0x00,0x00,0x00,0x00,0x00,0x00,0x00,0x00,0x00,0x00,
0x00,0x00,0x00,0x00,0x00,0x00,0x00,0x00,0x00,0x00,0x00,0x00,0x00,0x00,0x00,0x00,0x00,0x00,
0x00,0x00,0x00,0x00,0x00,0x00,0x00,0x00,0x00,0x00,0x00,0x00,0x00,0x00,0x00,0x00,0x00,0x00,
0x00,0x00,0x00,0x00,0x00,0x00,0x00,0x00,0x00,0x00,0x00,0x00,0x00,0x00,0x00,0x00,0x00,0x00,
0x00,0x00,0x00,0x00,0x00,0x00,0x00,0x00,0x00,0x00,0x00,0x00,0x00,0x00,0x00,0x00,0x00,0x00,
0x00,0x00,0x00,0x00,0x00,0x00,0x00,0x00,0x00,0x00,0x00,0x00,0x00,0x00,0x00,0x00,0x00,0x00,
0x00,0x00,0x00,0x00,0x00,0x00,0x00,0x00,0x00,0x00,0x00,0x00,0x00,0x00,0x00,0x00,0x00,0x00,
0x00,0x00,0x00,0x00,0x00,0x00,0x00,0x00,0x00,0x00,0x00,0x00,0x00,0x00,0x00,0x00,0x00,0x00,
0x00,0x00,0x00,0x00,0x00,0x00,0x00,0x00,0x00,0x00,0x00,0x00,0x00,0x00,0x00,0x00,0x00,0x00,
0x00,0x00,0x00,0x00,0x00,0x00,0x00,0x00,0x00,0x00,0x00,0x00,0x00,0x00,0x00,0x00,0x00,0x00,
0x00,0x00,0x00,0x00,0x00,0x00,0x00,0x00,0x00,0x00,0x00,0x00,0x00,0x00,0x00,0x00,0x00,0x00,
0x00,0x00,0x00,0x00,0x00,0x00,0x00,0x00,0x00,0x00,0x00,0x00,0x00,0x00,0x00,0x00,0x00,0x00,
0x00,0x00,0x00,0x00,0x00,0x00,0x00,0x00,0x00,0x00,0x00,0x00,0x00,0x00,0x00,0x00,0x00,0x00,
0x00,0x00,0x00,0x00,0x00,0x00,0x00,0x00,0x00,0x00,0x00,0x00,0x00,0x00,0x00,0x00,0x00,0x00,
0x00,0x00,0x00,0x00,0x00,0x00,0x00,0x00,0x00,0x00,0x00,0x00,0x00,0x00,0x00,0x00,0x00,0x00,
0x00,0x00,0x00,0x00,0x00,0x00,0x00,0x00,0x00,0x00,0x00,0x00,0x00,0x00,0x00,0x00,0x00,0x00,
0x00,0x00,0x00,0x00,0x00,0x00,0x00,0x00,0x00,0x00,0x00,0x00,0x00,0x00,0x00,0x00,0x00
    };
    /*****************************************************************/
    unsigned char code Photo2[] ={
    /*--调入了一幅图像:G:\HC-6800\12864\C语言\pz.bmp --*/
    /*--宽度x高度=128x64 --*/
    0x00,0x00,0x00,0x00,0x00,0x00,0x00,0x00,0x00,0x00,0x00,0x00,0x00,0x00,0x00,0x00,0x00,
0x00,0x00,0x00,0x00,0x00,0x00,0x00,0x00,0x00,0x00,0x00,0x00,0x00,0x00,0x00,0x00,0x00,0x00,
0x00,0x00,0x00,0x00,0x00,0x00,0x00,0x00,0x00,0x00,0x00,0x3F,0x00,0x00,0x00,0x00,0x00,0x00,
0x00,0x00,0x00,0x00,0x00,0x00,0x00,0x00,0x00,0x40,0x80,0x00,0x00,0x00,0x00,0x00,0x00,0x00,
0x00,0x00,0x00,0x00,0x00,0x00,0x01,0xFE,0x60,0x00,0x00,0x00,0x00,0x00,0x00,0x00,0x00,0x00,
0x00,0x00,0x00,0x00,0x01,0x63,0x20,0x00,0x00,0x00,0x00,0x00,0x00,0x00,0x00,0x00,0x00,0x00,
0x00,0x00,0x02,0x63,0x10,0x00,0x00,0x00,0x00,0x00,0x00,0x00,0x00,0x00,0x00,0x00,0x00,0x00,
0x04,0x63,0x08,0x00,0x00,0x00,0x00,0x00,0x00,0x00,0x00,0x00,0x00,0x00,0x00,0x00,0x04,0x7E,
0x08,0x00,0x00,0x00,0x00,0x00,0x00,0x00,0x00,0x00,0x00,0x00,0x00,0x00,0x04,0x6C,0x08,0x1F,
0xF8,0x3F,0xF8,0x7F,0xF0,0x0F,0xF9,0xF1,0xF0,0xFF,0x87,0xC3,0xC4,0x6C,0x08,0x0E,0x7C,0x1E,
0xFC,0x38,0xF8,0x3E,0xF8,0xE0,0xE0,0x1C,0x03,0xC1,0x84,0x66,0x08,0x0E,0x1E,0x1C,0x3C,0x38,
0x38,0x38,0x38,0xE0,0xE0,0x1C,0x03,0xE1,0x84,0x66,0x08,0x0E,0x1E,0x1C,0x1C,0x38,0x18,0x78,
0x38,0xE0,0xE0,0x1C,0x03,0xE1,0x82,0x63,0x10,0x0E,0x0E,0x1C,0x1C,0x38,0x00,0xF0,0x18,0xE0,
```

```
0xE0,0x1C,0x03,0xF1,0x81,0xF3,0xA0,0x0E,0x0E,0x1C,0x3C,0x38,0xC0,0xF0,0x00,0xE0,0xE0,0x1C,
0x03,0xF1,0x81,0x80,0x60,0x0E,0x1E,0x1C,0x3C,0x38,0xC0,0xF0,0x00,0xE0,0xE0,0x1C,0x03,0x79,
0x80,0x40,0x80,0x0E,0x1E,0x1C,0xF8,0x39,0xC0,0xE0,0x00,0xE0,0xE0,0x1C,0x03,0x79,0x80,0x3F,
0x00,0x0E,0x7C,0x1F,0xF0,0x3F,0xC0,0xE0,0x00,0xFF,0xE0,0x1C,0x03,0x3D,0x80,0x00,0x00,0x0F,
0xF8,0x1D,0xE0,0x39,0xC0,0xE0,0x00,0xE0,0xE0,0x1C,0x03,0x3D,0x80,0x00,0x00,0x0E,0x00,0x1D,
0xE0,0x38,0xC0,0xE0,0x00,0xE0,0xE0,0x1C,0x03,0x1F,0x80,0x00,0x00,0x0E,0x00,0x1C,0xF0,0x38,
0xC0,0xF0,0x00,0xE0,0xE0,0x1C,0x03,0x1F,0x80,0x00,0x00,0x0E,0x00,0x1C,0xF0,0x38,0x00,0xF0,
0x00,0xE0,0xE0,0x1C,0x03,0x0F,0x80,0x00,0x00,0x0E,0x00,0x1C,0x78,0x38,0x00,0xF0,0x18,0xE0,
0xE0,0x1C,0x03,0x0F,0x80,0x00,0x00,0x0E,0x00,0x1C,0x78,0x38,0x18,0x70,0x38,0xE0,0xE0,0x1C,
0x03,0x07,0x80,0x00,0x00,0x0E,0x00,0x1C,0x78,0x38,0x38,0x78,0x30,0xE0,0xE0,0x1C,0x03,0x07,
0x80,0x00,0x00,0x0E,0x00,0x1C,0x3C,0x38,0xF8,0x3E,0xF0,0xE0,0xE0,0x1C,0x03,0x03,0x80,0x00,
0x00,0x1F,0x00,0x3E,0x3E,0x7F,0xF0,0x1F,0xE1,0xF1,0xF0,0xFF,0x87,0x83,0x80,0x00,0x00,0x00,
0x00,0x00,0x00,0x00,0x00,0x00,0x00,0x00,0x00,0x00,0x00,0x00,0x00,0x00,0x00,0x00,0x00,0x00,
0x00,0x00,0x00,0x00,0x00,0x00,0x00,0x00,0x00,0x00,0x00,0x00,0x00,0x00,0x00,0x00,0x00,0x00,
0x00,0x00,0x00,0x00,0x00,0x00,0x00,0x00,0x00,0x00,0x00,0x00,0x00,0x00,0x00,0x00,0x00,0x00,
0x00,0x00,0x00,0x00,0x00,0x00,0x00,0x00,0x00,0x00,0x00,0x00,0x00,0x00,0x00,0x00,0x00,0x00,
0x00,0x00,0x00,0x00,0x00,0x00,0x00,0x00,0x00,0x00,0x00,0x00,0x00,0x00,0x00,0x00,0x00,0x00,
0x00,0x00,0x00,0x00,0x00,0x00,0x00,0x00,0x00,0x00,0x00,0x00,0x00,0x00,0x00,0x00,0x00,0x00,
0x00,0x00,0x00,0x00,0x00,0xF0,0x38,0x00,0x00,0x78,0x00,0x00,0x18,0x07,0x80,0x1C,0x03,0x80,
0x00,0x00,0x00,0x7C,0x7C,0x00,0x00,0x78,0x00,0x00,0x7C,0x07,0x80,0x1C,0x03,0xC00x00,0x00,0x00,
0x3C,0x70,0x00,0x00,0x70,0x00,0x07,0xFC,0x07,0x00,0x1C,0x03,0x80,0x00,0x00,0x00,0x1C,0xE3,
0xC0,0x00,0x70,0x00,0x1F,0xE1,0xC7,0x00,0x1C,0x03,0x80,0x00,0x00,0x0F,0xFF,0xFF,0xE0,0x00,
0x70,0x00,0x00,0xE1,0xE7,0x00,0x1C,0x03,0x80,0x00,0x00,0x06,0x1C,0xE6,0x00,0xFF,0xFF,0xFC,
0x00,0xE0,0xF7,0x00,0x1D,0x83,0x9E,0x00,0x00,0x07,0x1C,0xE7,0x80,0xFF,0xFF,0xFC,0x00,0xE0,
0xF7,0x03,0xFF,0xFF,0xFE,0x00,0x00,0x03,0x9C,0xEF,0x80,0xE0,0x70,0x38,0x00,0xEE,0x67,0x00,
0x1C,0x03,0x80,0x00,0x00,0x03,0xDC,0xEE,0x00,0xE0,0x70,0x38,0x3F,0xFE,0x07,0x00,0x1C,0x03,
0x80,0x00,0x00,0x01,0xFC,0xFC,0x00,0xE0,0x70,0x38,0x01,0xE0,0x07,0x00,0x1C,0x03,0x80,0x00,
0x00,0x01,0xDC,0xF8,0xE0,0xE0,0x70,0x38,0x01,0xE1,0xC7,0x00,0x1D,0xC3,0xB8,0x00,0x00,0x3F,
0xFF,0xFF,0xF0,0xE0,0x70,0x38,0x03,0xF1,0xE7,0x00,0x1F,0xFF,0xFC,0x00,0x00,0x3F,0xFF,0xFF,
0xF0,0xE0,0x70,0x38,0x03,0xFC,0xE7,0x00,0x7E,0x38,0x38,0x00,0x00,0x00,0x80,0x0C,0x00,0xFF,
0xFF,0xF8,0x07,0xFE,0xE7,0xE3,0xFC,0x18,0x78,0x00,0x00,0x00,0xFF,0xFE,0x00,0xE0,0x70,0x38,
0x07,0xFE,0x07,0xF3,0xFC,0x1C,0x70,0x00,0x00,0x00,0xFF,0xFE,0x00,0xE0,0x70,0x38,0x0F,0xEC,
0x3F,0xC1,0x9C,0x1C,0xF0,0x00,0x00,0x00,0xE0,0x1E,0x00,0x00,0x70,0x00,0x0E,0xE7,0xFF,0x00,
0x1C,0x0E,0xE0,0x00,0x00,0x00,0xE0,0x1E,0x00,0x00,0x70,0x00,0x1C,0xEF,0x07,0x00,0x1C,0x0F,
0xE0,0x00,0x00,0x00,0xFF,0xFE,0x00,0x00,0x70,0x00,0x38,0xE0,0x07,0x00,0x1C,0x07,0xC0,0x00,
0x00,0x00,0xE0,0x1E,0x00,0x00,0x70,0x00,0x30,0xE0,0x07,0x00,0x1C,0x07,0x80,0x00,0x00,0x00,
0xE0,0x1E,0x00,0x00,0x70,0x00,0x00,0xE0,0x07,0x00,0x1C,0x0F,0xE0,0x00,0x00,0x00,0xE0,0x1E,
0x00,0x00,0x70,0x00,0x00,0xE0,0x07,0x01,0xDC,0x3F,0xF8,0x00,0x00,0x00,0xFF,0xFE,0x00,0x00,
0x70,0x00,0x00,0xE0,0x07,0x01,0xFC,0x78,0xFF,0x00,0x00,0x00,0xE0,0x1E,0x00,0x00,0x70,0x00,
0x00,0xE0,0x07,0x00,0x7F,0xE0,0x3F,0x00,0x00,0x00,0xC0,0x1C,0x00,0x00,0x70,0x00,0x00,0xC0,
0x07,0x00,0x37,0x80,0x0C,0x00,0x00,0x00,0x00,0x00,0x00,0x00,0x00,0x00,0x00,0x00,0x00,0x00,
0x00,0x00,0x00,0x00,0x0F,0xFF,0xFF,0xFF,0xFF,0xFF,0xFF,0xFF,0xFF,0xFF,0xFF,0xFF,0xFF,0xFF,0xFF,
0xFC,0x0F,0xFF,0xFF,0xFF,0xFF,0xFF,0xFF,0xFF,0xFF,0xFF,0xFF,0xFF,0xFF,0xFF,0xFF,0xFC,0x00,0x00,
0x00,0x00,0x00,0x00,0x00,0x00,0x00,0x00,0x00,0x00,0x00,0x00,0x00,0x00
    };
    //--声明全局函数--//
    void Delay10ms(unsigned int c);    //延时 10 ms
    /*****************************************************************
```

```
 * 函 数 名 : main
 * 函数功能: 主函数
 * 输    入: 无
 * 输    出: 无
 ***************************************************************/
void main()
{
    while(1)
    {
      LCD12864_DrowPic(&Photo1[0]);
      Delay10ms(500);
      LCD12864_DrowPic(&Photo2[0]);
      Delay10ms(500);
    }
}
/***************************************************************
 * 函 数 名 : Delay10ms
 * 函数功能: 延时函数,延时 10 ms
 * 输    入: 无
 * 输    出: 无
 ***************************************************************/
void Delay10ms(unsigned int c)                          //误差 0 μs
{
    unsigned char a, b;
//--c已经在传递过来的时候已经赋值了,所以在for语句第一句就不用赋值了--//
   for (;c>0;c--)
   {
    for (b=38;b>0;b--)
    {
        for (a=130;a>0;a--);
    }
   }
}
/***************************************************************
 * 函 数 名 : LCD12864_Delay1ms
 * 函数功能: 延时 1 ms
 * 输    入: c
 * 输    出: 无
 ***************************************************************/
void LCD12864_Delay1ms(uint c)
{
    uchar a,b;
    for(; c>0; c--)
      {
      for(b=199; b>0; b--)
      {
        for(a=1; a>0; a--);
      }
```

```
    }
}
/*****************************************************************
*函 数 名：LCD12864_Busy
*函数功能：检测 LCD 是否忙
*输　　入：无
*输　　出：1 或 0(1 表示不忙,0 表示忙)
*****************************************************************/
uchar LCD12864_Busy(void)
{
    uchar i = 0;
    LCD12864_RS = 0;                              //选择命令
    LCD12864_RW = 1;                              //选择读取
    LCD12864_EN = 1;
    LCD12864_Delay1ms(1);
    while((LCD12864_DATAPORT & 0x80) == 0x80)     //检测读取到的值
    {
      i++;
      if(i > 100)
      {
        LCD12864_EN = 0;
        return 0;                                 //超过等待时间返回 0 表示失败
      }
    }
    LCD12864_EN = 0;
    return 1;
}
/*****************************************************************
*函 数 名：LCD12864_WriteCmd
*函数功能：写命令
*输　　入：cmd
*输　　出：无
*****************************************************************/
void LCD12864_WriteCmd(uchar cmd)
{
    uchar i;
    i = 0;
    while( LCD12864_Busy() == 0)
    {
      LCD12864_Delay1ms(1);
      i++;
      if( i>100)
      {
        return;                                   //超过等待退出
      }
    }
    LCD12864_RS = 0;                              //选择命令
    LCD12864_RW = 0;                              //选择写入
```

```
    LCD12864_EN = 0;                                //初始化使能端
    LCD12864_DATAPORT = cmd;                        //放置数据
    LCD12864_EN = 1;                                //写时序
    LCD12864_Delay1ms(1);
    LCD12864_EN = 0;
}
/*******************************************************************************
* 函 数 名 : LCD12864_WriteData
* 函数功能: 写数据
* 输    入: dat
* 输    出: 无
*******************************************************************************/
void LCD12864_WriteData(uchar dat)
{
    uchar i;
    i = 0;
    while( LCD12864_Busy() == 0)
    {
      LCD12864_Delay1ms(1);
      i++;
      if( i>100)
      {
        return;                                     //超过等待退出
      }
    }
    LCD12864_RS = 1;                                //选择数据
    LCD12864_RW = 0;                                //选择写入
    LCD12864_EN = 0;                                //初始化使能端
    LCD12864_DATAPORT = dat;                        //放置数据
    LCD12864_EN = 1;                                //写时序
    LCD12864_Delay1ms(1);
    LCD12864_EN = 0;
}
/*******************************************************************************
* 函 数 名 : LCD12864_ReadData
* 函数功能: 读取数据
* 输    入: 无
* 输    出: 读取到的8位数据
*******************************************************************************/
#ifdef LCD12864_PICTURE
uchar LCD12864_ReadData(void)
{
    uchar i, readValue;
    i = 0;
```

```
    while( LCD12864_Busy() == 0)
    {
        LCD12864_Delay1ms(1);
        i++;
        if( i>100)
        {
            return 0;                                   //超过等待退出
        }
    }
LCD12864_RS = 1;                                        //选择命令
LCD12864_RW = 1;
LCD12864_EN = 0;
LCD12864_Delay1ms(1);                                   //等待
LCD12864_EN = 1;
LCD12864_Delay1ms(1);
readValue = LCD12864_DATAPORT;
LCD12864_EN = 0;
return readValue;
}
#endif
/**************************************************************
* 函 数 名：LCD12864_Init
* 函数功能：初始化 LCD12864
* 输    入：无
* 输    出：无
**************************************************************/
void LCD12864_Init()
{
    LCD12864_PSB = 1;                         //选择并行输入
    //LCD12864_RST = 1;                       //复位端口已经硬件接高可以不用软件操作了
    LCD12864_WriteCmd(0x30);                  //选择基本指令操作
    LCD12864_WriteCmd(0x0c);                  //显示开,关光标
    LCD12864_WriteCmd(0x01);                  //清除 LCD12864 的显示内容
}
/**************************************************************
* 函 数 名 ：LCD12864_ClearScreen
* 函数功能：在画图模式下,LCD12864 的 01H 命令不能清屏,故需要自己写一个清屏函数
* 输    入：无
* 输    出：无
**************************************************************/
#ifdef LCD12864_PICTURE
void LCD12864_ClearScreen(void)
{
```

```
    uchar i,j;
    LCD12864_WriteCmd(0x34);              //开启拓展指令集
    for(i = 0;i<32;i++)                   //因为 LCD 有纵坐标 32 格,所以写 32 次
    {
      LCD12864_WriteCmd(0x80 + i);        //先写入纵坐标 Y 的值
      LCD12864_WriteCmd(0x80);            //再写入横坐标 X 的值
      for(j = 0;j<32;j++)                 //横坐标有 16 位,每位写入两个字节的数据,也
      {                                   //就写入 32 次以为当写入两个字节之后横坐标会
      LCD12864_WriteData(0xFF);           //自动加 1,所以就不用再次写入地址了
      }
    }
    LCD12864_WriteCmd(0x36);              //0x36 扩展指令里面打开绘图显示
    LCD12864_WriteCmd(0x30);              //恢复基本指令集
}
#endif
/*******************************************************************
* 函 数 名 : LCD12864_SetWindow
* 函数功能: 设置在基本指令模式下设置显示坐标。注意:x 是设置行,y 是设置列
* 输      入: x, y
* 输      出: 无
*******************************************************************/
void LCD12864_SetWindow(uchar x, uchar y)
{
    uchar pos;
    if(x == 0)                            // 第一行的地址是 80H
    {
      x = 0x80;
    }
    else if(x == 1)                       //第二行的地址是 90H
    {
      x = 0x90;
    }
    else if(x == 2)                       //第三行的地址是 88H
    {
      x = 0x88;
    }
    else if(x == 3)
    {
      x = 0x98;
    }
    pos = x + y;
    LCD12864_WriteCmd(pos);
}
```

```
/*****************************************************************
 * 函 数 名 : LCD12864_ClearScreen
 * 函数功能：在画图模式下，LCD12864 的 01H 命令不能清屏，故需要自己写一个清屏函数
 * 输    入：无
 * 输    出：无
 *****************************************************************/
#ifdef LCD12864_PICTURE
void LCD12864_DrowPic(uchar *a)
{
    unsigned char i,j;
    LCD12864_ClearScreen();
    LCD12864_WriteCmd(0x34);                //开启扩展指令集，并关闭画图显示。
    for(i = 0;i<32;i++)                     //因为 LCD 有纵坐标 32 格，所以写 32 次
    {
        LCD12864_WriteCmd(0x80 + i);        //先写入纵坐标 Y 的值
        LCD12864_WriteCmd(0x80);            //再写入横坐标 X 的值
        for(j = 0; j<16; j++)               //横坐标有 16 位，每位写入两个字节的数据，也就
        {                                   //写入 32 次以为当写入两个字节之后横坐标会
          LCD12864_WriteData(*a);           //自动加 1，所以就不用再次写入地址了
          a++;
        }
    }
   for(i = 0; i<32; i++)                    //因为 LCD 有纵坐标 32 格，所以写 32 次
    {
      LCD12864_WriteCmd(0x80 + i);          //先写入纵坐标 Y 的值
      LCD12864_WriteCmd(0x88);              //再写入横坐标 X 的值
      for(j = 0; j<16; j++)                 //横坐标有 16 位，每位写入两个字节的数据，也就
      {                                     //写入 32 次以为当写入两个字节之后横坐标会
        LCD12864_WriteData(*a);             //自动加 1，所以就不用再次写入地址了
        a++;         }
    }
    LCD12864_WriteCmd(0x36);                //开显示
    LCD12864_WriteCmd(0x30);                //转回基本指令集
}
#endif
```

学习情境 8　电子万年历应用

通过对学习情境 8 的学习，要求掌握 BCD 码的基本概念及用法和 SPI 总线通信协议的基本知识。通过学习 DS1302 芯片，掌握该芯片的实时时钟计时功能。基于前面的单片机 C51 编程语言知识，结合 DS1302 相关硬件电路知识，编写简单的时钟控制程序，从而实现电子万年历的功能。在能力拓展中，结合独立按键电路，编程完成可操作的电子万年历应用。

8.1　BCD 码

8.1.1　基本概念

在日常生产生活中用得最多的数字是十进制数字，而单片机系统的所有数据本质上都是二进制。进制的不同造成了诸多的麻烦和困扰，由此，BCD 码诞生了。

BCD 码（Binary-Coded Decimal）亦称二进码十进制数。用 4 位二进制数来表示 1 位十进制数中的 0～9 这 10 个数字，这是一种二进制的数字编码形式。BCD 码的编码形式利用了四个位来储存一个十进制数码的方法，能够使二进制和十进制之间的转换得以快捷的进行。

在前面内容讲过，十六进制和二进制本质上是一回事，十六进制仅仅是二进制的一种缩写形式而已。而十进制的一位数字，从 0 到 9，其中最大的数字就是 9，再加 1 就要进位，所以用 4 位二进制来表示十进制，就是从 0000（代表 0）到 1001（代表 9），不存在 1010～1111（A～F）这 6 个数字。如果 BCD 码到了 1001 后，再加 1 的话，数字就变成 00010000 这样了，相当于用了 8 位的二进制数字表示了 2 位的十进制数字。

BCD 码的应用是非常广泛的，例如实时时钟，日期时间在时钟芯片中的存储格式就是 BCD 码，当需要把它记录的时间转换成可以直观显示的 ASCII 码时（如在液晶上显示），就可以省去一步由二进制的整型数到 ASCII 的转换过程，而直接取出表示十进制 1 位数字的 4 个二进制位然后再加上 0x30 就可组成一个 ASCII 码字节了，这样就会方便得多，在后面的实际例程中将看到这个简单的转换。

8.1.2　运算规则

BCD 码的运算规则：BCD 码是十进制数，而运算器对数据进行加减运算的时候，都是按二进制运算规则进行处理的。当将 BCD 码传送给运算器进行运算时，其结果必然需要修正。

修正的规则：当两个 BCD 码相加时，如果和小于或等于 1001（即十进制数 9），则不需要修正；如果两数相加之和在 1010 到 1111（即十六进制数 0x0A～0x0F）之间，则需要加 6 进行修正；如果相加时，本位产生了进位，同时也需要加 6 进行修正。这样做的原因是，机器按二进制相加，所以 4 位二进制数相加时，是按“逢十六进一”的原则进行运算的，而实质上是 2 个十进制数相加，应该按“逢十进一”的原则相加，16 与 10 相差 6，所以当和超过 9 或有进位时，都要加 6 进行相应的修正，下面举例说明。

例 8-1　需要修正 BCD 码运算值。

(1) 计算 5+8;

(2) 计算 8+8。

解

(1) 将 5 和 8 以 8421BCD 输入机器,则运算如下:

```
   0101
+)1000
  1101(结果大于 9)
+)0110(加 6 修正)
  10011(即 13 的 BCD 码)
```

结果是 0001 0011,即十位数为 1,个位数为 3。

(2) 将 8 和 8 以 8421BCD 输入机器,则运算如下:

```
   1000
+)1000
  10000(结果大于 9)
+)0110(加 6 修正)
  10110(即 16 的 BCD 码)
```

结果是 0001 0110,即十位数为 1,个位数为 6。

8.2　SPI 总线

UART(串行通信)、I^2C 和 SPI 是单片机系统中最常用的三种通信协议。在学习情境 6 中,已经介绍过了 UART 总线及其通信协议,接下来着重介绍 SPI 总线及其通信协议。

8.2.1　基本概念

SPI(Serial Peripheral Interface),即串行外围设备接口。SPI 是一种高速的、全双工、同步通信总线,标准的 SPI 也仅仅使用了 4 个引脚,常用于单片机和 EEPROM、FLASH、实时时钟、数字信号处理器等器件的通信。

SPI 通信原理比 I^2C 要简单,它主要是主从方式通信,这种模式通常只有一个主机和一个或者多个从机。而标准的 SPI 总线是 4 根线,分别是 SSEL(片选信号,也写为 SCS)、SCLK(时钟信号,也写为 SCK)、MOSI(主机输出从机输入 Master Output/Slave Input)和 MISO(主机输入从机输出 Master Input/Slave Output)。SPI 总线标准接口图如图 8.1 所示。

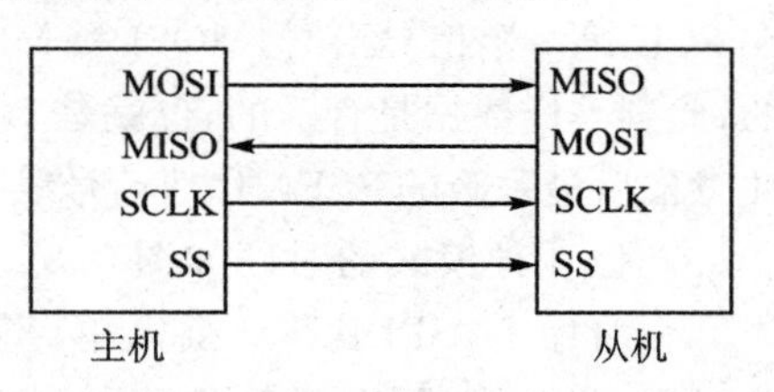

图 8.1　SPI 总线标准接口图

SSEL:从机片选使能信号。如果从机是低电平使能的话,拉低这个引脚后,从机就会被选中,主机则和这个被选中的从机进行通信。

SCLK:时钟信号,由主机产生,和 I^2C 通信的 SCL 有点类似。

MOSI:主机给从机发送指令或者数据的通道。

MISO:主机读取从机的状态或者数据的通道。

在某些情况下,一些特殊系统或是设备也可以用3根线的SPI或者2根线的SPI进行通信。例如,主机只给从机发送命令,从机不需要回复数据的时候,MISO就可以不要;而如果主机只读取从机的数据,不需要给从机发送指令的时候,MOSI就可以不要。当只有一个从机的时候,从机的片选有时可以固定为有效电平而一直处于使能状态,那么SSEL就可以不要;此时如果主机只给从机发送数据,那么SSEL和MISO都可以不要;如果主机只读取从机的数据,SSEL和MOSI都可以不要。

8.2.2 工作模式

SPI通信的主机(即单片机)在读/写数据时序的过程中有四种模式。要了解这四种模式,首先得介绍以下两个名词。

CPOL:Clock Polarity,就是时钟的极性。

时钟的极性是什么概念呢?通信的整个过程分为空闲时刻和通信时刻,如果SCLK在数据发送之前和之后的空闲状态是高电平,那么CPOL=1;如果空闲状态SCLK是低电平,那么CPOL=0。

CPHA:Clock Phase,就是时钟的相位。

主机和从机要交换数据,就牵涉到一个问题,即主机在什么时刻输出数据到MOSI信号线上,并且从机在什么时刻采样这个数据;从机在什么时刻输出数据到MISO信号线上,并且主机什么时刻采样这个数据。同步通信的一个特点就是所有数据的变化和采样都是伴随着时钟信号边沿而进行相应的步骤的,也就是说数据总是在时钟的边沿附近变化或被采样。

而一个时钟周期必定包含了一个上升沿和一个下降沿,这是周期的定义所决定的,只是这两个沿的先后顺序并无规定。由于数据从产生到稳定是需要一定时间的,如果主机在上升沿输出数据到MOSI上,从机就只能在下降沿的时刻去采样这个数据;反之,如果一方在下降沿输出数据,那么另一方就必须在上升沿的时刻采样这个数据。

CPHA=1,就表示数据的输出是在一个时钟周期的第一个信号沿上,至于这个沿是上升沿还是下降沿,要视CPOL的值而定。CPOL=1是下降沿,反之是上升沿。那么数据的采样自然就是在第二个沿上了。

CPHA=0,就表示数据的采样是在一个时钟周期的第一个信号沿上,它是什么信号沿,由CPOL决定。那么数据的输出自然就在第二个沿上了。这里会有一个问题:就是当一帧数据开始传输第一位(bit)时,在第一个时钟沿上就采样该数据了,那么它是什么时候输出来的呢?有两种情况:一是SSEL使能的边沿,二是上一帧数据的最后一个时钟沿,有时两种情况还会同时发生。以CPOL=1/CPHA=1为例,时序图如图8.2所示。

从图8.2可看出,当数据未发送时以及发送完毕后,SCK都是高电平,因此CPOL=1。在SCK第一个信号沿时,MOSI和MISO会发生变化,同时在SCK第二个信号沿时,数据是稳定的,此刻采样数据是合适的,也就是上升沿,即一个时钟周期的后沿锁存读取数据,即CPHA=1。注意最后最隐蔽的SSEL片选信号线,该引脚通常用来决定从机和主机之间的通信。

其他3种模式的时序如图8.3～图8.5所示,为简化起见,将MOSI和MISO合在一起。

在时序上,SPI比I^2C要简单得多,没有了起始、停止和应答信号。UART和SPI在通信的时候,只负责通信,不管是否通信成功;而I^2C却要通过应答信息来获取通信成功或失败的信息。因此相对来说,UART和SPI的时序都要比I^2C简单一些。

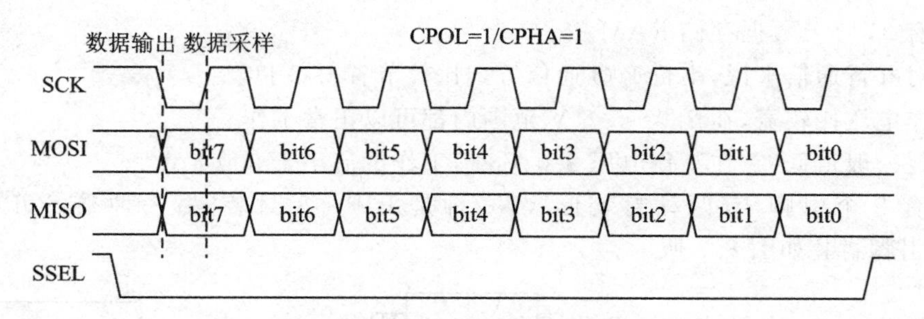

图 8.2　CPOL＝1/CPHA＝1 模式

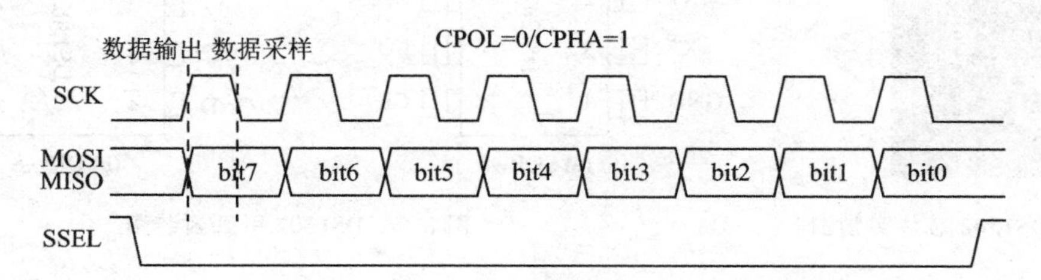

图 8.3　CPOL＝0/CPHA＝1 模式

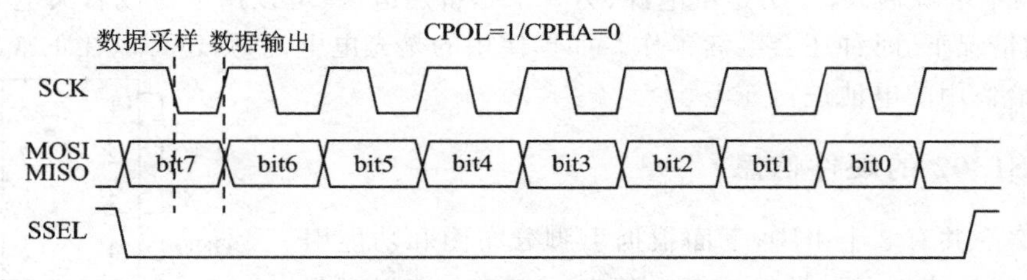

图 8.4　CPOL＝1/CPHA＝0 模式

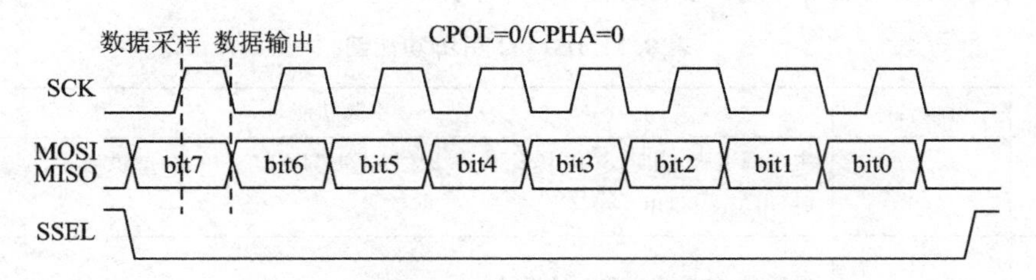

图 8.5　CPOL＝0/CPHA＝0 模式

8.3　DS1302 芯片

8.3.1　DS1302 芯片简介

DS1302 是 DALLAS(达拉斯)公司推出的一款具有涓流充电能力的实时时钟芯片，实物图见图 8.6。它广泛应用于电话、传真、便携式仪器等产品领域，其主要性能指标如下：

① 可以提供秒、分、小时、日期、月、年等信息，并且还有软件自动调整的能力，通过配置 am/pm 来决定采用 24 小时格式还是 12 小时格式。

② 拥有31字节数据存储RAM。

③ 相对并行通信来说,串行I/O通信方式比较节省I/O口。

④ 工作电压比较宽,在2.0～5.5 V范围内都可以正常工作。

⑤ 功耗一般很低,它在工作电压2.0 V时,工作电流小于300 nA。

⑥ 共有8个引脚,有两种封装形式,一种是DIP-8封装,另一种是SOP-8封装。DS1302的引脚封装如图8.7所示。

图8.6 DS1302芯片实物图

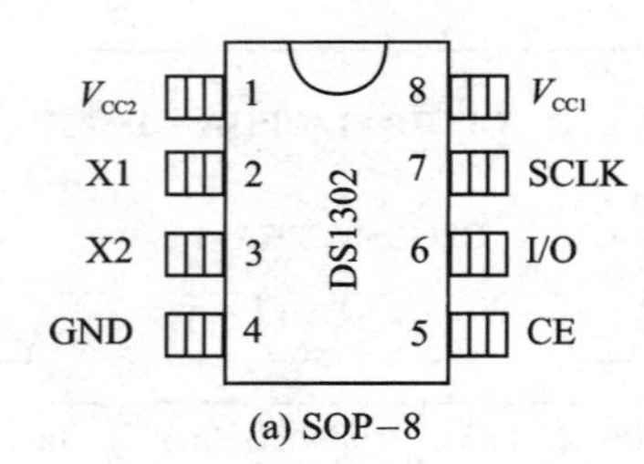

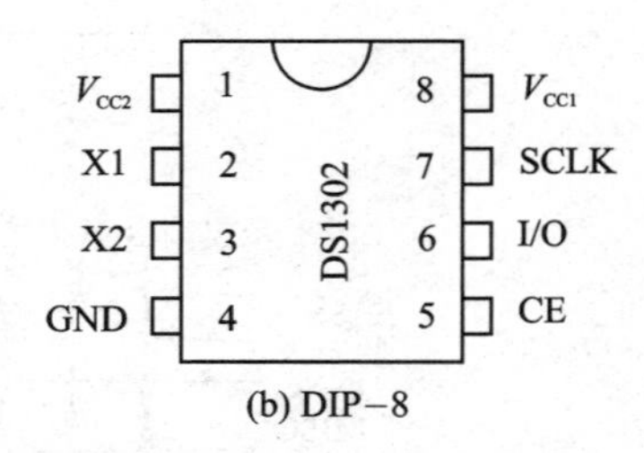

图8.7 DS1302引脚封装图

⑦ 当供电电压为5 V时,能够兼容标准的TTL电平标准,可以和单片机进行通信。

⑧ 有两个电源输入,一个是主电源,另一个是备用电源(可以用电池或者大电容),这样在系统掉电的情况下,时钟还会继续工作。如果使用的是充电电池,则还可以在正常工作时设置充电功能,给备用的电池进行充电。

8.3.2 DS1302的硬件信息

DS1302一共有8个引脚,下面根据引脚分布图和功能引脚列表来介绍具体每个引脚的功能。其中,DS1302的引脚分布如图8.8所示,DS1302的引脚功能如表8.1所列。

V_{CC2} 1 8 V_{CC1}
X1 2 7 SCLK
X2 3 6 I/O
GND 4 5 $\overline{RST}$

图8.8 DS1302的引脚分布图

表8.1 DS1302引脚功能图

引脚编号	引脚名称	引脚功能
1	Vcc_2	主电源引脚,当Vcc_2比Vcc_1高0.2V以上时,DS1302由Vcc_2供电,当Vcc_2低于Vcc_1时,由Vcc_1供电
2	X1	振荡源,外接32.768 kHz晶振
3	X2	
4	GND	电源地
5	RST/CE	RST/CE是复位/片选线
6	I/O	这个引脚是一个双向通信引脚,读写数据都是通过这个引脚完成。DS1302这个引脚的内部含有一个40 kΩ的下拉电阻
7	SCLK	输入引脚。SCLK是用来作为通信的时钟信号。DS1302这个引脚的内部含有一个40 kΩ的下拉电阻
8	Vcc1	备用电源引脚

引脚功能具体解释：

① 引脚 1 接主电源正极 V_{CC2}。

② 引脚 2 和引脚 3 是晶振输入端 X1 和输出端 X2。这两个引脚可以接一个 32.768 kHz 的晶振，其目的是给 DS1302 提供一个基准。需要注意的是，要求所接的晶振引脚负载电容必须是 6 pF，而不是要加 6 pF 的电容。再者，如果使用的是有源晶振，接到 X1 上即可，X2 则悬空。

③ 引脚 4 接电源地 GND。

④ 引脚 5 是复位/片选端 RST/CE，通常连接单片机的 I/O 口；当引脚 5 为低电平时，为复位功能。RST 输入通常有两种功能：其一，RST 接通控制逻辑电路，允许地址或者命令序列送入移位寄存器；其二，RST 提供终止单字节或多字节数据传送的方法。当引脚 5 为高电平时，所有的数据传送被初始化，允许 DS1302 导通并进行操作。如果在传送过程中 RST 置为低电平，则会终止此次数据传送，I/O 引脚变为高阻态。当上电运行时，在 $V_{CC}>2.0$ V 之前，RST 必须保持低电平。只有在 SCLK 为低电平时，才能将 RST 置为高电平。

⑤ 引脚 6 I/O 是数据传输引脚，接单片机的 I/O 口。

⑥ 引脚 7 SCLK 是通信时钟引脚，接单片机的 I/O 口。

⑦ 引脚 8 V_{CC1} 是备用电源引脚。

8.3.3　DS1302 寄存器

1. DS1302 的指令格式

DS1302 的一条指令一个字节共 8 位，而每个位都具有相应的功能含义。其指令结构如图 8.9 所示。

具体含义：

- 第 7 位（即最高位）固定为 1，这一位如果是 0 的话，写进去也是无效的。
- 第 6 位是选择 RAM 模式还是 CLOCK 模式，这里主要讲 CLOCK 时钟的使用，它的 RAM 功能暂且不提。如果选择 CLOCK 功能，则第 6 位为 0；如果要用 RAM，则第 6 位为 1。
- 从第 5 位到第 1 位，决定了寄存器的 5 位地址。
- 第 0 位是读/写标志位，如果要写，则第 0 位为 0；如果要读，则第 0 位为 1。

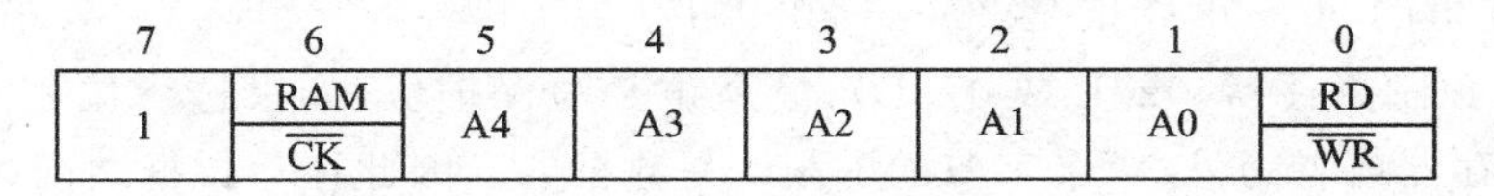

图 8.9　指令结构示意图

2. DS1302 时钟寄存器

DS1302 时钟寄存器共 9 个，其中 8 个和时钟有关，5 位地址分别是 00000～00111，还有一个寄存器的地址是 01000，这是涓流充电所用的寄存器。DS1302 数据手册里的地址，直接把第 7 位、第 6 位和第 0 位的值列出来，因此指令就成了 0x80 和 0x81 等具体数值。其中，最低位是 1 表示读；最低位是 0 表示写。时钟寄存器列表如图 8.10 所示。

寄存器 0（秒寄存器，0x80 或 0x81）：最高位 CH 是一个时钟停止标志位。如果时钟电路

<table>
<tr><th>寄存器</th><th>读地址</th><th>写地址</th><th>D7</th><th>D6</th><th>D5</th><th>D4</th><th>D3</th><th>D2</th><th>D1</th><th>D0</th><th>数值范围</th></tr>
<tr><td>寄存器0</td><td>81H</td><td>80H</td><td>CH</td><td colspan="3">秒的十位数</td><td colspan="4">秒的个位数</td><td>00～59</td></tr>
<tr><td>寄存器1</td><td>83H</td><td>82H</td><td colspan="4">分的十位数</td><td colspan="4">分的个位数</td><td>00～59</td></tr>
<tr><td>寄存器2</td><td>85H</td><td>84H</td><td>12/24</td><td>0</td><td>AM/PM</td><td>小时</td><td colspan="4">小时的个位数</td><td>1～12,0～23</td></tr>
<tr><td>寄存器3</td><td>87H</td><td>86H</td><td>0</td><td>0</td><td colspan="2">日的十位数</td><td colspan="4">日的个位数</td><td>1～31</td></tr>
<tr><td>寄存器4</td><td>89H</td><td>88H</td><td>0</td><td>0</td><td>0</td><td>月的十位数</td><td colspan="4">月的个位数</td><td>1～12</td></tr>
<tr><td>寄存器5</td><td>8BH</td><td>8AH</td><td>0</td><td>0</td><td>0</td><td>0</td><td>0</td><td colspan="3">星期值</td><td>1～7</td></tr>
<tr><td>寄存器6</td><td>8DH</td><td>8CH</td><td colspan="4">年的十位数</td><td colspan="4">年的个位数</td><td>00～99</td></tr>
<tr><td>寄存器7</td><td>8FH</td><td>8EH</td><td>WP</td><td>0</td><td>0</td><td>0</td><td>0</td><td>0</td><td>0</td><td>0</td><td></td></tr>
<tr><td>寄存器8</td><td>91H</td><td>90H</td><td>TCS</td><td>TCS</td><td>TCS</td><td>TCS</td><td>DS</td><td>DS</td><td>RS</td><td>RS</td><td></td></tr>
</table>

图 8.10　时钟寄存器列表

有备用电源,则上电后要先检测一下这一位。如果这一位是 0,那么说明时钟芯片在系统掉电后,由于备用电源的供给,时钟是持续正常运行的;如果这一位是 1,那么说明时钟芯片在系统掉电后,时钟就不工作了。如果 V_{cc1} 悬空或者电池没电了,当下次重新上电时,读取这一位,那这一位就是 1,可以通过这一位判断时钟在单片机系统掉电后是否还正常运行。剩下的 7 位中,高 3 位是秒的十位数,低 4 位是秒的个位数。由于 DS1302 内部是 BCD 码,而秒的十位最大是 5,因此 3 个二进制位就够了。

寄存器 1(分钟寄存器,0x82 或 0x83):最高位未使用,剩下的 7 位中,高 3 位是分钟的十位数,低 4 位是分钟的个位数。

寄存器 2(小时寄存器,0x84 或 0x85):如果最高位是 1,则代表是 12 小时制;如果是 0,则代表是 24 小时制;第 6 位固定是 0;在 12 小时制下,第 5 位是 0 则代表上午,是 1 则代表下午,在 24 小时制下和第 4 位一起代表了小时的十位数,低 4 位代表的是小时的个位数。

寄存器 3(日寄存器,0x86 或 0x87):高 2 位固定是 0,第 5 位和第 4 位是日期的十位数,低 4 位是日期的个位数。

寄存器 4(月寄存器,0x88 或 0x89):高 3 位固定是 0,而第 4 位是月的十位数,低 4 位是月的个位数。

寄存器 5(星期寄存器,0x8A 或 0x8B):高 5 位固定是 0,低 3 位代表星期。

寄存器 6(年寄存器,0x8C 或 0x8D):高 4 位代表年的十位,低 4 位代表年的个位。特别值得注意的是,这里的 00～99 指的是 2000—2099 年。

寄存器 7(控制寄存器,0x8E 或 0x8D):最高位是写保护位,如果这一位是 1,那么是禁止给任何其他寄存器或者另外 31 个字节的 RAM 写数据的。因此在写数据之前,这一位必须先写成 0。

8.3.4　DS1302 通信时序

DS1302 通信线是三根线,分别是 RST/CE、I/O 和 SCLK,其中 RST/CE 是使能线,SCLK 是时钟线,I/O 是数据线。

事实上,DS1302 的通信是 SPI 的变异种类,它用了 SPI 的通信时序,但是通信时没有完全按照 SPI 的规则来。下面介绍 DS1302 的 SPI 通信方式。其单字节的读、写操作如图 8.11 和图 8.12 所示。

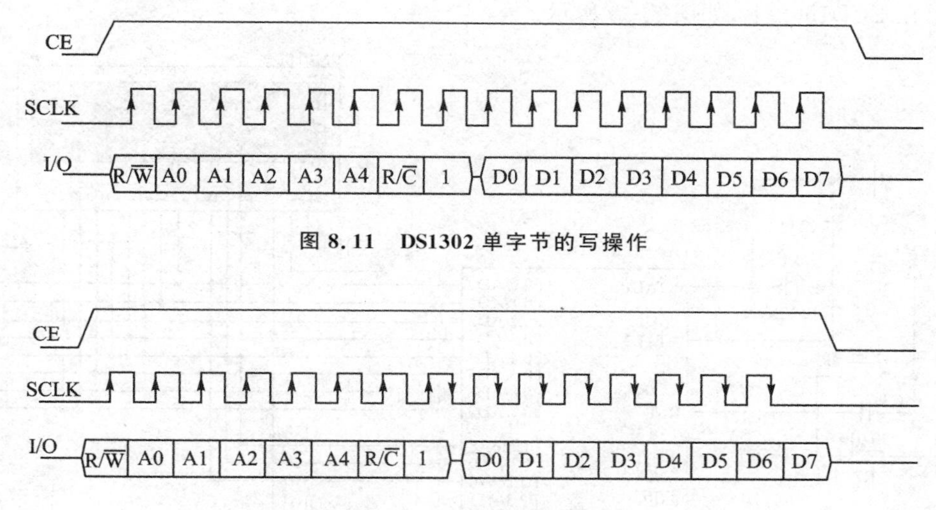

图 8.11　DS1302 单字节的写操作

图 8.12　DS1302 单字节的读操作

读操作有以下两处需要特别注意：

① DS1302 的时序图上的箭头都是针对 DS1302 来说的，因此读操作时，先写第一个字节指令，上升沿时 DS1302 来锁存数据，下降沿用于单片机发送数据。到第二个字数据时，由于这个时序过程相当于 CPOL＝0/CPHA＝0，故前沿发送数据，后沿读取数据，第二个字节是 DS1302 下降沿输出数据。

② MCS－51 单片机没有标准的 SPI 接口，和 I^2C 一样需要用 I/O 口来模拟通信过程。在读 DS1302 时，理论上 SPI 是上升沿读取，但程序是用 I/O 口模拟的，因此数据的读取和时钟沿的变化不可能同时发生，就必然存在一个先后顺序。

如果先读取 I/O 线上的数据，再拉高 SCLK 产生上升沿，那么读到的数据一定是正确的，而颠倒顺序后，数据就有可能出错。这个问题产生的原因是 DS1302 的通信协议与标准 SPI 协议存在差异，如果是标准 SPI 的数据线，则数据会一直保持到下一个周期的下降沿时才会变化，故读取数据和上升沿的先后顺序并无关系。

DS1302 的 I/O 线会在时钟上升沿后被 DS1302 释放，而此时在 MCS－51 单片机引脚内部上拉的作用下，I/O 线上的实际电平会慢慢上升，从而导致在产生上升沿后，再读取 I/O 数据的话就可能会出错。因此，这里的程序需要按照格式，先读取 I/O 数据，再拉高 SCLK 产生上升沿的顺序。

8.4　任务实施——电子万年历应用

8.4.1　仿真硬件电路

电子万年历采用独立芯片控制内部数据运行，以液晶数码显示相关信息，包括日期、时间、星期、节气倒计以及温度等，是融合了多项先进电子技术及现代经典工艺打造的现代数码计时产品。

本节任务实施过程：单片机通过 SPI 总线读取 DS1302 芯片中相关的时间信息，并将信息内容显示在 LCD1602 上,如图 8.13 所示。

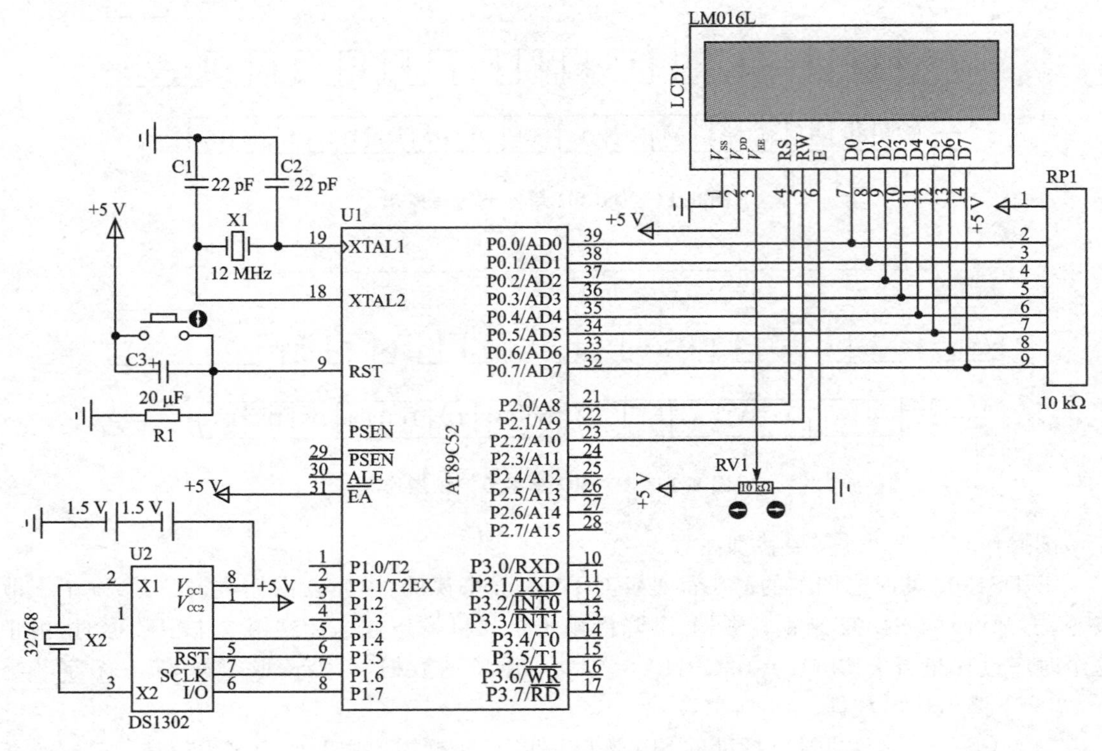

图 8.13 硬件仿真电路

单片机控制电路的主要功能是通过 SPI 总线,实现对 DS1302 时间控制器件的操作功能。单片机的 P1.5、P1.6 和 P1.7 引脚连接 DS1302 芯片的 RST/CE、SCLK 和 I/O 引脚,实现 SPI 总线的控制。

DS1302 接口电路连接电源电压,并外接 32.768 kHz 晶振。DS1302 芯片实现了时钟信息的读取。

单片机的 P0 口连接 LCD1602 的数据端口 D0～D7 引脚;RS、RW 和 E 引脚分别连接单片机的 P2.0、P2.1 和 P2.2 引脚。LCD1602 电路实现了时钟信息显示功能。

8.4.2 仿真程序设计

程序代码如下:

```
/*****************************************************
*文件名:main.c
*描  述:单片机操作 DS1302 程序
*功  能:实现 DS1302 的具体操作
*单  位:四川航天职业技术学院电子工程系
*作  者:乔鸿海
*****************************************************/
#include "main.h"
/*****************************************************
```

```
函数名称：main()
功    能：主函数
入口参数：无
返 回 值：无
备    注：完成时间信息的读取和显示
**********************************************************/
void main()
{
    SYSTEMTIME CurrentTime;
    LCD_Initial();
    Initial_DS1302();
    GotoXY(0,0);
    Print("Date: ");
    GotoXY(0,1);
    Print("Time: ");
    while(1)
    {
        DS1302_GetTime(&CurrentTime);
        DateToStr(&CurrentTime);
        TimeToStr(&CurrentTime);
        GotoXY(6,0);
        Print(CurrentTime.DateString);
        GotoXY(6,1);
        Print(CurrentTime.TimeString);
        Delay1ms(300);
    }
}
/**********************************************************
函数名称：Delay1ms()
功    能：延迟函数
入口参数：unsigned int count
返 回 值：无
备    注：无
**********************************************************/
void Delay1ms(unsigned int count)
{
    unsigned int i,j;
    for(i = 0;i<count;i++)
       for(j = 0;j<120;j++);
}
/**********************************************************
* 文件名：DS1302.c
* 描  述：单片机操作 DS1302 程序
* 功  能：实现 DS1302 的具体操作
* 单  位：四川航天职业技术学院电子工程系
```

```
*作    者:乔鸿海
*****************************************************************/
#include "DS1302.h"
/*****************************************************************
函数名称:DS1302InputByte()
功    能:DS1302 写入函数
入口参数:unsigned char byte
返 回 值:无
备    注:无
*****************************************************************/
void DS1302InputByte(unsigned char byte)          //实时时钟写入1字节(内部函数)
{
    unsigned char i;
    ACC = byte;
    for(i=8; i>0; i--)
    {
        DS1302_IO = ACC0;                         //相当于汇编中的 RRC
        DS1302_CLK = 1;
        DS1302_CLK = 0;
        ACC = ACC >> 1;
    }
}
/*****************************************************************
函数名称:DS1302OutputByte()
功    能:时钟读取函数
入口参数:无
返 回 值:unsigned char
备    注:无
*****************************************************************/
unsigned char DS1302OutputByte(void)       //实时时钟读取1字节(内部函数)
{
    unsigned char i;
    for(i=8; i>0; i--)
    {
        ACC = ACC >>1;
        ACC7 = DS1302_IO;
        DS1302_CLK = 1;
        DS1302_CLK = 0;
    }
    return(ACC);
}
/*****************************************************************
函数名称:Write1302()
功    能:写 DS1302 函数
入口参数:unsigned char ucAddr, unsigned char ucDa
```

```
返 回 值：无
备    注：无
***********************************************************/
void Write1302(unsigned char ucAddr, unsigned char ucDa)//ucAddr：DS1302 地址，ucData：要写的数据
{
    DS1302_RST = 0;
    DS1302_CLK = 0;
    DS1302_RST = 1;
    DS1302InputByte(ucAddr);              // 地址,命令
    DS1302InputByte(ucDa);                // 写 1 Byte 数据
    DS1302_CLK = 1;
    DS1302_RST = 0;
}
/***********************************************************
函数名称：Read1302()
功    能：读 DS1302 函数
入口参数：unsigned char ucAddr
返 回 值：unsigned charucData
备    注：无
***********************************************************/
unsigned char Read1302(unsigned char ucAddr)      //读取 DS1302 某地址的数据
{
    unsigned char ucData;
    DS1302_RST = 0;
    DS1302_CLK = 0;
    DS1302_RST = 1;
    DS1302InputByte(ucAddr|0x01);                 //地址,命令
    ucData = DS1302OutputByte();                  //读 1 Byte 数据
    DS1302_CLK = 1;
    DS1302_RST = 0;
    return(ucData);
}
/***********************************************************
函数名称：DS1302_SetProtect()
功    能：写保护函数
入口参数：bit flag
返 回 值：无
备    注：无
***********************************************************/
void DS1302_SetProtect(bit flag)                  //是否写保护
{
    if(flag)
        Write1302(0x8E,0x10);
    else
        Write1302(0x8E,0x00);
```

```
}
/*************************************************************
函数名称：DS1302_SetTime()
功    能：DS1302 设置时间函数
入口参数：unsigned char Address, unsigned char Value
返 回 值：无
备    注：无
*************************************************************/
void DS1302_SetTime(unsigned char Address, unsigned char Value)  //设置时间函数
{
    DS1302_SetProtect(0);
    Write1302(Address, ((Value/10)<<4 | (Value % 10)));
}
/*****************************************************
函数名称：DS1302_GetTime()
功    能：DS1302 读取时间信息函数
入口参数：SYSTEMTIME * Time
返 回 值：无
备    注：无
*****************************************************/
void DS1302_GetTime(SYSTEMTIME * Time)
{
    unsigned char ReadValue;
    ReadValue = Read1302(DS1302_SECOND);
    Time->Second = ((ReadValue&0x70)>>4) * 10 + (ReadValue&0x0F);
    ReadValue = Read1302(DS1302_MINUTE);
    Time->Minute = ((ReadValue&0x70)>>4) * 10 + (ReadValue&0x0F);
    ReadValue = Read1302(DS1302_HOUR);
    Time->Hour = ((ReadValue&0x70)>>4) * 10 + (ReadValue&0x0F);
    ReadValue = Read1302(DS1302_DAY);
    Time->Day = ((ReadValue&0x70)>>4) * 10 + (ReadValue&0x0F);
    ReadValue = Read1302(DS1302_WEEK);
    Time->Week = ((ReadValue&0x70)>>4) * 10 + (ReadValue&0x0F);
    ReadValue = Read1302(DS1302_MONTH);
    Time->Month = ((ReadValue&0x70)>>4) * 10 + (ReadValue&0x0F);
    ReadValue = Read1302(DS1302_YEAR);
    Time->Year = ((ReadValue&0x70)>>4) * 10 + (ReadValue&0x0F);
}
/*****************************************************
函数名称：DateToStr()
功    能：数据转字符串函数
入口参数：SYSTEMTIME * Time
返 回 值：无
备    注：无
*****************************************************/
```

```
void DateToStr(SYSTEMTIME * Time)
{
    Time->DateString[0] = Time->Year/10 + '0';
    Time->DateString[1] = Time->Year%10 + '0';
    Time->DateString[2] = '-';
    Time->DateString[3] = Time->Month/10 + '0';
    Time->DateString[4] = Time->Month%10 + '0';
    Time->DateString[5] = '-';
    Time->DateString[6] = Time->Day/10 + '0';
    Time->DateString[7] = Time->Day%10 + '0';
    Time->DateString[8] = '\0';
}
/*************************************************
函数名称：TimeToStr()
功　　能：时间信息转字符串函数
入口参数：SYSTEMTIME * Time
返 回 值：无
备　　注：无
*************************************************/
void TimeToStr(SYSTEMTIME * Time)
{
    Time->TimeString[0] = Time->Hour/10 + '0';
    Time->TimeString[1] = Time->Hour%10 + '0';
    Time->TimeString[2] = ':';
    Time->TimeString[3] = Time->Minute/10 + '0';
    Time->TimeString[4] = Time->Minute%10 + '0';
    Time->TimeString[5] = ':';
    Time->TimeString[6] = Time->Second/10 + '0';
    Time->TimeString[7] = Time->Second%10 + '0';
    Time->DateString[8] = '\0';
}
/*************************************************
函数名称：Initial_DS1302()
功　　能：DS1302初始化函数
入口参数：无
返 回 值：无
备　　注：无
*************************************************/
void Initial_DS1302(void)
{
    unsigned char Second = Read1302(DS1302_SECOND);
    if(Second&0x80)
        DS1302_SetTime(DS1302_SECOND,0);
}
```

仿真实验结果如图 8.14 所示。

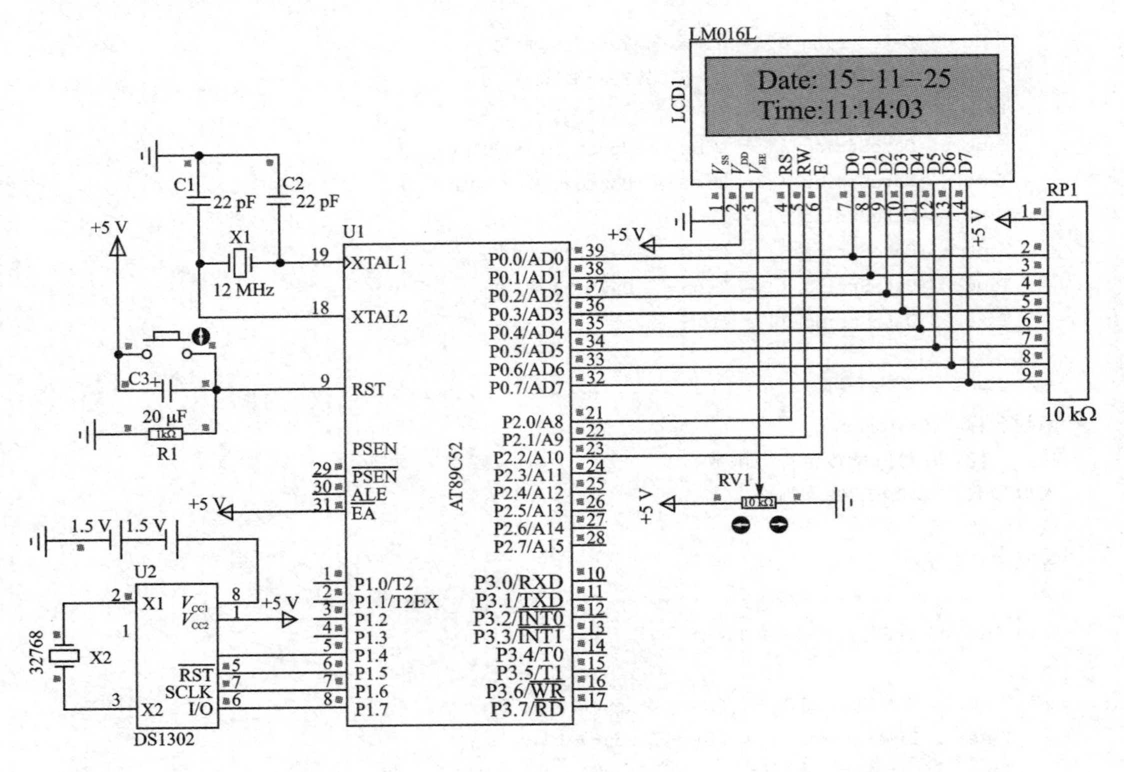

图 8.14　仿真结果

8.5　能力拓展——可更改的电子万年历应用

单片机通过 SPI 总线读取 DS1302 芯片中相关的时间信息，并将信息内容显示在 LCD1602 上。同时，增加了通过独立按键来进行控制相关信息的调试功能。

8.5.1　硬件电路

DS1302 硬件电路主要包括两部分：单片机控制电路和 DS1302 硬件接口电路。

单片机控制电路的主要功能是通过 SPI 总线，实现对 DS1302 时间控制器件的操作功能。单片机的 P1.0、P1.1 和 P1.2 引脚连接芯片的 RST/CE、SCLK 和 I/O 引脚，实现 SPI 总线的控制。单片机控制电路如图 8.15 所示。

DS1302 硬件接口电路的主要功能是根据单片机的控制信号，完成时钟信息计时功能，并通过 SPI 总线完成数据的写入和读取等。DS1302 芯片的 SCLK 引脚连接 P1.2 引脚，作为时钟信号线；I/O 引脚连接 P1.1 引脚，作为数据的读入信号线；RST/CE 引脚连接 P1.0 引脚，作为使能信号线。DS1302 硬件接口电路如图 8.16 所示。

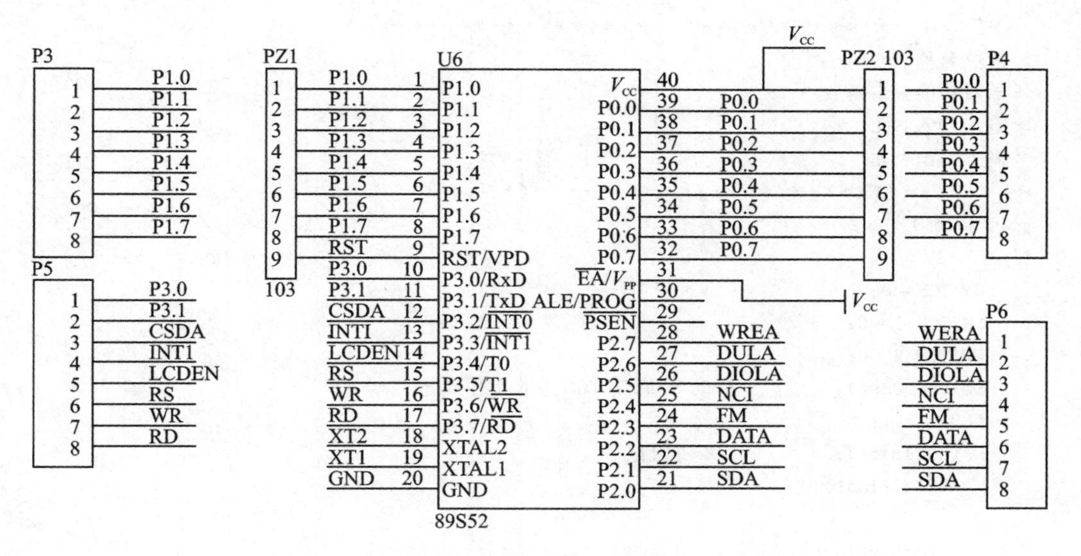

图 8.15　单片机控制电路

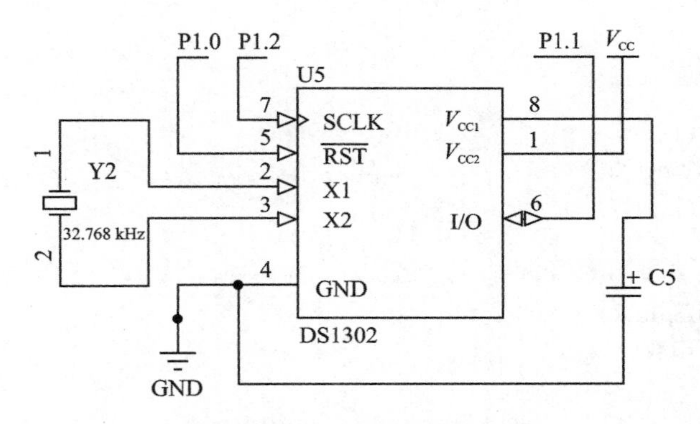

图 8.16　DS1302 硬件接口电路

8.5.2　程序设计

程序代码如下：

```
#include<reg51.h>
#include"16.h"
#include"ds1302.h"
sbit SWITCH = P2^7;         //位定义　led 锁存器操作端口
sbit SWITCH_1 = P2^6;       //位定义　数码管段选锁存器操作端口
sbit SWITCH_2 = P2^5;       //位定义　数码管位选锁存器操作端口
sbit  k4 = P3^7;
unsigned char flag = 0,flag1 = 1;
//注意 LED 和 1602、12864 共用的 P0 引脚不能同时使用,否则会有干扰
//如果要使用 led 必须取下 1602 和 12864
void LcdDisplay();
void delay_ms(unsigned int x);
void keyscan(void);  //按键扫描
```

```
/*****************************************
* 函数名称：main
* 函数功能：主函数
* 输    入：无
* 输    出：无
*****************************************/
void main()
{
    SWITCH = 0;
    SWITCH_1 = 0;
    SWITCH_2 = 0;
    Delay400Ms();       //启动等待,等 LCD 进入工作状态
    LCDInit();
    Ds1302Init();       //LCM 初始化
      while(flag1)
      {
        LcdDisplay();
        keyscan();
      }
      while(flag)
      {
      LcdDisplay();
      Ds1302ReadTime();
      }
}
/*****************************************
* 函数名称：LcdDisplay()
* 函数功能：显示函数
* 输    入：无
* 输    出：无
*****************************************/
void LcdDisplay()
{

    WriteCommandLCD(0x80 + 0X40,0);
    LcdWriteData('0' + TIME[2]/16);                //时
    LcdWriteData('0' + (TIME[2]&0x0f));
    LcdWriteData('-');
    LcdWriteData('0' + TIME[1]/16);                //分
    LcdWriteData('0' + (TIME[1]&0x0f));
    LcdWriteData('-');
    LcdWriteData('0' + (TIME[0]/16));              //秒
    LcdWriteData('0' + ((TIME[0]&0x0f)));
    WriteCommandLCD(0x80,1);
    LcdWriteData('2');
    LcdWriteData('0');
    LcdWriteData('0' + TIME[6]/16);                //年
    LcdWriteData('0' + (TIME[6]&0x0f));
```

```
    LcdWriteData('-');
    LcdWriteData('0'+TIME[4]/16);          //月
    LcdWriteData('0'+(TIME[4]&0x0f));
    LcdWriteData('-');
    LcdWriteData('0'+TIME[3]/16);          //日
    LcdWriteData('0'+(TIME[3]&0x0f));
    WriteCommandLCD(0x8D,1);
    LcdWriteData('0'+(TIME[5]&0x07));     //星期
}
void keyscan(void)                          //按键扫描
{
    if(k4==0)                               //秒加
    {
    delay_ms(10);
    if(k4==0)
    {
     TIME[2]=0x24;                          //在这里你可以修改任意一个值
     Ds1302Init();                          //因为有写入保护 修改数据过后必须再次初始化一次
     flag=1;
     flag1=0;
     while(k4==0);                          //松手检测
    }
  }
}
void delay_ms(unsigned int x)
{
    unsigned int i,j;
    for(i=x;i>0;i--)
        for(j=110;j>0;j--);
}
/*******************************************************
 * 函数名称：Ds1302Write
 * 函数功能：向DS1302命令(地址+数据)
 * 输    入：addr,dat
 * 输    出：无
*******************************************************/
void Ds1302Write(uchar addr, uchar dat)
{
    uchar n;
    RST = 0;
    _nop_();

    SCLK = 0;                               //先将SCLK置低电平
    _nop_();
    RST = 1;                                //然后将RST(CE)置高电平
    _nop_();

    for (n=0; n<8; n++)                     //开始传送8位地址命令
```

```
    {
        DSIO = addr & 0x01;                  //数据从低位开始传送
        addr >>= 1;
        SCLK = 1;                            //数据在上升沿时,DS1302读取数据
        _nop_();
        SCLK = 0;
        _nop_();
    }
    for (n=0; n<8; n++)                      //写入8位数据
    {
        DSIO = dat & 0x01;
        dat >>= 1;
        SCLK = 1;                            //数据在上升沿时,DS1302读取数据
        _nop_();
        SCLK = 0;
        _nop_();
    }
    RST = 0;                                 //传送数据结束
    _nop_();
}
/*************************************************
* 函数名称：Ds1302Read
* 函数功能：读取一个地址的数据
* 输      入：addr
* 输      出：dat
*************************************************/
uchar Ds1302Read(uchar addr)
{
    uchar n,dat,dat1;
    RST = 0;
    _nop_();

    SCLK = 0;                                //先将SCLK置低电平
    _nop_();
    RST = 1;                                 //然后将RST(CE)置高电平
    _nop_();

    for(n=0; n<8; n++)                       //开始传送8位地址命令
    {
        DSIO = addr & 0x01;                  //数据从低位开始传送
        addr >>= 1;
        SCLK = 1;                            //数据在上升沿时,DS1302读取数据
        _nop_();
        SCLK = 0;                            //DS1302下降沿时,放置数据
        _nop_();
    }
    _nop_();
    for(n=0; n<8; n++)                       //读取8位数据
```

```
    {
        dat1 = DSIO;                     //从最低位开始接收
        dat = (dat>>1) | (dat1<<7);
        SCLK = 1;
        _nop_();
        SCLK = 0;                        //DS1302 下降沿时,放置数据
        _nop_();
    }
    RST = 0;
    _nop_();                             //以下为 DS1302 复位的稳定时间(必须)
    SCLK = 1;
    _nop_();
    DSIO = 0;
    _nop_();
    DSIO = 1;
    _nop_();
    return dat;
}
/*************************************************
* 函数名称:Ds1302Init
* 函数功能:初始化 DS1302.
* 输    入:无
* 输    出:无
*************************************************/
void Ds1302Init()
{
    uchar n;
    Ds1302Write(0x8E,0X00);          //禁止写保护,就是关闭写保护功能
    for (n=0; n<7; n++)              //写入 7 个字节的时钟信号:分秒时日月周年
    {
        Ds1302Write(WRITE_RTC_ADDR[n],TIME[n]);
    }
    Ds1302Write(0x8E,0x80);          //打开写保护功能
}
/*********************************************
* 函数名称:Ds1302ReadTime
* 函数功能 :读取时钟信息
* 输    入:无
* 输    出:无
*********************************************/
void Ds1302ReadTime()
{
    uchar n;
    for (n=0; n<7; n++)              //读取 7 个字节的时钟信号:分秒时日月周年
    {
        TIME[n] = Ds1302Read(READ_RTC_ADDR[n]);
    }
}
```

学习情境9　简易电压表和信号发生器的应用

通过对情境任务9的学习，要求掌握A/D转换和D/A转换的基础知识。通过学习PCF8591芯片，掌握该芯片的A/D和D/A转换功能。基于单片机C51编程语言知识，结合PCF8591相关硬件电路知识，编写简单的电压检测显示程序，从而实现简易电压表的功能。在能力拓展中，利用PCF8591的D/A功能，编程实现简易信号发生器的功能。

9.1　A/D和D/A转换

从计算机应用的角度来讲，信号量主要分成模拟信号量和数字信号量。

计算机或者单片机是典型的数字系统。对于数字系统而言，只能对输入的数字信号进行相关处理，而其输出信号也是数字信号。

在工业检测系统和日常生活中，许多物理量都是模拟信号量，如温度、长度、压力和速度等，而这些模拟量可以通过各种类型的传感器变成与之对应的电压或者电流等模拟电量。

为了实现数字系统对这些模拟电量的检测、运算和控制等功能，就需要模拟量和数字量之间的相互转换，也就是A/D和D/A转换技术。

9.1.1　DAC概念及工作原理

1. DAC基本概念

DAC(Digital to Analog Converter)是一种将数字信号转换为模拟信号(以电流、电压或电荷的形式)的设备，即D/A转换器。

在很多数字系统中(如计算机或者单片机)，信号以数字方式存储、传输以及处理，而数字模拟转换器可以将这样的信号转换为模拟信号，从而使得它们能够被外界(人或其他非数字系统)识别。

数字量是用代码按数位组合起来表示的。对于有权码，每位代码都有一定的位权。为了将数字量转换成模拟量，必须将每位代码按其位权的大小转换成相应的模拟量，然后将这些模拟量相加，即可得到与数字信号量成正比的总模拟量，从而实现了数字信号与模拟信号之间的转换。这就是组成D/A转换器的基本指导思想。

2. DAC工作原理

基于T型电阻网络的D/A转换器工作原理是DAC最重要、最基础的原理，其他类型的器件机理都是在此基础上发展而来的，如AD0808、TLC5615、AD0832和AD5752等。9.2节将要介绍的PCF8591也属于基于T型电阻网络的D/A器件。

D/A转换器由数码寄存器、模拟电子开关电路S、求和电路及基准电压V_{REF}等几部分组成。数字量以串行或并行方式输入并存储于数码寄存器中，数字寄存器输出的各位数码D0～D7分别控制对应的模拟电子开关S0～S7，使数码为1的位在位权网络上产生与其权值成正比的电流值，再由求和电路将各种权值相加，即得到数字量对应的模拟量 V_O。T 型电阻网络 D/A 转换器电路如图 9.1 所示。

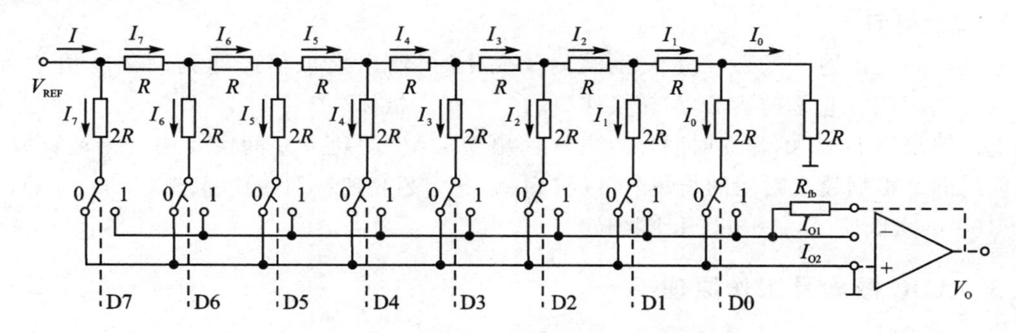

图 9.1　T 型电阻网络 D/A 转换器电路原理图

D/A 转换电路原理：

根据 $I=V_{REF}/R$，则各分支电流大小为 $I_7=I/2^1$，$I_6=I/2^2$，$I_5=I/2^3$，$I_4=I/2^4$，$I_3=I/2^5$，$I_2=I/2^6$，$I_1=I/2^7$，$I_0=I/2^8$。

如果输入数码 D0～D7 为 1111 1111B 时，则有

$$I_{O1}=I_7+I_6+I_5+I_4+I_3+I_2+I_1+I_0$$
$$=(I/2^8)\times(2^7+2^6+2^5+2^4+2^3+2^2+2^1+2^0)$$
$$I_{O2}=0$$

当 $R_{fb}=R$ 时，有

$$V_O=-(V_{REF}/2^8)\times(2^7+2^6+2^5+2^4+2^3+2^2+2^1+2^0)$$

如果输入数码 D0～D7 为 1010 1010B 时，则有

$$I_{O1}=I_7+I_6+I_5+I_4+I_3+I_2+I_1+I_0$$
$$=(I/2^8)\times(2^7+2^5+2^3+2^1)$$
$$I_{O2}=0$$

当 $R_{fb}=R$ 时，有

$$V_O=-(V_{REF}/2^8)\times(2^7+2^5+2^3+2^1)$$

通过上述电路的推导，输出电压 V_O 的大小与寄存器数字量 D0～D7 具有以上的对应关系。

9.1.2　DAC 的主要指标

1. 分辨率

分辨率是指输入数字量的最低有效位(LSB)发生变化时，所对应的输出模拟量(常为电压)的变化量。它反映了输出模拟量的最小变化值。

分辨率与输入数字量的位数 n 有确定的关系。对于 5 V 的满量程，当采用 8 位的 DAC 时，相当于将 5 V 分成 2^8 份，分辨率为 5 V/256=19.5 mV；当采用 12 位的 DAC 时，相当于将 5 V 分成 2^{12} 份，分辨率为 5 V/4 096=1.22 mV。显然，位数越多，分辨率就越高。

2. 绝对精度和相对精度

绝对精度(简称精度)是指在整个刻度范围内，任一输入数码所对应的模拟量实际输出值与理论值之间的最大误差。绝对精度是由 DAC 的增益误差(当输入数码为全 1 时，实际输出

值与理想输出值之差)、零点误差(当输入数码为全0时,DAC的非零输出值)、非线性误差和噪声等引起的。绝对精度(即最大误差)应小于1个LSB。

3. 建立时间

建立时间是指输入的数字量发生满刻度变化时,输出模拟信号达到满刻度值的±1/2 LSB所需的时间。它是描述D/A转换速率的一个动态指标。

电流输出型DAC的建立时间短。电压输出型DAC的建立时间主要决定于运算放大器的响应时间。根据建立时间的长短,可以将DAC分为超高速(<1 μs)、高速(1~10 μs)、中速(10~100 μs)、低速(≥100 μs)几个挡位。

9.1.3 ADC概念及工作原理

1. ADC基本概念

ADC(Analog to Digital Converter)是一种将模拟信号转换为数字信号的设备,即A/D转换器。它的作用是将连续的模拟信号转换为离散的数字信号。真实世界中存在各类型的模拟信号,如温度、压力、声音、图像等,它们需要转换成更容易存储、处理和发射的数字形式。A/D转换器可以实现这个功能,应用在各种不同的产品中。

典型的ADC将模拟信号转换为表示一定比例电压值的数字信号。然而,有一些A/D转换器并非纯的电子设备,如旋转编码器。

数字信号输出可能会使用不同的编码结构,通常用二进制数中的原码或者补码来表示。但也有其他情况,如有的设备使用格雷码。

2. ADC的工作原理

ADC的种类很多,按其工作原理的不同,分为直接ADC和间接ADC两类。

直接ADC可将模拟信号直接转换为数字信号。这类ADC具有较快的转换速度,其典型工作机理有并行比较型A/D转换、逐次比较型A/D转换等类型。

间接ADC则是先将模拟信号转换成某一中间电量(时间或频率),然后再将中间电量转换为数字量输出。此类ADC的速度较慢,其典型工作机制有双积分型A/D转换、电压频率转换型A/D转换等。

下面主要介绍逐次比较型ADC的工作原理。逐次比较型的A/D器件应用较为广泛,如AD0809、TLC2543、AD574和AD7606等。

逐次比较型器件包括n位逐次比较型ADC,如图9.2所示。它由控制逻辑电路、时序产生器、移位寄存器、DAC及电压比较器组成。

逐次比较转换过程和用天平称重的原理非常相似。天平称重的过程是,从最重的砝码开始试放,与被称物体行进比较。若物体重于砝码,则该砝码保留;若物体轻于砝码,则移去。再加上第二个次重砝码,由物体的质量是否大于砝码的质量决定第二个砝码是留下还是移去。照此称重方法,一直加到最小一个砝码为止。最后将所有留下的砝码质量相加,就得此物体的质量。

仿照这一思路,逐次比较型ADC的转换原理,就是将输入的模拟信号与不同的参考电压V_{REF}作多次比较,使转换所得的数字量在数值上逐次逼近输入模拟量对应值。

对于图9.2的逐次比较型转换电路而言,ADC由启动脉冲启动后,在第一个时钟脉冲的作用下,控制电路使时序产生器的最高位置1,其他位置0,其输出经D/A数据寄存器将

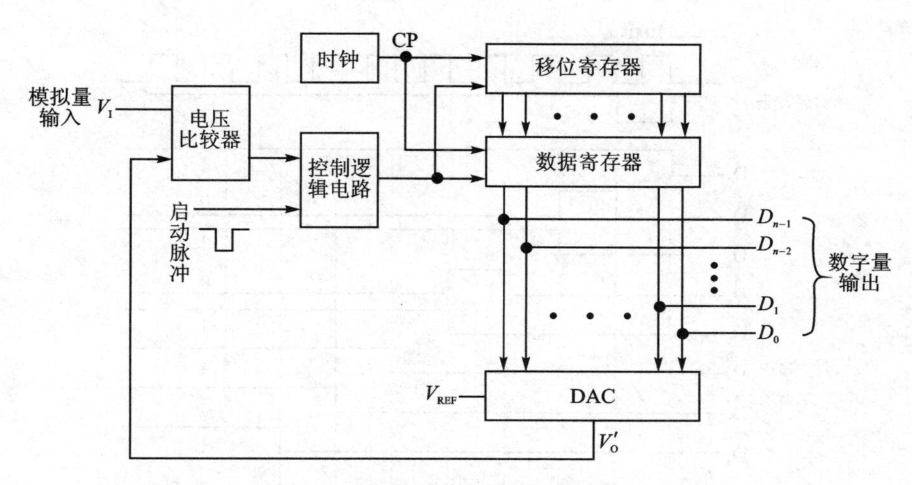

图 9.2　逐次比较型 A/D 转换器

1 000……0 送入 DAC。

输入电压 V_I 首先与 DAC 输出电压 $V_O=V_{REF}/2$ 相比较，若 $V_I \geqslant V_{REF}/2$，则比较器输出为 1；若 $V_I < V_{REF}/2$，则比较器输出为 0。比较结果存于数据寄存器的 D_{n-1} 位。然后在第二个时钟脉冲的作用下，移位寄存器的次高位置 1，其他低位置 0。如果最高位已存 1，则此时 $V_O=(3/4)V_{REF}$。V_I 再与 $(3/4)V_{REF}$ 比较，如果 $V_I \geqslant (3/4)V_{REF}$ 时，则次高位 D_{n-2} 为 1；若 $V_I < (3/4)V_{REF}$，则 D_{n-2} 为 0；如果最高位为 0 时，则 $V_O=V_{REF}/4$，然后与 V_I 比较，如果 $V_I \geqslant V_{REF}/4$，则 D_{n-2} 位为 1，否则 D_{n-2} 位为 0。以此类推，逐次比较得到输出数字量。

假设 8 位 ADC，输入模拟量 $V_I=6.84$ V，而 DAC 基准电压 $V_{REF}=10$ V。根据逐次比较 DAC 的工作原理，可画出在转换过程中 CP 信号（时钟脉冲）、启动脉冲、数据寄存器 D7～D0 值及 DAC 输出电压 V_O 的波形，如图 9.3 所示。

由图 9.3 可见，当启动脉冲低电平到来后转换开始，在第一个时钟脉冲的作用下，数据寄存器将 D7～D0＝10000000 送入 DAC，则输出电压 V_O 为 5 V。然后将 V_I 与 V_O 进行比较，因为 $V_I > V_O$，所以 D7 为 1；当第二个时钟脉冲到来时，输出寄存器 D7～D0＝11000000，则 V_O 为 7.5 V；然后 V_I 再与 7.5 V 进行比较，因为 $V_I < 7.5$ V，所以 D6 为 0；当第三个时钟脉冲到来时，则输出寄存器 D7～D0＝10100000，V_O 为 6.25 V；V_I 再与 V_O 比较。如此重复比较下去，经 8 个时钟周期，一直等待转换的结束。

由图 9.3 中 V_O 的波形可见，在逐次比较过程中，与输出数字量对应的模拟电压 V_O 逐渐逼近 V_I 值，最后得到 ADC 的转换结果为 D7～D0＝10101111。该数字量所对应的模拟电压为 6.835 937 5 V，与实际输入的模拟电压 6.84 V 的相对误差仅为 0.06 %。整个转换过程完成，其结果为 10101111。

9.1.4　ADC 的主要指标

在选取和使用 A/D 的时候，依靠什么指标来判断很重要。由于 ADC 的种类很多，同时指标也比较多，并且有些指标之间仅有细微差别。

1. 位　数

n 位 ADC 共有 2^n 个刻度。8 位 ADC 输出的是 0～255 共 256 个数字量，也就是 2^8 个数

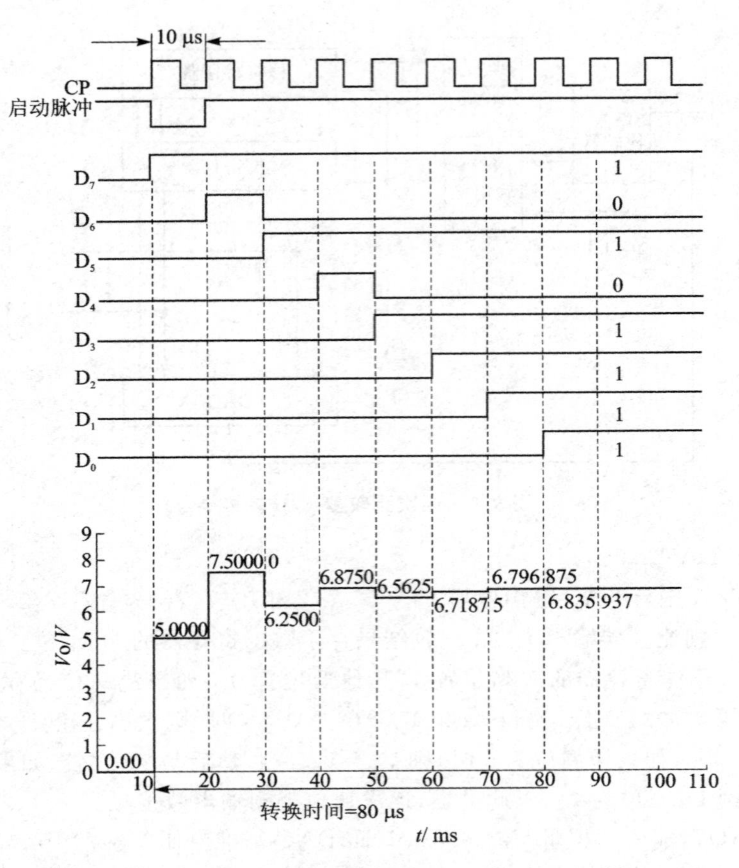

图 9.3　A/D 转换信号时序图

据刻度。

2. 基准源

基准源,也叫基准电压(V_{REF}),是ADC的一个重要指标。要想把输入ADC的信号测量准确,那么基准源首先要准,基准源的偏差会直接导致转换结果的偏差。例如一根米尺,总长度本应该是1 m,如果这根米尺被火烤了一下,实际变成了1.2 m,再用这根米尺测物体长度的话自然就有了较大的偏差。因此,如果基准电压本应是5.10 V,但是实际上提供的却是4.5 V,这样误处理之后,偏差也会比较大。

3. 分辨率

分辨率是数字量变化一个最小刻度时模拟信号的变化量,定义为满刻度量程与2^n-1的比值。例如,对5.10 V的电压系统,使用8位的ADC进行测量,那么相当于256个刻度把5.10 V平均分成了255份,分辨率就是5.10 V/255=0.02 V。

最容易混淆的两个概念就是分辨率和精度,通常认为分辨率越高,精度越高。而实际上,二者之间并没有必然联系。分辨率是用来描述刻度划分的,而精度是用来描述准确程度的。两根米尺,刻度数相同,分辨率就相同,但是精度却可以相差很大。

4. INL(积分非线性度)和DNL(差分非线性度)

INL指的是ADC器件在所有的数值上对应的模拟值,与真实值之间误差最大的那一个点的误差值。它是 ADC 最重要的一个精度指标，单位是 LSB。LSB 是最低有效位的意思，那么它实际上对应的就是 ADC 的分辨率。一个基准为 5.10 V 的 8 位 ADC，它的分辨率就是 0.02 V，用它去测量一个电压信号，得到的结果是 100，就表示它测到的电压值是 100×0.02 V=2 V。假定它的 INL 是 1 LSB，就表示这个电压信号真实的准确值在 1.98～2.02 V 范围内，按理想情况对应得到的数字应该是 99～101，测量误差是一个最低有效位，即 1 LSB。

DNL 表示的是 ADC 相邻两个刻度之间最大的差异，单位也是 LSB。一把分辨率为1 mm 的尺子，相邻的刻度之间并不刚好都是 1 mm，总是会存在或大或小的误差。同理，同一个 ADC 的两个刻度线之间也不总是等于分辨率，也存在误差，这个误差就是 DNL。一个基准为 5.10 V 的 8 位 ADC，假定它的 DNL 是 0.5 LSB，那么当它的转换结果从 100 增加到 101 时，在理想情况下实际电压应该增加 0.02V，但 DNL 为 0.5 LSB 的情况下实际电压的增加值是在 0.01～0.03 V 范围内。值得一提的是，DNL 并非一定小于 1 LSB，很多时候它会大于或等于 1 LSB，这就相当于一定程度上的刻度紊乱，当实际电压保持不变时，ADC 得出的结果可能会在几个数值之间变动。

5. 转换速率

转换速率是指 ADC 每秒能进行采样转换的次数最大值，单位是 sps(samples per second)，它与 ADC 完成一次从模拟到数字的转换所需要的时间互为倒数关系。ADC 的种类比较多，其中：积分型 ADC 转换时间是毫秒级的，属于低速 ADC；逐次比较型 ADC 转换时间是微秒级的，属于中速 ADC；并行/串行 ADC 的转换时间可达到纳秒级，属于高速 ADC。

9.2　PCF8591 的 ADC 和 DAC 实现

9.2.1　PCF8591 芯片简介

PCF8591 广泛应用于闭环控制系统中，如远程数据的低功耗转换器、电池供电以及汽车、音响、电视等设备的模拟数据处理。

PCF8591 是一个单电源低功耗的 8 位 CMOS 数据采集器件，具有 4 路模拟输入、1 路模拟输出，以及串行 I^2C 总线接口用来与单片机通信。3 个地址引脚 A0、A1、A2 用于编程硬件地址，允许最多 8 个器件连接到 I^2C 总线而不需要额外的片选电路。器件的地址、控制以及数据都是通过 I^2C 总线来传输。

PCF8591 芯片为 16 引脚、SOP 或 DIP 封装，其外形与引脚分布如图 9.4 所示。

PCF8591 芯片的引脚功能如下：

- AIN0～AIN3：模拟信号输入端。
- A0～A2：硬件地址端。
- V_{DD}～V_{SS}：电源端。
- SDA：I^2C 总线的数据线。
- SCL：I^2C 总线的时钟线。
- OSC：外部时钟输入端，内部时钟输出端。
- EXT：内部、外部时钟选择线，使用内部时钟时 EXT 接地。
- AGND：模拟信号地。

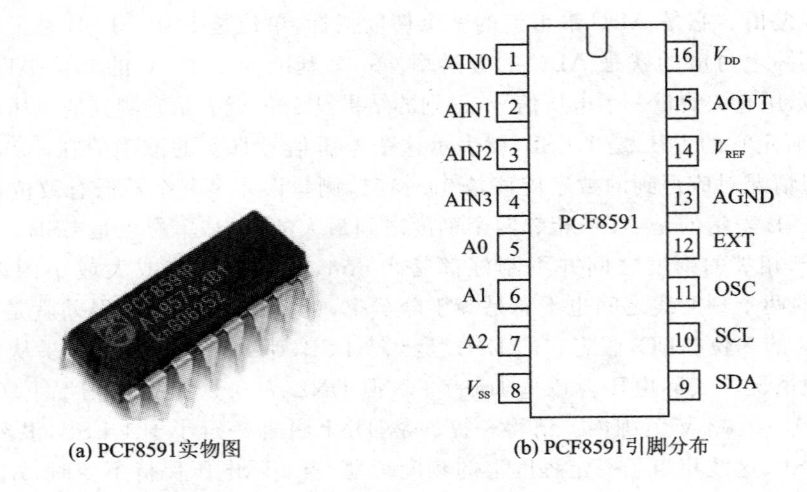

(a) PCF8591实物图　(b) PCF8591引脚分布

图 9.4　PCF8591 外形与引脚图

➢ AOUT:D/A 转换输出端。

➢ V_{REF}:基准电源端。

其中引脚1、2、3、4是4路模拟输入(AIN0～AIN3),引脚5、6、7是I^2C总线的硬件地址(A0～A2),引脚8(V_{SS})是数字地GND,引脚9和引脚10是I^2C总线的SDA和SCL。引脚12(EXT)是时钟选择引脚,如果接高电平表示用外部时钟输入,接低电平则表示用内部时钟。引脚13(AGND)是模拟地,在实际开发中,如果有比较复杂的模拟电路,那么AGND部分在布局布线上要特别处理,而且和GND的连接也有多种方式。如果没有复杂的模拟部分电路,则经常把AGND和GND接到一起。引脚14(V_{REF})是基准源,引脚15(AOUT)是DAC的模拟信号输出,引脚16是供电电源V_{CC}。

PCF8591的ADC是逐次比较型的,转换速率算是中速,但是它的速度瓶颈在I^2C通信上。由于I^2C速度的限制,故PCF8591应该算是低速A/D和D/A的集成,A/D和D/A功能主要应用在一些转换速度要求不高、期望成本较低的场合,如电池供电设备、测量电池的供电电压或者电压低于某一个值时报警提示更换电池等类似场合。

V_{REF}基准电压的提供有两种方法。方法一是通常采用简易的原则,直接接到V_{CC},但是由于V_{CC}会受到整个线路用电功耗情况的影响,不是特别准确的5 V电压,实测大多在4.8 V左右,而且随着整个系统负载情况的变化会产生波动,因此只能用在简易的、对精度要求不高的场合。方法二是使用专门的基准电压器件,如TL431芯片等,它可以提供一个精度很高的2.5 V的电压作为基准,这是通常采用的方法。

9.2.2　PCF8591的ADC和DAC使用流程

1. PCF8591芯片的I^2C总线连接与通信

(1) 器件总地址

连接在I^2C总线上的IC器件都必须有唯一的地址,该地址由器件地址和引脚地址组成,共7位。器件地址是I^2C器件固有的地址编码,在器件出厂时就已经给定,由I^2C总线委员会分配,不可更改。引脚地址由I^2C总线器件的地址引脚(A2、A1、A0)决定,根据其在电路中接电源正极、接地或悬空的不同形式形成地址码。引脚地址数决定了同一种器件可接入 I^2C 总线的最大数目。I^2C 总线器件的地址格式如下：

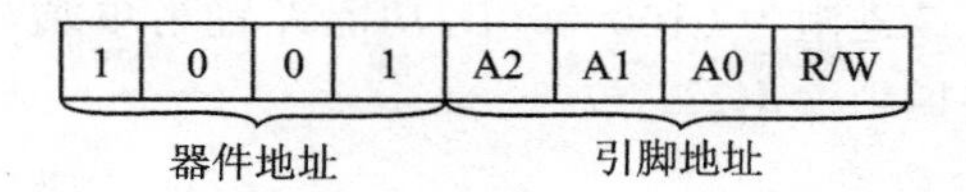

其中，R/W 是读/写方向标志位。当 R/W＝0 时，表示主器件向从器件发送数据；当 R/W＝1 时，表示主器件读取从器件数据。

Philips 公司规定，该器件地址高 4 位为 1001。而引脚地址为 A2、A1、A0，其值可由用户选择，因此 I^2C 系统中最多可接 $2^3=8$ 个具有 I^2C 总线接口的 A/D 器件。

总线操作时，由器件地址、引脚地址和读/写方向标志位组成的从地址为主控器件发送的第一字节。由于电路中 A2、A1、A0 引脚都接地，因此器件地址分别为 0X90 和 0X91。

(2) 控制寄存器

PCF8591 的控制寄存器存放转换控制字，用于设置器件的各种功能，如模拟信号由哪个通道输入等，是总线操作时由主控器件 PCF8591 发送的第二字节。其格式如下：

D7	D6	D5	D4	D3	D2	D1	D0

- D1、D0：A/D 通道编号。00 为通道 0，10 为通道 2，11 为通道 3。
- D2：自动增益选择(有效位为 1)。
- D3：固定为 0。
- D5、D4：模拟量输入选择位。00 为四路单输入，01 为三路差分输入，10 为单端与差分配合输入，11 为两路差分输入。模拟量输入选择示意图如图 9.5 所示。

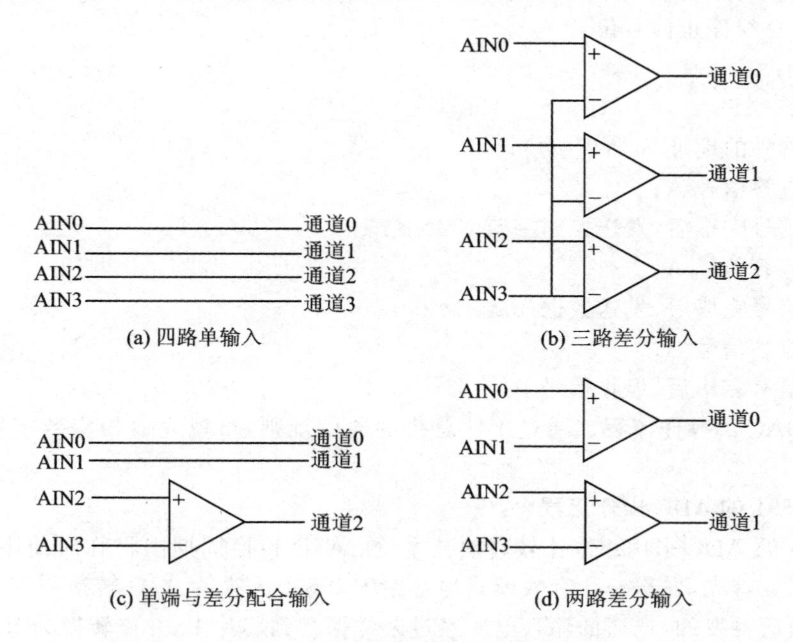

图 9.5　模拟量输入选择示意图

➢ D6:模拟输出允许。该位为1时,允许模拟输出。当系统为A/D转换时,该位为0。

➢ D7:固定为0。

例如,控制字节0X40,二进制为01000000B,功能设置为单端与差分配合输入、自动增益无效、选择通道为0和允许模拟输出。

(3) 器件在I^2C总线中的通信

I^2C总线在传送数据过程中共有3种信号,分别是开始信号、结束信号和应答信号。

➢ 开始信号:SCL为高电平时,SDA由高电平向低电平跳变,开始传送数据。

➢ 结束信号:SCL为低电平时,SDA由低电平向高电平跳变,结束传送数据。

➢ 应答信号:接收数据的器件在接收到8位数据后,必须向发送数据的器件发出特定的低电平脉冲,表示已收到数据。

I^2C总线以字节为单位传送数据,首先传送数据的最高位(MSB)。每次传送的字节数不限,但要求每传送一个字节数据后,都要在收到应答信号后才能继续下一个字节数据的传送。若未收到应答信号,则认为接收数据的器件出现故障。

2. PCF8591的DAC操作流程

PCF8591的关键单元是DAC。该器件进行D/A转换是通过I^2C总线的写入方式操作完成的,其数据操作格式如下:

S	SLAW	A	CONBYT	A	data 1	A	data 2	A	……	data *n*	A	P

其中,S为I^2C总线的启动信号位,第一个字节SLAW为主控器件(通常为单片机)发送的PCF8591地址选择字节,第二个字节CONBYT为主控器件发送的PCF8591控制字节,data 1～data *n*为待转换的二进制数字,A为一个字节传送完毕由PCF8591产生的应答信号,P为主机发送的I^2C总线停止信号位。

操作流程:

① 启动信号S;

② 发送器件的地址SLAW(写);

③ 等待应答信号A;

④ 应答信号完毕后,发送控制字节CONBYT;

⑤ 等待应答信号A;

⑥ 应答信号完毕后,发送数据(data 1～ data *n*);

⑦ 等待应答信号A;

⑧ 应答信号完毕后,停止信号P。

以上为DAC的操作流程。通过I^2C总线的通信规则,可以完成相应数字量到模拟量的转换。

3. PCF8591的ADC操作流程

PCF8591的ADC采用逐次比较转换技术,在A/D转换周期内将临时使用片上DAC和高增益比较器。首先,发送一个有效模式地址给PCF8591,然后A/D转换周期是由应答时钟信号的下降沿所触发的,选通的输入电压经过采样保存到芯片中,并被转换为对应的8位二进制数。其数据转换操作格式如下:

S	SLAW	A	CONBYT	A	S	SLAR	A	data 1	……	data *n*	A	P

其中，S 为 I²C 总线的启动信号位，第一个字节 SLAW 为主控器件（通常为单片机）发送的 PCF8591 地址选择字节，第二个字节 CONBYT 为主控器件发送的 PCF8591 控制字节，第三个字节 SLAR 为主控器件（通常为单片机）接收的 PCF8591 地址选择字节，data 1～ data *n* 为接收的二进制数字，A 为一个字节传送完毕由 PCF8591 产生的应答信号，P 为主机发送的 I²C 总线停止信号位。

操作流程：

① 启动信号 S；

② 发送器件的地址 SLAW（写）；

③ 等待应答信号 A；

④ 应答信号完毕后，发送控制字节 CONBYT；

⑤ 等待应答信号 A；

⑥ 应答信号完毕后，发送器件的地址 SLAR（读）；

⑦ 等待应答信号 A；

⑧ 应答信号完毕后，接收数据（data 1～ data *n*）；

⑨ 等待应答信号 A；

⑩ 应答信号完毕后，停止信号 P。

以上为 ADC 的操作流程，通过 I²C 总线的通信规则，可以完成相应模拟量到数字量的转换。

9.3　任务实施——简易电压表仿真应用

9.3.1　仿真硬件电路

电子电压表是一种测量电压用的仪器。测量的电压范围大、频率范围广。其输入阻抗大，跨接后不致改变被测电路的工作状态，因而能测得真实电压。读数已从指针式逐步过渡为液晶显示，并已具有编程控制等功能。

本节是向 PCF8591 芯片读取外部电压的 A/D 转换数据，然后再将读入的数据显示在 LCD1602 中。通过调整滑动变阻器的滑片，可以观察到电压值在发生变化。

单片机控制电路的主要功能是通过 I²C 总线，实现对 PCF8591 A/D 转换器件的操作功能。单片机的 P1.0、P1.1 引脚连接芯片的 SCL 和 SDA 引脚，实现 I²C 总线的控制。

PCF8591 接口电路连接参考电压，并连接了 4 路模拟信号，建立电子电压表的基本结构；通过 I²C 总线，单片机读取芯片内部的 A/D 转换值。其 A/D 转换仿真电路如图 9.6 所示。

单片机的 P0 口连接 LCD1602 的数据端口 D0～D7 引脚，RS、RW 和 E 引脚分别连接单片机的 P2.0、P2.1 和 P2.2 引脚。

LCD1602 电路实现了时钟信息显示功能。

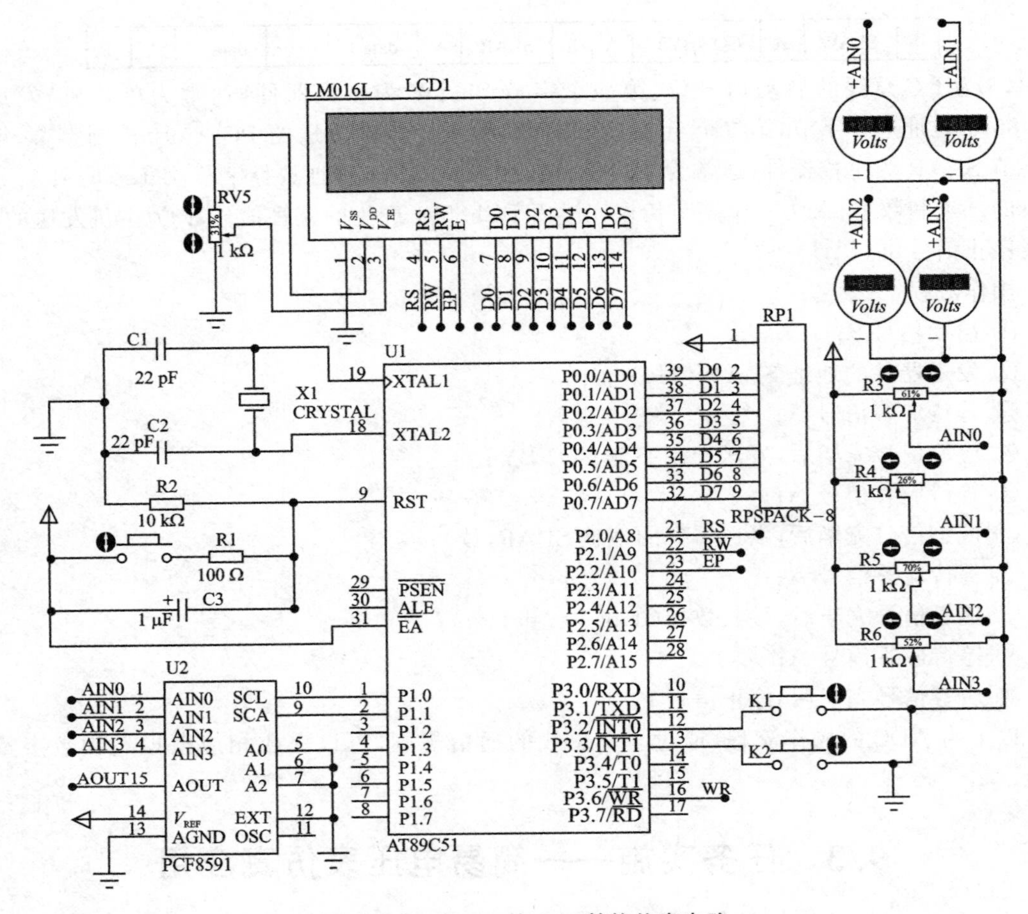

图 9.6　PCF8591 的 A/D 转换仿真电路

9.3.2　仿真软件设计

程序代码如下：

```
/*************************************************************
* 文件名：main.c
* 描　述：单片机和 PCF8591ADC 演示
* 功　能：实现 PCF8591ADC 操作演示
* 单　位：四川航天职业技术学院电子工程系
* 作　者：乔鸿海
*************************************************************/
#include"main.h"
/*************************************************************
函数名称：main()
功　　能：操作 ADC,采集 4 路模拟电压信号,并显示
入口参数：无
返 回 值：无
备　　注：无
```

```
*******************************************************/
void main()
{
    unsigned int Pos;
    unsigned int AD_Value;
    LCD_Initial();
    ADC_Display_Init();
    while(1)
    {
      for(Pos = 0;Pos<4;Pos ++ )
      {
        AD_Value = Pcf8591ADConversion(Pos);
        ADC_Display(AD_Value,Pos);
      }
    }
}
/*******************************************************
函数名称：ADC_Display_Init()
功    能：LCD1602 的 AIN0～AIN3 显示
入口参数：无
返 回 值：无
备    注：无
*******************************************************/
void ADC_Display_Init()
{
    GotoXY(0,0);
    Print("IN0：");
    GotoXY(8,0);
    Print("IN1：");
    GotoXY(0,1);
    Print("IN2：");
    GotoXY(8,1);
    Print("IN3：");
}
/*******************************************************
函数名称：ADC_Display()
功    能：ADC 的 4 路信号采集显示
入口参数：unsigned int Value,unsigned char Pos
返 回 值：无
备    注：无
*******************************************************/
void ADC_Display(unsigned int Value,unsigned char Pos)
{
    DateString[0] = '0' + Value % 1000/100;
    DateString[1] = '.';
```

```
    DateString[2] = '0' + Value % 100/10;
    DateString[3] = '0' + Value % 10;

    switch(Pos)
    {
     case 0:  GotoXY(4,1); Print(DateString); break;
     case 1:  GotoXY(12,1); Print(DateString); break;
     case 2:  GotoXY(4,0); Print(DateString); break;
     case 3:  GotoXY(12,0); Print(DateString); break;
    }
}

/*******************************************************
* 文件名:ADC.c
* 描  述:单片机和 PCF8591ADC 演示
* 功  能:PCF8591ADC 的具体操作演示
* 单  位:四川航天职业技术学院电子工程系
* 作  者:乔鸿海
*******************************************************/
#include "ADC.h"
/*********************************************
函数名称:Pcf8591SendByte()
功    能:Pcf8591 写字节函数
入口参数:unsigned char channel
返 回 值:无
备    注:无
*********************************************/
void Pcf8591SendByte(unsigned char channel)
{
    I2C_Start();
    I2C_SendByte(WRITEADDR, 1);     //发送写器件地址
    I2C_SendByte(0x40|channel, 0); //发送控制寄存器
    I2C_Stop();
}
/*********************************************
函数名称:Pcf8591ReadByte()
功    能:Pcf8591 读字节
入口参数:无
返 回 值:unsigned char dat
备    注:无
*********************************************/
unsigned char Pcf8591ReadByte()
{
    unsigned char dat;
    I2C_Start();
```

```
    I2C_SendByte(READADDR, 1);      //发送读器件地址
    dat = I2C_ReadByte();           //读取数据
    I2C_Stop();                     //结束总线
    return dat;
}
/***********************************************
函数名称：Pcf8591ADConversion()
功    能：AD转换输出函数
入口参数：unsigned char channel
返 回 值：unsigned int AD_BUF
备    注：无
***********************************************/
unsigned int Pcf8591ADConversion(unsigned char channel)
{
    unsigned int AD_BUF;
    float AD_Value;
    Pcf8591SendByte(channel);
    AD_BUF = Pcf8591ReadByte();
    delay_ms(10);
    AD_Value = AD_BUF * 0.01953;
    AD_BUF = AD_Value * 100;
    returnAD_BUF;
}
/***********************************************
函数名称：delay_ms()
功    能：毫秒延时函数
入口参数：unsigned int time
返 回 值：无
备    注：无
***********************************************/
void delay_ms(unsigned int time)      //毫秒延时
{
    unsigned int i,j;
    for(i = 0;i<time;i ++ )
       for(j = 0;j<120;j ++ );
}

/****************************************************
*文件名：I2C.c
*描  述：单片机I²C总线演示
*功  能：I²C总线具体操作演示
*单  位：四川航天职业技术学院电子工程系
*作  者：乔鸿海
****************************************************/
#include "I2C.h"
```

```
/**********************************************************
函数名称：I2C_Start()
功    能：I²C启动函数
入口参数：无
返 回 值：无
备    注：无
**********************************************************/
void I2C_Start()
{
    I2C_SDA = 1;
    I2C_Delay10 μs();
    I2C_SCL = 1;
    I2C_Delay10 μs();          //建立时间是 I2C_SDA,保持时间大于 4.7 μs
    I2C_SDA = 0;
    I2C_Delay10 μs();          //保持时间是>4 μs
    I2C_SCL = 0;
    I2C_Delay10 μs();
}
/**********************************************************
函数名称：I2C_Stop()
功    能：I²C结束函数
入口参数：无
返 回 值：无
备    注：无
**********************************************************/
void I2C_Stop()
{
    I2C_SDA = 0;
    I2C_Delay10 μs();
    I2C_SCL = 1;
    I2C_Delay10 μs();          //建立时间大于 4.7 μs
    I2C_SDA = 1;
    I2C_Delay10 μs();
}
/**********************************************************
函数名称：I2C_SendByte()
功    能：I²C写字节函数
入口参数：unsigned char dat, unsigned char ack
返 回 值：无
备    注：无
**********************************************************/
void I2C_SendByte(unsigned char dat, unsigned char ack)
{
    unsigned char a ,b;        //最大 255,一个机器周期为 1 μs,最大延时 255 μs
    a = 0;
```

```
    b = 0;
    for(a = 0; a<8; a++)            //要发送8位,从最高位开始
    {
        I2C_SDA = dat >> 7;         //起始信号之后I2C_SCL = 0,所以可以直接改变I2C_SDA信号
        dat = dat << 1;
        I2C_Delay10μs();
        I2C_SCL = 1;
        I2C_Delay10μs();            //建立时间大于4.7μs
        I2C_SCL = 0;
        I2C_Delay10μs();            //时间大于4μs
    }
    I2C_SDA = 1;
    I2C_Delay10μs();
    I2C_SCL = 1;
    while(I2C_SDA && (ack == 1)) //等待应答,也就是等待从设备把I2C_SDA拉低
    {
      b++;
      if(b > 200)          //如果超过200μs没有应答,则说明发送失败,或者为非应答,表示接收结束
      {
        I2C_SCL = 0;
        I2C_Delay10μs();
      }
    }
    I2C_SCL = 0;
    I2C_Delay10μs();
}
/*************************************************************
函数名称:I2C_ReadByte()
功    能:I²C读字节函数
入口参数:unsigned char dat
返 回 值:无
备    注:无
*************************************************************/
unsigned char I2C_ReadByte()
{
    unsigned char a,dat;
    a = 0;dat = 0;
    I2C_SDA = 1;                    //起始和发送一个字节之后I2C_SCL都是0
    I2C_Delay10μs();
    for(a = 0; a<8; a++)            //接收8个字节
    {
        I2C_SCL = 1;
        I2C_Delay10μs();
        dat <<= 1;
        dat |= I2C_SDA;
        I2C_Delay10μs();
        I2C_SCL = 0;
        I2C_Delay10μs();
    }
    return dat;
}
```

仿真实验结果如图 9.7 所示。

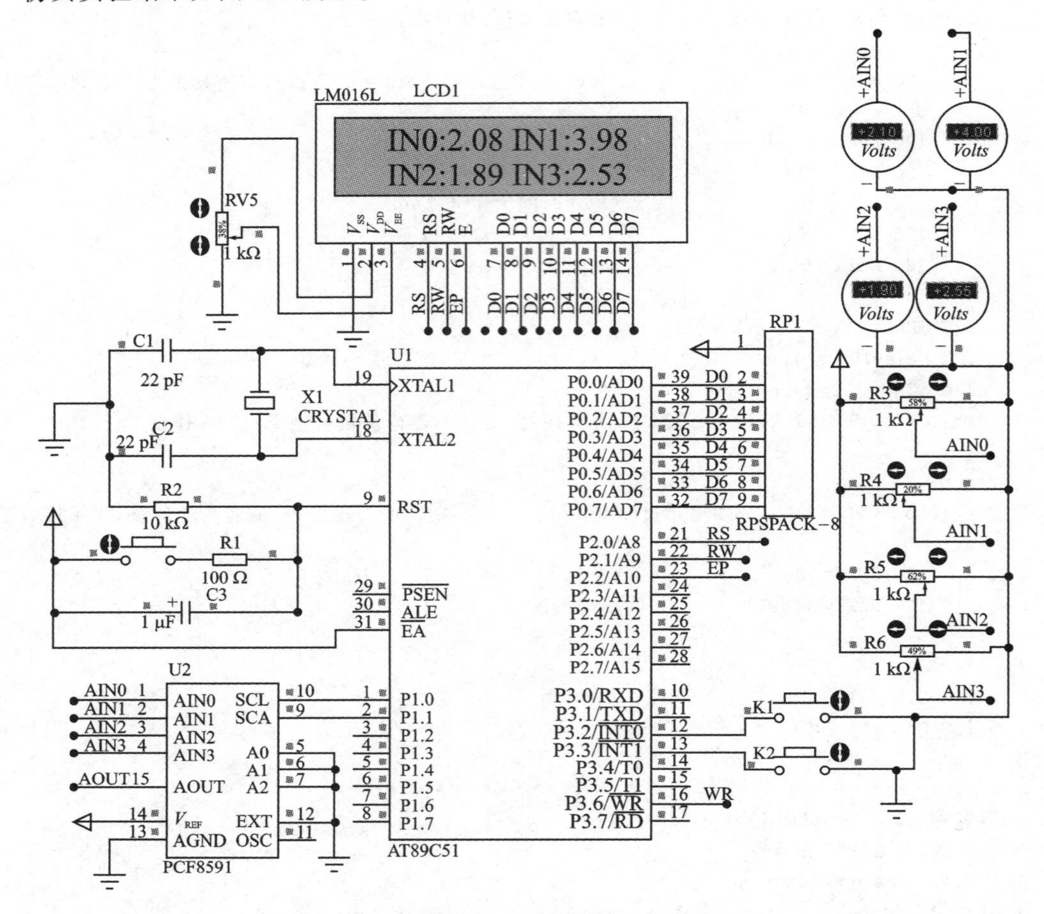

图 9.7 PCF8591 的 A/D 转换电路仿真结果

9.4 能力拓展——简易信号发生器的应用

信号发生器是一种能提供各种频率、波形和输出电平电信号的设备。在测量各种电信系统或电信设备的振幅特性、频率特性、传输特性及其他电参数时,用作测试的信号源或激励源。

信号发生器又称信号源或振荡器,在生产实践和科技领域中有着广泛的应用。能够产生多种波形(如三角波、锯齿波、矩形波(含方波)、正弦波)的电路被称为函数信号发生器。各种波形曲线均可以用三角函数方程式来表示。

本节是向 PCF8591 芯片写入 D/A 转换数据,然后将信号输出端连接示波器,观察信号波形。通过改变信号发生函数,可以观察到各种波形的幅值和频率等信息。

9.4.1 硬件电路

PCF8591 硬件电路主要包括两部分:单片机控制电路和 PCF8591 硬件接口电路。

单片机控制电路的主要功能是通过 $\mathrm{I^2C}$ 总线实现对 PCF8591 转换器件的操作功能。单片机的P2.1和P2.0引脚连接SCL和SDA引脚，实现I^2C总线的控制。

单片机控制电路如图9.8所示。

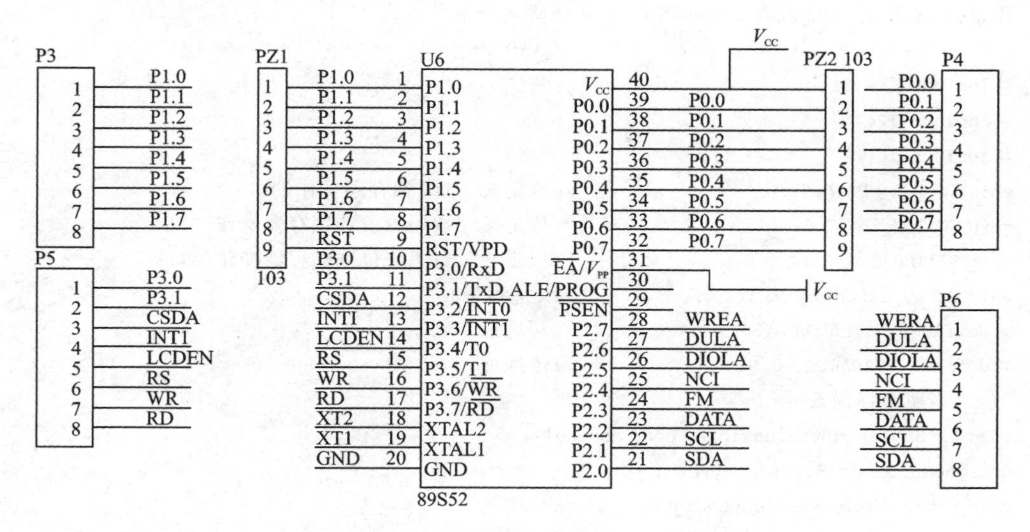

图9.8　单片机控制电路

PCF8591硬件接口电路的主要功能是根据单片机的控制信号，完成模拟信号和数字信号的相互转换，并通过I^2C总线完成数据的写入和读取等。PCF8591的8位器件总地址中，高4位是固定的1010，根据低3位的A2、A1、A0引脚的实际连接位置确定最终地址。I^2C总线的SDA、SCL引脚连接单片机的P2.0、P2.1引脚。AIN0～AIN3这3个A/D信号引脚连接外部模拟信号的输入端。AOUT的D/A输出引脚连接外部的模拟信号输出端。

PCF8591硬件接口电路如图9.9所示。

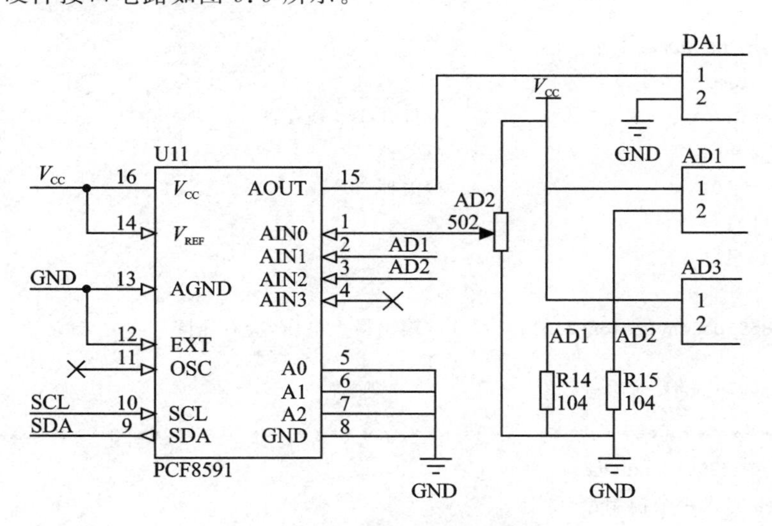

图9.9　PCF8591硬件接口电路

9.4.2　软件设计

程序代码如下：

```
/**********************************************************
实 验 名：DA显示试验
注意：一定要把1602或者12864插上，不然压降太严重
**********************************************************/
#include<reg51.h>
#include"i2c.h"
#include"16.h"
sbit SWITCH = P2^7;                    //位定义  led锁存器操作端口
sbit SWITCH_1 = P2^6;                  //位定义  数码管段选锁存器操作端口
sbit SWITCH_2 = P2^5;                  //位定义  数码管位选锁存器操作端口
void delay_ms(unsigned int x);         //x毫秒延时
#define  WRITEADDR 0x90                //写地址
#define  READADDR  0x91                //读地址
//--声明全局函数--//
void Pcf8591SendByte(unsigned char channel);
unsigned char Pcf8591ReadByte();
void Pcf8591DaConversion(unsigned char value);
void  delay_ms(unsigned int x);
/********************************************************
*函 数 名：main
*函数功能：主函数
*输    入：无
*输    出：无
********************************************************/
void main()
{
    unsigned int adNum[1];
    float value0;
    SWITCH = 0;                        //打开led锁存器
    SWITCH_1 = 0;                      //关掉
    SWITCH_2 = 0;                      //关掉
    LCDInit();
    while(1)
    {
      Pcf8591DaConversion(255);        //输出最大电压,会有压降
    }
}
/************************************************************
*函 数 名：Pcf8591SendByte
*函数功能：写入一个控制命令
*输    入：channel(转换通道)
*输    出：无
************************************************************/
void Pcf8591SendByte(unsigned char channel)
{
```

```
    I2C_Start();
    I2C_SendByte(WRITEADDR, 1);          //发送写器件地址
    I2C_SendByte(0x40|channel, 0);       //发送控制寄存器
    I2C_Stop();
}
/******************************************************************
* 函 数 名: Pcf8591ReadByte
* 函数功能: 读取一个转换值
* 输    入: 无
* 输    出: dat
******************************************************************/
unsigned char Pcf8591ReadByte()
{
    unsigned char dat;
    I2C_Start();
    I2C_SendByte(READADDR, 1);           //发送读器件地址
    dat = I2C_ReadByte();                //读取数据
    I2C_Stop();                          //结束总线
    return dat;
}
/******************************************************************
* 函 数 名: Pcf8591DaConversion
* 函数功能: PCF8591 的输出端输出模拟量
* 输    入: value(转换的数值)
* 输    出: 无
******************************************************************/
void Pcf8591DaConversion(unsigned char value)
{
    I2C_Start();
    I2C_SendByte(WRITEADDR, 1);          //发送写器件地址
    I2C_SendByte(0x40, 1);               //开启 D/A 写到控制寄存器
    I2C_SendByte(value, 0);              //发送转换数值
    I2C_Stop();
}
void delay_ms(unsigned int x)            //x 毫秒延时
{
    unsigned int i,j;
    for(i = x;i>0;i--)
      for(j = 110;j>0;j--);
}
```

学习情境 10　断电信息保存技术

通过对学习情境 10 的学习，要求掌握 I^2C 总线相关的基础知识。通过对 EEPROM 器件的学习，熟练掌握 24C02 芯片的相关操作方法。基于单片机 C51 编程语言知识，结合 24C02 芯片硬件电路知识，编写简单的 24C02 数据读写程序，并实现断电信息保存功能。在能力拓展中，利用 I^2C 总线实现多个 EEPROM 器件操作的功能。

10.1　I^2C 总线

I^2C(Inter - Integrated Circuit)总线是由 Philips 公司开发的两线制式串行总线，用于连接微控制器及其外围设备。I^2C 总线是微电子通信控制领域广泛采用的一种总线标准。它是同步通信的一种特殊形式，具有接口线少、控制方式简单、器件封装形式小和通信速率较高等优点，在相关通信领域得到了广泛的应用。

10.1.1　I^2C 总线时序

I^2C 采用两条双向的线路，一条为串行数据线(Serial Data Line，SDA)，另一条为串行时钟线(Serial Clock Line，SCL)。

SCL：上升沿将数据输入到每个 EEPROM 器件中，下降沿驱动 EEPROM 器件输出数据。

SDA：双向数据线，为 OD 门(漏极开路门)，与其他任意数量的 OD 与 OC 门(集电极开路门)成“线与”关系。I^2C 总线的连接如图 10.1 所示。

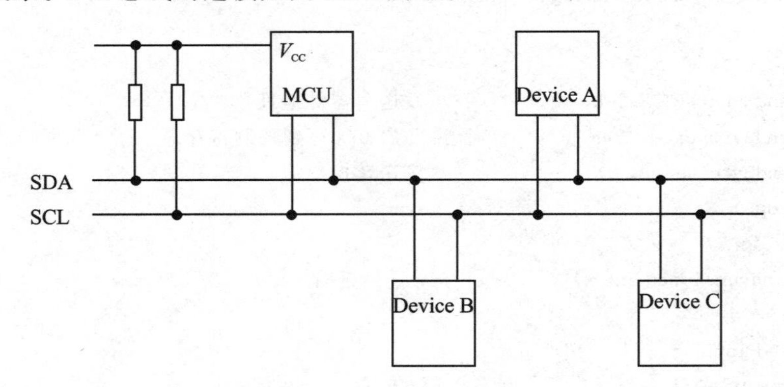

图 10.1　I^2C 总线连接图

在硬件上，I^2C 总线是由时钟总线 SCL 和数据总线 SDA 两条线构成的，连接到总线上的所有器件的 SCL 都连到一起，所有 SDA 也都连到一起。I^2C 总线是开漏引脚并联的结构，因此需要添加上拉电阻，阻值大小常为 1.8 kΩ、4.7 kΩ 和 10 kΩ 左右，但为 1.8 kΩ 时性能最好。总线上“线与”的关系是指所有接入的器件保持高电平，这条线才是高电平；而任何一个器件输出低电平，那这条线就会保持低电平。因此可以做到任何一个器件都可以拉低电平，也就是任何一个器件都可以作为主机。

虽然说任何一个设备都可以作为主机，但绝大多数情况下我们都是用单片机来做主机，总线上挂载多个外部器件，而这些外部器件就像电话一样有属于自己唯一的地址。在信息传输的过程中，通过这唯一的地址就可以正常地识别属于自己的信息。

在介绍 UART 串行通信时，通信流程分为起始位、数据位、停止位 3 部分。同理在 I^2C 中也有起始信号、数据传输和停止信号，如图 10.2 所示。

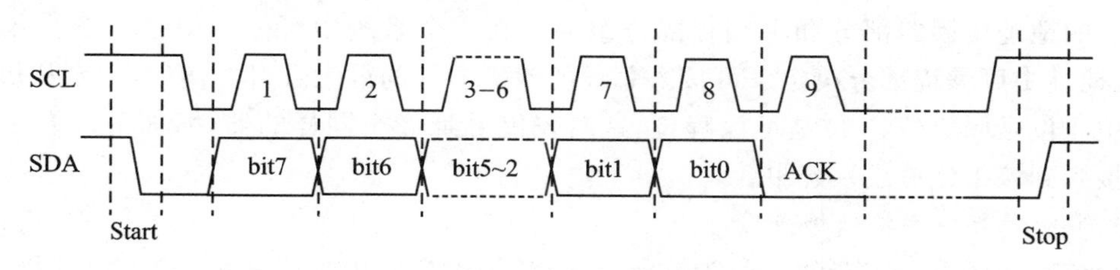

图 10.2　I^2C 时序流程图

其中，数据传输部分可以在一次通信过程中传输很多个字节，而这些字节数是不受限制的，而每个字节的数据最后也跟了一位，这一位叫作应答位，通常用 ACK 表示。

下面把 I^2C 通信时序进行剖析。I^2C 每次通信，不管是发送还是接收，必须 2 条线都参与工作才能完成。

起始信号：当 SCL 为高电平时，SDA 由高电平向低电平变化产生一个下降沿，表示起始信号。起始信号是一种电平跳变时序信号，而不是一个电平信号，如图 10.2 所示的 Start 部分。

数据传输：当 SCL 在低电平时，SDA 允许变化，也就是说，发送方必须先保持 SCL 是低电平，才可以改变数据线 SDA，输出要发送的当前数据的一位；而当 SCL 在高电平时，SDA 绝对不可以变化，因为这时接收方要来读取当前 SDA 的电平信号是 0 还是 1，因此要保证 SDA 的稳定，如图 10.2 所示的每一位数据的变化，都是在 SCL 的低电平位置。8 位数据位后边跟着的是一位应答位（ACK）。在 I^2C 总线上传送的每一位数据都有一个时钟脉冲相对应（或同步控制），即在 SCL 串行时钟的配合下，在 SDA 上逐位进行串行传送每一位数据。而数据位的传输是边沿触发。

停止信号：当 SCL 为高电平时，SDA 由低电平向高电平变化产生一个上升沿，表示结束信号，如图 10.2 所示的 Stop 部分。

应答位：发送器每发送一个字节，就在时钟脉冲 9 期间释放数据线，由接收器反馈一个应答信号，如图 10.2 所示的 ACK 部分。应答信号为低电平时，规定为有效应答位（ACK），表示接收器已经成功地接收了该字节。对于反馈有效应答位 ACK 的要求是，接收器在第 9 个时钟脉冲之前的低电平期间将 SDA 线拉低，并且确保在该时钟的高电平期间为稳定的低电平。如果接收器是主控器，则在它收到最后一个字节后发送一个 NACK 信号，以通知被控发送器结束数据发送，并释放 SDA 线，以便主控接收器发送一个停止信号 P。

10.1.2　I^2C 总线寻址模式

I^2C 总线协议规定采用 7 位的寻址字节（寻址字节是起始信号后的第一个字节）。

(1) 寻址字节的位定义

D7～D1位组成从机的地址。D0位是数据传送方向位,为0时表示主机向从机进行写数据,为1时表示主机由从机读数据。

主机发送地址时,总线上的多个从机都会接收地址;从机将这7位地址码与其本身的地址进行比较,如果一个从机地址和发送地址相同,则认为该从机正被主机寻址,并根据D0位的值,判断该从机是发送器还是接收器。

从机的地址由固定部分和可编程部分组成。在一个系统中可能希望接入多个相同的从机,从机地址中可编程部分决定了可接入总线的该类器件的最大数目。例如,一个从机的7位寻址位中4位是固定位,3位是可编程位,这时仅能寻址8个同样的器件,即可以有8个同样的器件接入到该I^2C总线系统中。

(2) 寻址字节中的特殊地址

起始信号后的第一字节的8位为0000 0000时,称为通用呼叫地址。通用呼叫地址的用意在第二字节中加以说明。格式为

第一字节(通用呼叫地址)									第二字节								
0	0	0	0	0	0	0	0	A	X	X	X	X	X	X	X	B	A

第二字节为06H时,所有能响应通用呼叫地址的从机器件复位,并由硬件装入从机地址的可编程部分。能响应命令的从机器件复位时不拉低SDA和SCL线,以免堵塞总线。

第二字节为04H时,通过硬件来定义通用呼叫地址从机器件将锁定地址中的可编程位,但不进行复位。

在这第二字节的高7位说明自己的地址。接在总线上的智能器件,如单片机或其他微处理器能识别这个地址,并与之传送数据。硬件主器件作为从机使用时,也用这个地址作为从机地址。格式为

S	0000 0000	A	主机地址	1	A	数据	A	数据	A	P

在系统中另一种选择是系统复位时硬件主机器件工作在从机接收器的方式,这时由系统中的主机先告诉硬件主机器件数据应送往的从机器件地址,当硬件主机器件要发送数据时就可以直接向指定从机器件发送数据了。

(3) 起始字节

起始字节是提供给没有I^2C总线接口的单片机查询I^2C总线时使用的特殊字节。对于不具备I^2C总线接口的单片机,必须通过软件不断地检测总线,以便及时地响应总线的请求。这样一来,单片机的速度与硬件接口器件的速度就出现了较大的差别,为此I^2C总线上的数据传送要由一个较长的过程加以引导。该过程由起始信号、起始字节、应答位、重复起始信号组成。

请求访问总线的主机发出起始信号后,发送起始字节(0000 0001),另一个单片机可以用比较低的速率采样SDA线,直到检测到起始字节7个"0"中的一个为止。在检测到SDA线上的高电平后,单片机就可以用较高的采样速率,以便寻找作为同步信号使用的第二个起始信号。

在起始信号后的应答时钟脉冲仅仅是为了和总线所使用的格式一致，并不要求器件在这个脉冲期间作应答。

10.1.3　I^2C 总线工作过程

总线上的所有通信都是由主控器引发的。在一次通信中，主控器与被控器总是扮演两种角色。

(1) 主设备向从设备发送数据

主设备发送起始位，这会通知总线上的所有设备开始传输，接下来主机发送设备地址，与这一地址匹配的从设备将继续这一传输过程，而其他的从设备将会忽略接下来的传输并等待下一次传输的开始。主设备寻址到从设备后，发送它所要读取或写入的从设备的内部寄存器地址。写入完毕之后，发送数据。数据发送完毕后，发送停止位。

I^2C 总线写入过程如下：

① 主设备发送起始位；

② 主设备发送从设备的地址和写操作信号，等待从设备拉低总线进行应答；

③ 从设备发送应答信号；

④ 主设备发送需要写入的内部寄存器地址，从设备对其发出应答；

⑤ 从设备发送应答信号；

⑥ 主设备发送数据，即要写入寄存器中的数据，等待应答信号；

⑦ 从设备发送应答信号；

⑧ 第⑥步和第⑦步可以重复多次，即顺序写多个寄存器；

⑨ 主设备发起停止信号。

I^2C 总线写入过程如图 10.3 所示。

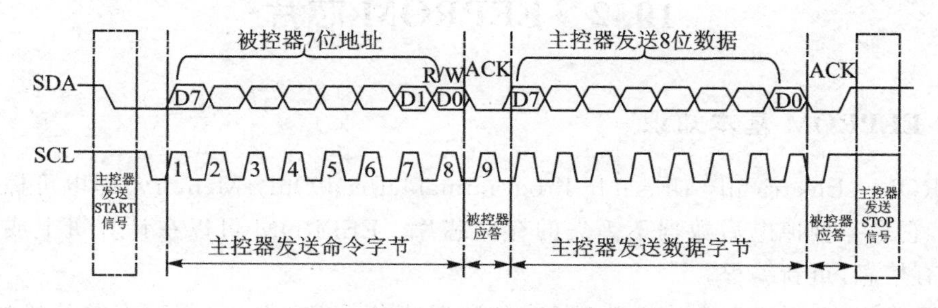

图 10.3　I^2C 总线写入过程示意图

(2) 主设备向从设备读取数据

数据读的过程比较复杂，在从设备读取数据前，必须先要寻找所需要读取的内部寄存器，因此必须先对其进行写过程。

读寄存器的标准流程如下：

① 主设备发送从设备的地址和写操作信号，等待从设备拉低总线进行应答；

② 从设备发送应答信号；

③ 主设备发送需要写入的内部寄存器地址，从设备对其发出应答；

④ 从设备发送应答信号；

⑤ 主设备发送起始位；

⑥ 主设备发送从设备的地址和读操作信号，等待从设备拉低总线进行应答；

⑦ 从设备发送应答信号；

⑧ 从设备发送数据，即寄存器里的值；

⑨ 从设备发送应答信号；

⑩ 第⑧步和第⑨步可以重复多次，即顺序读多个寄存器。

I^2C 总线写入过程如图10.4所示。

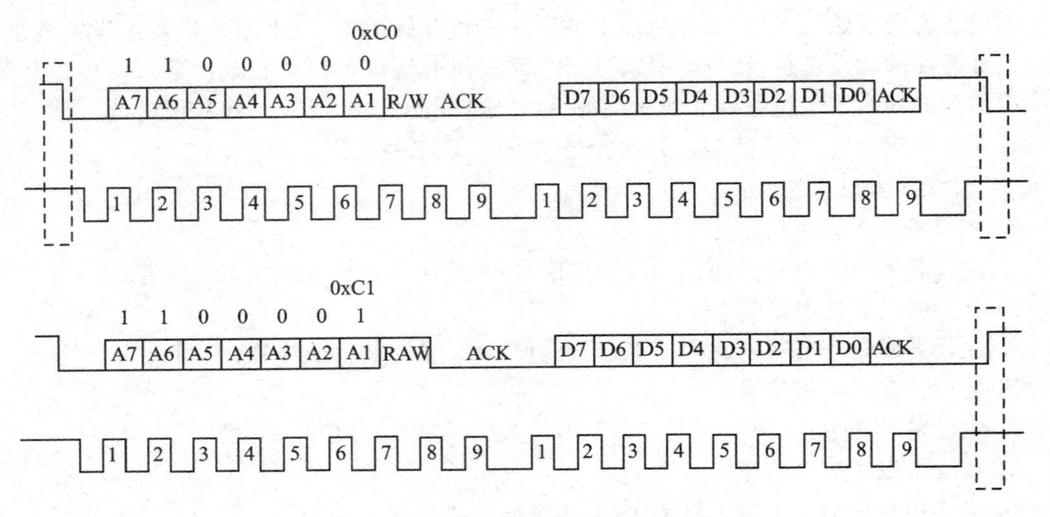

图10.4 I^2C 总线写入过程示意图

10.2 EEPROM 芯片

10.2.1 EEPROM 基本知识

EEPROM (Electrically Erasable ProgrammableRead-Only Memory)即电可擦可编程只读存储器，它是一种掉电后数据不丢失的存储芯片。EEPROM 可以在计算机上或专用设备上擦除已有信息，重新编程。

在实际应用中，保存在单片机 RAM 中的数据掉电后就丢失了，保存在单片机的 FLASH 中的数据又不能随意改变，也就是不能用它来记录变化的数值。但是在某些场合，又确实需要记录下某些数据，而它们还时常需要改变或更新，且掉电之后数据还不能丢失，如家用电表度数、电视机中的频道记忆，一般都是使用 EEPROM 来保存数据的，其特点就是掉电后不丢失。

下面将要介绍的 AT24C02 芯片是一个容量大小是 2 Kb，也就是 256 个字节的 EEPROM。一般情况下，EEPROM 拥有 30 万～100 万次的寿命，也就是它可以反复写入 30 万～100 万次，而读取次数是无限的。

EEPROM 是一个器件，只是这个器件采用了 I^2C 协议的接口与单片机相连通信而已，二者并没有必然的联系。EEPROM 可以用其他接口，I^2C 也可以用在其他很多器件上。

由于EEPROM采用了I^{2}C协议,因此单字节和多字节的读/写方式可以参考10.1.3小节中I^{2}C总线的工作过程,此处不再赘述。

10.2.2　EEPROM芯片——AT24C02

1. 芯片基本介绍

AT24C02芯片属于串行的EEPROM芯片,是基于I^{2}C总线的存储器件,遵循I^{2}C协议。它具有接口方便、体积小及数据掉电不丢失等特点,在仪器仪表及工业自动化控制中得到大量的应用。

AT24C02芯片属于AT24C系列存储芯片中的一种。AT24C系列芯片分为01、02、04、08和16等型号,分别代表了相应型号含有128、256、512、1 024和2 048个8位字节的存储单元。CATALYST公司先进的CMOS技术实质上减少了器件的功耗。AT24C01有一个8字节页写缓冲器,而AT24C02等相关型号则有一个16字节页写缓冲器,该器件通过I^{2}C总线接口进行操作,有专门的写保护功能。

AT24C02的实物及各类型的封装图如图10.5和图10.6所示。

图10.5　AT24C02的实物图

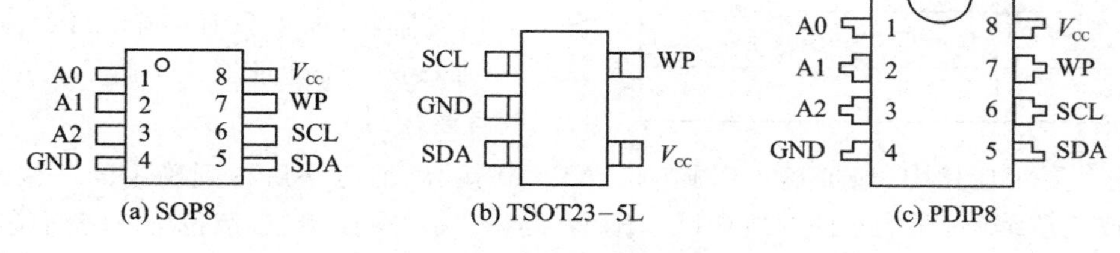

图10.6　各类型的AT24C02封装图

AT24C02的存储容量为2 Kb(256个字节),内容分成32页,每页有8个字节,操作时有芯片寻址和片内子地址寻址两种寻址方式。

- 芯片寻址——AT24C02的芯片地址为1010,其地址控制字格式为1010A2A1A0R/W。
- 片内子地址寻址——芯片可对内部256个字节中的任一存储单元进行读写操作,其寻址范围为00～FF,共256个寻址单位。

2. AT24C02基本参数

① 极限参数

- 工作温度:工业级(－55～＋125 ℃);
  商业级(0～＋75 ℃)。
- 存储温度:－65～ ＋150 ℃。
- 各引脚承受电压:－2.0～＋2.0 V。
- V_{CC}引脚承受电压:－2.0～＋7.0 V。
- 封装功率损耗:251.0 W。
- 输出短路电流:100 mA。

② 可靠性参数

AT240C02 芯片的可靠性参数如表 10.1 所列。

表 10.1 可靠性参数表

符 号	参 数	最 小	单 位	参考测试模式
NEND	耐久性	1000000	周期/字节	MIL-STD-883 测试方法 1033
TDR	数据保存时间	100	年	MIL-STD-883 测试方法 1008
VZAP	ESD	2000	V	MIL-STD-883 测试方法 3015
ILTH	上拉电流	100	mA	JEDEC 标准 17

3. 芯片引脚介绍

AT24C02 芯片引脚如表 10.2 所列。

表 10.2 AT24C02 芯片引脚表

引脚名称	功 能
A0,A1,A2	器件地址选择
SDA	串行数据/地址
SCL	串行时钟
WP	写保护
V_{CC}	1.8～6.0 V 工作电压
V_{SS}	地

SCL 串行时钟引脚:用于产生器件发送或接收数据的时钟。

SDA 串行数据/地址引脚:用于器件所有数据的发送或接收。

A0、A1、A2 器件地址输入引脚:这些输入引脚用于多个器件级联时,需要设置器件地址,当这些引脚悬空时默认值为 0。AT24C02 最大可级联 8 个相关器件,如果只有一个 AT24C02 被总线寻址,那么这三个地址输入引脚 A0、A1、A2 可悬空或者连接到 V_{SS}。

在芯片寻址应用中,地址输入引脚 A2、A1、A0 接高、低电平后得到确定的三位编码,与 1010 形成 7 位编码,即该器件的地址码。R/W 为芯片读/写控制位,该位为 0,表示芯片进行写操作。

WP 写保护:如果 WP 引脚连接到 V_{CC},则所有的内容都被写保护,只能读取数据;如果 WP 引脚连接到 V_{SS} 或悬空,则允许器件进行正常的读/写操作。

10.2.3 EEPROM 硬件电路及接口

EEPROM 硬件电路主要包括两部分:单片机控制电路和 AT24C02 硬件接口电路。

单片机控制电路的主要功能是通过 I^2C 总线,实现对 AT24C02 存储器件的操作功能。单片机的 P2.1 和 P2.0 引脚连接 SCL 和 SDA 引脚,实现 I^2C 总线的控制。单片机控制电路如图 10.7 所示。

AT24C02 硬件接口电路的主要功能是根据单片机的控制信号,完成数据的写入和读取等。AT24C02 的 7 位地址中,高 4 位是固定的 1010,根据低 3 位的 A2、A1、A0 引脚的实际连接位置确定最终地址。总线 SDA、SCL 连接单片机 P2.0、P2.1 引脚。AT24C02 硬件接口电路如图 10.8 所示。

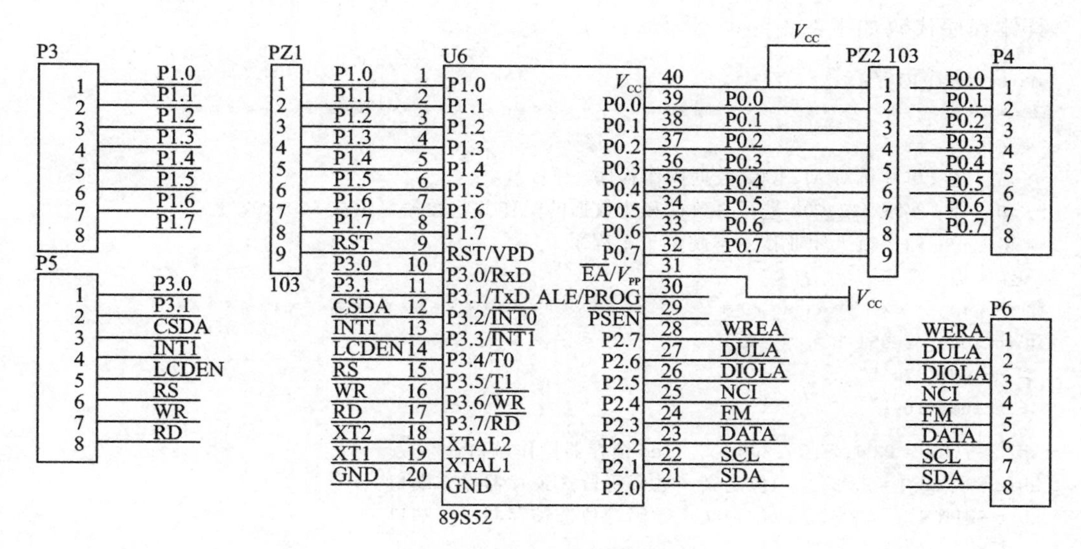

图 10.7　单片机控制电路

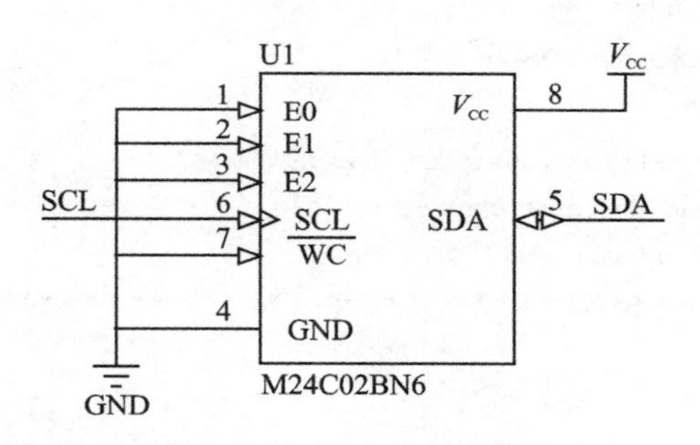

图 10.8　AT24C02 硬件接口电路

10.3　任务实施——断电信息保存技术

断电信息保存技术应用广泛。日常生活中，电视频道记忆功能、交通灯倒计时时间设定和户外LED广告的记忆功能，都有可能用到EEPROM这一类的存储器件。它的优势是存储的重要数据不仅可以改变，而且断电后数据保存不丢失，因此这类器件大量应用在各种电子产品上。

本节是向AT24C02芯片写入指定的数据，然后再从AT24C02读出数据并显示在LCD1602中。如果数据相符合，则单片机和AT24C02的数据属于操作正常；如果数据不符合，则单片机和AT24C02的数据出现故障。

具体操作分为以下几步：

① 将源程序编译后，烧录到单片机；

② 关掉单片机电源；

③ 将本程序中At24c02Write(2,num0)子函数注释后，并同时将num0变量清零；

④ 将修改后的程序编译，并烧录单片机；

⑤ LCD1602会显示上一次写入的数据。

具体程序代码如下：

main.c 程序内容：

```
/*******************************************************
 * 文件名：main.c
 * 描  述：单片机对 AT24C02 数据操作程序
 * 功  能：实现 AT24C02 进行写数据和读数据的操作并将数据显示在 LCD1602 上
 * 单  位：四川航天职业技术学院电子工程系
 * 作  者：李彬
*******************************************************/
#include<reg51.h>
#include"i2c.h"
#include"16.h"

sbit SWITCH = P2^7;      //位定义  led 锁存器操作端口
sbit SWITCH_1 = P2^6;  //位定义  数码管段选锁存器操作端口
sbit SWITCH_2 = P2^5;  //位定义  数码管位选锁存器操作端口

//--定义全局变量--//
unsigned char wordCode0[6] = "write:";
unsigned char wordCode1[6] = " read:";

//--声明全局函数--//
void At24c02Write(unsigned char ,unsigned char );
unsigned char At24c02Read(unsigned char );
void Delay10ms(unsigned int c);
/**********************************************
函数名称：main()
功    能：主函数
入口参数：无
返 回 值：无
备    注：无
**********************************************/
void main()
{
/**************这里清零 num0**********************/
    unsigned int num0 = 0xff,num1 = 0,n;
    SWITCH = 0;     //位定义  led 锁存器操作端口
    SWITCH_1 = 0;  //位定义  数码管段选锁存器操作端口
    SWITCH_2 = 0;  //位定义  数码管位选锁存器操作端口
    LcdInit();

    WriteCommandLCD(0x80,1);
    for(n = 0; n<6; n++)
    {
       LcdWriteData(wordCode0[n]);
    }
    WriteCommandLCD(0x80 + 0x40,1);
    for(n = 0; n<6; n++)
    {
       LcdWriteData(wordCode1[n]);
```

```
    }
/***************这里注释 At24c02Write(2,num0);***************/
    At24c02Write(2,num0);                              //写入数据
    Delay10ms(2) ;                                     //等待写入
    num1 = At24c02Read(2);                             //读出数据
    while(1)
    {
      WriteCommandLCD(0x87,1);
      LcdWriteData('0' + (num0/1000));                 //千位
      LcdWriteData('0' + (num0 % 1000/100));           //百位
      LcdWriteData('0' + (num0 % 1000 % 100/10));      //十位
      LcdWriteData('0' + (num0 % 1000 % 100 % 10));    //个位
      WriteCommandLCD(0x87 + 0x40,1);
      LcdWriteData('0' + (num1/1000));                 //千位
      LcdWriteData('0' + (num1 % 1000/100));           //百位
      LcdWriteData('0' + (num1 % 1000 % 100/10));      //十位
      LcdWriteData('0' + (num1 % 1000 % 100 % 10));    //个位
    }
}
/************************************************
函数名称：Delay10ms()
功    能：延时函数,延时 10ms
入口参数：无
返 回 值：无
备    注：无
************************************************/
void Delay10ms(unsigned int c)                        //误差 0 μs
{
    unsigned char a, b;
    for (;c>0;c--)
    {
      for (b=38;b>0;b--)
      {
        for (a=130;a>0;a--);
      }
    }
}
/************************************************
函数名称：At24c02Write()
功    能：往 24c02 的一个地址写入一个数据
入口参数：unsigned char addr,unsigned char dat
返 回 值：无
备    注：无
************************************************/
void At24c02Write(unsigned char addr,unsigned char dat)
{
    I2C_Start();
    I2C_SendByte(0xa0, 1);  //发送写器件地址
```

```
    I2C_SendByte(addr, 1);  //发送要写入内存地址
    I2C_SendByte(dat, 0);   //发送数据
    I2C_Stop();
}
/**********************************************
函数名称:At24c02Read()
功    能:读取 24c02 的一个地址的一个数据
入口参数:unsigned char addr
返 回 值:unsigned char
备    注:无
**********************************************/
unsigned char At24c02Read(unsigned char addr)
{
    unsigned char num;
    I2C_Start();
    I2C_SendByte(0xa0, 1);  //发送写器件地址
    I2C_SendByte(addr, 1);  //发送要读取的地址
    I2C_Start();
    I2C_SendByte(0xa1, 1);  //发送读器件地址
    num = I2C_ReadByte();    //读取数据
    I2C_Stop();
    return num;
}
```

I2C.c 程序代码如下:

```
/**********************************************
函数名称:Delay1μs()
功    能:延时
入口参数:无
返 回 值:无
备    注:无
**********************************************/
void I2C_Delay10μs()
{
    uchar a, b;
    for(b = 1; b>0; b--)
    {
      for(a = 2; a>0; a--);
    }
}
/***************************************************
 * 函数名称:I2C_Start()
 * 功    能:起始信号:I2C_SCL 时钟信号
在高电平期间 I2C_SDA 信号产生一个下降沿
 * 输    入:无
 * 输    出:无
 * 备    注:起始之后 I2C_SDA 和 I2C_SCL 都为 0
```

```
***************************************************************/
void I2C_Start()
{
    I2C_SDA = 1;
    I2C_Delay10μs();
    I2C_SCL = 1;
    I2C_Delay10μs();          //建立时间是 I2C_SDA 保持时间>4.7 μs
    I2C_SDA = 0;
    I2C_Delay10μs();    //保持时间是>4 μs
    I2C_SCL = 0;
    I2C_Delay10μs();
}
/***************************************************************
* 函数名称：I2C_Stop()
* 功    能：终止信号:在 I2C_SCL 时钟信号高电平期间 I2C_SDA 信号产生一个上升沿
* 输    入：无
* 输    出：无
* 备    注：结束之后保持 I2C_SDA 和 I2C_SCL 都为 1,表示总线空闲
***************************************************************/
void I2C_Stop()
{
    I2C_SDA = 0;
    I2C_Delay10μs();
    I2C_SCL = 1;
    I2C_Delay10μs();          //建立时间大于 4.7 μs
    I2C_SDA = 1;
    I2C_Delay10μs();
}
/***************************************************************
* 函数名称：I2cSendByte(uchar num)
* 功    能：通过 I2C 发送一个字节。在 I2C_SCL 时钟信号高电平期间,保持发送信号 I2C_SDA 保持稳定
* 输    入：num ,ack
* 输    出:0 或 1。发送成功返回 1,发送失败返回 0
* 备    注:发送完一个字节 I2C_SCL = 0, 需要应答则应答设置为 1,否则为 0
***************************************************************/
uchar I2C_SendByte(uchar dat, uchar ack)
{
    uchar a = 0,b = 0;              //最大 255,一个机器周期为 1 μs,最大延时 255 μs

    for(a = 0; a<8; a++)            //要发送 8 位,从最高位开始
    {
      I2C_SDA = dat >> 7;           //起始信号之后 I2C_SCL = 0,所以可以直接改变 I2C_SDA 信号
      dat = dat << 1;
      I2C_Delay10μs();
      I2C_SCL = 1;
```

```
        I2C_Delay10μs();            //建立时间大于 4.7 μs
        I2C_SCL = 0;
        I2C_Delay10μs();            //时间大于 4 μs
    }

    I2C_SDA = 1;
    I2C_Delay10μs();
    I2C_SCL = 1;
    while(I2C_SDA && (ack == 1))  //等待应答,也就是等待从设备把 I2C_SDA 拉低
    {
        b++;
        if(b > 200)  //如果超过 200 μs 没有应答发送失败,或者为非应答,表示接收结束
        {
          I2C_SCL = 0;
          I2C_Delay10μs();
          return 0;
        }
    }
    I2C_SCL = 0;
    I2C_Delay10μs();
    return 1;
}
/************************************************************
* 函数名称: I2cReadByte()
* 功    能: 使用 I2c 读取一个字节
* 输    入: 无
* 输    出: dat
* 备    注: 接收完一个字节 I2C_SCL = 0
************************************************************/
uchar I2C_ReadByte()
{
    uchar a = 0,dat = 0;
    I2C_SDA = 1;             //起始和发送一个字节之后 I2C_SCL 都是 0
    I2C_Delay10 μs();
    for(a = 0; a<8; a++)  //接收 8 个字节
    {
        I2C_SCL = 1;
        I2C_Delay10 μs();
        dat <<= 1;
        dat |= I2C_SDA;
        I2C_Delay10 μs();
        I2C_SCL = 0;
        I2C_Delay10 μs();
    }
    return dat;
}
```

10.4　能力拓展——多个EEPROM器件操作

本节基于开发板的硬件电路，完成2个AT24C02的数据写入和读取操作实验。同时连接2个EEPROM，而每个连接到总线上的器件都有一个用于识别的器件地址，器件地址由芯片内部硬件电路和外部地址引脚同时决定，这样就避免了地址相同。从而建立了简单的主从关系，从而每个器件都可以作为发送器，也可以作为接收器。就是在这里修改地址就可以了。

具体代码如下：

main.c程序内容：

```
#include<reg51.h>
#include"i2c.h"
#include"16.h"
sbit SWITCH = P2^7;         //位定义  led锁存器操作端口
sbit SWITCH_1 = P2^6;       //位定义  数码管段选锁存器操作端口
sbit SWITCH_2 = P2^5;       //位定义  数码管位选锁存器操作端口
//注意:LED和1602、12864共用的P0引脚不能同时使用,否则会有干扰
//如果要使用LED,必须取下1602和12864
//--定义全局变量--//
unsigned char wordCode0[6] = "write:";
unsigned char wordCode1[6] = " read:";
//--声明全局函数--//
void At24c02Write(unsigned char ,unsigned char );
unsigned char At24c02Read(unsigned char );
void Delay10ms(unsigned int c);   //误差 0 μs
/*******************************************************
*函数名称:main
*功    能:主函数
*输    入:无
*输    出:无
*******************************************************/
void main()
{
/***************这里清零num0****************/
    unsigned int num0 = 0xff,num1 = 0,n;
    SWITCH = 0;         //位定义  led锁存器操作端口
    SWITCH_1 = 0;       //位定义  数码管段选锁存器操作端口
    SWITCH_2 = 0;       //位定义  数码管位选锁存器操作端口
    LcdInit();

    WriteCommandLCD(0x80,1);
    for(n = 0; n<6; n++)
    {
        LcdWriteData(wordCode0[n]);
    }

    WriteCommandLCD(0x80 + 0x40,1);
    for(n = 0; n<6; n++)
```

```
        {
            LcdWriteData(wordCode1[n]);
        }
        At24c02Write(2,num0);                                      //写入数据
        Delay10ms(2);                                              //等待写入
        num1 = At24c02Read(2);                                     //读出数据
          while(1)
          {
            WriteCommandLCD(0x87,1);
            LcdWriteData('0' + (num0/1000));                       //千位
            LcdWriteData('0' + (num0 % 1000/100));                 //百位
            LcdWriteData('0' + (num0 % 1000 % 100/10));            //十位
            LcdWriteData('0' + (num0 % 1000 % 100 % 10));          //个位
            WriteCommandLCD(0x87 + 0x40,1);
            LcdWriteData('0' + (num1/1000));                       //千位
            LcdWriteData('0' + (num1 % 1000/100));                 //百位
            LcdWriteData('0' + (num1 % 1000 % 100/10));            //十位
            LcdWriteData('0' + (num1 % 1000 % 100 % 10));          //个位
          }
}
/*****************************************************
* 函数名称：Delay10ms
* 功    能：延时函数,延时 10 ms
* 输    入：无
* 输    出：无
*****************************************************/
void Delay10ms(unsigned int c)                                     //误差 0 μs
{
     unsigned char a, b;
     for (;c>0;c--)
     {
       for (b=38;b>0;b--)
       {
         for (a=130;a>0;a--);
       }
     }
}
/*****************************************************
* 函数名称：void At24c02Write(unsigned char addr,unsigned char dat)
* 功    能：往 24c02 的一个地址写入一个数据
* 输    入：无
* 输    出：无
*****************************************************/
void At24c02Write(unsigned char addr,unsigned char dat)
{
     I2C_Start();
     I2C_SendByte(0xa0, 1);                                        //发送写器件地址
     I2C_SendByte(addr, 1);                                        //发送要写入内存地址
```

```
    I2C_SendByte(dat, 0);                              //发送数据
    I2C_Stop();
}
/*****************************************************
 * 函数名称：unsigned char At24c02Read(unsigned char addr)
 * 功    能：读取 24c02 的一个地址的一个数据
 * 输    入：无
 * 输    出：无
*****************************************************/
unsigned char At24c02Read(unsigned char addr)
{
    unsigned char num;
    I2C_Start();
    I2C_SendByte(0xa0, 1);                             //发送写器件地址
    I2C_SendByte(addr, 1);                             //发送要读取的地址
    I2C_Start();
    I2C_SendByte(0xa1, 1);                             //发送读器件地址
    num = I2C_ReadByte();                              //读取数据
    I2C_Stop();
    return num;
}
```

I2C.c 程序代码如下：

```
#include"i2c.h"
/*****************************************************
 * 函数名称：Delay1μs()
 * 功    能：延时
 * 输    入：无
 * 输    出：无
*****************************************************/
void I2C_Delay10μs()
{
    uchar a, b;
    for(b = 1; b>0; b--)
    {
      for(a = 2; a>0; a--);
    }
}
/*****************************************************
 * 函数名称：I2C_Start()
 * 功    能：起始信号:I2C_SCL 时钟信号在高电平期间 I2C_SDA 信号产生一个下降沿
 * 输    入：无
 * 输    出：无
 * 备    注：起始之后 I2C_SDA 和 I2C_SCL 都为 0
*****************************************************/
void I2C_Start()
{
```

```
    I2C_SDA = 1;
    I2C_Delay10μs();
    I2C_SCL = 1;
    I2C_Delay10μs();  //建立时间是I2C_SDA保持时间大于4.7 μs
    I2C_SDA = 0;
    I2C_Delay10μs();  //保持时间是大于4 μs
    I2C_SCL = 0;
    I2C_Delay10μs();
}
/*************************************************
* 函数名称：I2C_Stop()
* 功    能：终止信号:在I2C_SCL时钟信号高电平期间I2C_SDA信号产生一个上升沿
* 输    入：无
* 输    出：无
* 备    注：结束之后保持I2C_SDA和I2C_SCL都为1;表示总线空闲
*************************************************/
void I2C_Stop()
{
    I2C_SDA = 0;
    I2C_Delay10μs();
    I2C_SCL = 1;
    I2C_Delay10μs();     //建立时间大于4.7 μs
    I2C_SDA = 1;
    I2C_Delay10μs();
}
/*************************************************
* 函数名称：I2cSendByte(uchar num)
* 功    能：通过I2C发送一个字节。在I2C_SCL时钟信号高电平期间,保持发送信号I2C_SDA稳定
* 输    入：num ,ack
* 输    出：0或1。发送成功返回1,发送失败返回0
* 备    注：发送完一个字节I2C_SCL = 0,需要应答则应答设置为1,否则为0
*************************************************/
uchar I2C_SendByte(uchar dat, uchar ack)
{
    uchar a = 0,b = 0;            //最大255,一个机器周期为1 μs,最大延时255 μs
    for(a = 0; a<8; a++)          //要发送8位,从最高位开始
    {
        I2C_SDA = dat >> 7;       //起始信号之后I2C_SCL = 0,所以可以直接改变I2C_SDA信号
        dat = dat << 1;
        I2C_Delay10μs();
        I2C_SCL = 1;
        I2C_Delay10μs();          //建立时间大于4.7 μs
        I2C_SCL = 0;
        I2C_Delay10μs();          //时间大于4 μs
    }
```

```
    I2C_SDA = 1;
    I2C_Delay10μs();
    I2C_SCL = 1;
    while(I2C_SDA && (ack == 1)) //等待应答,也就是等待从设备把 I2C_SDA 拉低
    {
        b++;
        if(b > 200)  //如果超过 200 μs 没有应答,则说明发送失败,或者为非应答,表示接收结束
        {
            I2C_SCL = 0;
            I2C_Delay10μs();
            return 0;
        }
    }
    I2C_SCL = 0;
    I2C_Delay10μs();
    return 1;
}
/***********************************************************
* 函数名称:I2cReadByte()
* 功    能:使用 I2c 读取一个字节
* 输    入:无
* 输    出:dat
* 备    注:接收完一个字节 I2C_SCL = 0
***********************************************************/
uchar I2C_ReadByte()
{
    uchar a = 0,dat = 0;
    I2C_SDA = 1;                    //起始和发送一个字节之后 I2C_SCL 都是 0
    I2C_Delay10μs();
    for(a = 0; a<8; a++)            //接收 8 个字节
    {
      I2C_SCL = 1;
      I2C_Delay10μs();
      dat <<= 1;
      dat |= I2C_SDA;
      I2C_Delay10μs();
      I2C_SCL = 0;
      I2C_Delay10μs();
    }
    return dat;
}
```

课后作业

一、选择题

1. 51 单片机的 CPU 主要由(　　)组成。

   A. 运算器、控制器　　B. 加法器、寄存器

   C. 运算器、加法器　　D. 运算器、译码器

2. Intel 8051 是(　　)位的单片机。

   A. 16　　B. 4　　C. 8　　D. 准 16 位

3. 程序是以(　　)形式存放在程序存储器中。

   A. C 语言源程序　　B. 汇编程序　　C. 二进制编码　　D. BCD 码

4. 单片机的程序计数器 PC 用来(　　)。

   A. 存放指令　　B. 存放正在执行的指令地址

   C. 存放下一条指令地址　　D. 存放上一条指令地址

5. 单片机 8031 的 EA 引脚(　　)。

   A. 必须接地　　B. 必须接+5 V 电源

   C. 可悬空　　D. 以上三种视需要而定

6. 外部扩展存储器时，分时复用作数据线和低 8 位地址线的是(　　)。

   A. P0 口　　B. P1 口　　C. P2 口　　D. P3 口

7. PSW 中的 RS1 和 RS0 用来(　　)。

   A. 选择工作寄存器组　　B. 指示复位

   C. 选择定时器　　D. 选择工作方式

8. 单片机上电复位后，PC 的内容为(　　)。

   A. 0x0000　　B. 0x0003　　C. 0x000B　　D. 0x0800

9. 8051 单片机的程序计数器 PC 为 16 位计数器，其寻址范围是(　　)。

   A. 8 KB　　B. 16 KB　　C. 32 KB　　D. 64 KB

10. 单片机的 ALE 引脚是以晶振振荡频率的(　　)固定频率输出正脉冲，因此它可作为外部时钟或外部定时脉冲使用。

    A. 1/2　　B. 1/4　　C. 1/6　　D. 1/12

11. 单片机的 4 个并行 I/O 端口使用，在输出数据时，必须外接上拉电阻的是(　　)。

    A. P0 口　　B. P1 口　　C. P2 口　　D. P3 口

12. 当单片机应用系统需要扩展外部存储器或其他接口芯片时，(　　)可作为低 8 位地址总线使用。

    A. P0 口　　B. P1 口　　C. P2 口　　D. P3 口

13. 当单片机应用系统需要扩展外部存储器或气体接口芯片时，(　　)可作为高 8 位地址总线使用。

    A. P0 口　　B. P1 口　　C. P2 口　　D. P3 口

14. 下面叙述不正确的是(　　)。

A. 一个C源程序可以由一个或多个函数组成

B. 一个C源程序必须包含一个函数 main(　)

C. 在C程序中,注释说明只能位于一条语句的后面

D. C程序的基本组成单位是函数

15. C程序总是从(　　)开始执行的。

A. 主函数　　B. 主程序　　C. 子程序　　D. 主过程

16. 最基本的C语言是(　　)。

A. 赋值语句　　B. 表达式语句　　C. 循环语句　　D. 复合语句

17. 在C51程序中常常把(　　)作为循环体,用于消耗CPU运行时间,产生延时效果。

A. 赋值语句　　B. 表达式语句　　C. 循环语句　　D. 空语句

18. 在C语言的if语句中,用作判断的表达式为(　　)。

A. 关系表达式　　B. 逻辑表达式

C. 算术表达式　　D. 任意表达式

19. 在C语言中,当do-while语句中的条件为(　　)时,结束循环。

A. 0　　B. false　　C. true　　D. 非0

20. 下面的while循环执行了(　　)次空语句。

while (i =3);

A. 无限次　　B. 0次　　C. 1次　　D. 2次

21. 以下描述正确的是(　　)。

A. continue语句的作用是结束整个循环的执行

B. 只能在循环体内核switch语句体内使用break语句

C. 在循环体内使用break语句或continue语句的作用相同

D. 以上三种描述都不正确

22. 在C51的数据类型中,unsigned char型的数据长度和值域为(　　)。

A. 单字节,－128～＋127

B. 双字节,－32 768～＋32 767

C. 单字节,0～255

D. 双字节,0～65535

23. 在C语言中,函数类型是由(　　)。

A. return语句中表达式值得数据类型所决定

B. 调用该函数时的主调用函数类型所决定

C. 调用该函数时系统临时决定

D. 在定义该函数时所指定的类型所决定

24. 在单片机应用系统中,LED数码管显示电路通常有(　　)显示方式。

A. 静态　　B. 动态　　C. 静态和动态　　D. 查询

25. (　　)显示方式编程较简单,但占用I/O口线多,其一般适用显示位数较少的场合。

A. 静态　　B. 动态　　C. 静态和动态　　D. 查询

26. LED数码管若采用动态显示方式,下列说法错误的是(　　)。

A. 将各位数码管的段选线并联

B. 将段选线用一个8位I/O口控制

C. 将各位数码管的公共端直接连在+5V或者GND上

D. 将各位数码管的位选线用各自独立的I/O控制

27. 共阳极LED数码管加反相器驱动式显示字符“6”的段码是(　　)。

A. 0x06　　B. 0x7D　　C. 0x82　　D. 0xFA

28. 一个单片机应用系统用LED数码管显示字符“8”的段码是0x80,可以断定该显示系统用的是(　　)。

A. 不加反相驱动的共阴极数码管

B. 加反相驱动的共阴极数码管或不加反相驱动的共阳极数码管

C. 加反相驱动的共阳极数码管

D. 以上都不对

29. 在共阳极数码管使用中,若要是仅显示小数点,则其相应的字型码是(　　)。

A. 0x80　　B. 0x10　　C. 0x40　　D. 0x7F

30. 某一应用系统需要扩展10个功能键,通常采用(　　)方式更好。

A. 独立式按键　　B. 矩阵式键盘　　C. 动态键盘　　D. 静态键盘

31. 按键开关的结构通常是机械弹性元件,在按键按下和断开时,触点在闭合和断开瞬间会产生接触不稳定,为消除抖动不良后果常采用的方法有(　　)。

A. 硬件去抖动　　B. 软件去抖动

C. 硬、软件两种方法　　D. 单稳态电路去抖方法

32. 下面是对一组s的初始化,其中不正确的是(　　)。

A. char s[5]={“abc”}　　B. char s[5]={‘a’,‘b’,‘c’}

C. char s[5]=″″　　D. char s[5]=“abcdef”

33. 对两个数组a和b进行如下初始化:

char a[]=“ABCDEF”

char b[]={‘A’,‘B’,‘C’,‘D’,‘E’,‘F’}

则以下叙述正确的是(　　)。

A. a与b数组完全相同　　B. a与b长度相同

C. a和b中都存放字符串　　D. a数组比b数组长度长

34. 在C语言中,引用数组元素时,其数组下标的数据类型允许是(　　)。

A. 整型常量　　B. 整型表达式

C. 整型常量或整型表达式　　D. 任何类型的表达式

35. 51单片机的定时器T1用作定时方式时是(　　)。

A. 对内部时钟频率计数,一个时钟周期加1

B. 对内部时钟计数,一个机器周期减1

C. 对外部时钟频率计数,一个时钟周期加1

D. 对外部时钟频率计数,一个机器周期减1

36. 51单片机的定时器T1用作计数方式时计数脉冲是(　　)。

A. 外部计数脉冲由T1(P3.5)输入

B. 外部计数脉冲由内部时钟频率提供

C. 外部计数脉冲又 T0(P3.4)输入

D. 由外部计数脉冲计数

37. 当 51 单片机的定时器 T1 用作定时方式时，采用工作方式 1，则工作方式控制字为（　　）

A. 0x01　　B. 0x05　　C. 0x10　　D. 0x50

38. 当 51 单片机的定时器 T1 用作计数方式时，采用工作方式 2，则工作方式控制字为（　　）

A. 0x60　　B. 0x02　　C. 0x06　　D. 0x20

39. 51 单片机的定时器 T0 用作定时方式时，采用工作方式 1，则初始化编程为（　　）

A. TMOD=0xO1　　B. TMOD=0x50

C. TMOD=0x10　　D. TMOD=0x02

40. 启动 T0 开始计数是使 TCON 的（　　）

A. TFO 位置 1　　B. TR0 位置 1

C. TRO 位清 0　　D. TRI 位清 0

41. 使 51 单片机的定时器 T0 停止计数的语句是（　　）

A. TRO=0　　B. TR1=0　　C. TR0=1　　D. TR1=1

42. 51 单片机串行口发送/接收中断源的工作过程是：当串行口接收或发送完一帧数据中的（　　），向 CPU 申请中断。

A. R1 或 T1 置 1　　B. R1 或 T1 清 0

C. R1 置 1 或 T1 清 0　　D. R1 置 0 或 T1 置 1

43. 当 CPU 响应定时器 T1 的中断请求后，程序计数器 PC 的内容是（　　）

A. 0x0003　　B. 0x000B　　C. 0x0013　　D. 0x001B

44. 当 CPU 的响应外部中断 0 的中断请求后，程序计数器 PC 的内容是（　　）

A. 0x0003　　B. 0x000B　　C. 0x0013　　D. 0x001B

45. 51 单片机在同一级别里除串行口外，级别最低的中断源是（　　）

A. 外部中断 1　　B. 定时器 T0

C. 定时器 T1　　D. 串行口

46. 当外部中断 0 发出中断请求后，中断响应的条件是（　　）

A. ET0=1　　B. EX0=1　　C. IE=0x81　　D. IE=0x61

47. 51 单片机 CPU 关中断语句是（　　）

A. EA=1　　B. ES=1　　C. EA=0　　D. EX0=1

48. 串行口是单片机的（　　）

A. 内部资源　　B. 外部资源　　C. 输入设备　　D. 输出设备

49. 51 单片机的串行口时（　　）

A. 单工　　B. 全双工　　C. 半双工　　D. 并行口

50. 表示串行数据传输速率的指标为（　　）。

A. USART　　B. UART　　C. 字符帧　　D. 波特率

51. 单片机和 PC 机接口时，往往要采用 RS-232 接口芯片，其主要作用是（　　）

A. 提高传输距离　　B. 提高传输速率　　C. 进行电平转换　　D. 提高驱动能力

52. 单片机输出信号为(　　)电平。

A. RS-232C　　B. TTL　　C. RS-449　　D. RS-232

53. 串行口工作在方式0时,串行数据从(　　)输入或输出。

A. RI　　B. TXD　　C. RXD　　D. REN

54. 串行口的控制寄存器为(　　)

A. SMOD　　B. SCON　　C. SBUF　　D. PCON

55. 当采用中断方式进行串行数据的发送时,发送完一帧数据后,TI标志要(　　)

A. 自动清零　　B. 硬件清零

C. 软件清零　　D. 软、硬件均可

56. 当采用定时器T1作为串行口波特率发生器使用时,通常定时器工作在方式(　　)

A. 0　　B. 2　　C. 3　　D. 4

57. 当设置串行口工作为方式2时,采用(　　)语句。

A. SCON=Ox80　　B. PCON=Ox80

C. SCON=Ox10　　D. PCON=Ox10

58. 串行口工作在方式0时,其波特率(　　)

A. 取决于定时器T1的溢出率

B. 取决于PCON中的SMOD位

C. 取决于时钟频率

D. 取决于PCON中的SMOD位和定时器T1溢出率

59. 串行口工作在方式1时,其波特率(　　)

A. 取决于定时器T1的溢出率

B. 取决于PCON中的SMOD位

C. 取决于时钟频率

D. 取决于PCON中的SMOD位和定时器T1溢出率

60. 串行口的发送数据和接收数据端为(　　)

A. TXD和RXD　　B. TI和RI　　C. TB8和RB8　　D. REN

61. A/D转换结束通常采用(　　)方式编程

A. 中断方式　　B. 查询方式

C. 延时等待方式　　D. 中断、查询和延时等待

62. A/D转换的精度由(　　)确定。

A. A/D转换位数　　B. 转换时间　　C. 转换方式　　D. 查询方式

63. D/A转换的纹波消除方式是(　　)

A. 比较放大　　B. 电平抑制　　C. 低通滤波　　D. 高通滤波

64. 5TC1255A60S2芯片内部的A/D转换为(　　)

A. 16位　　B. 12位　　C. 10位　　D. 8位

65. PCF8591芯片是(　　)A/D和D/A芯片

A. 串行　　B. 并行　　C. 通用　　D. 专用

二、填空题

1. 单片机应用系统是由________和________组成的。

2. 除了单片机和电源外，单片机最小系统包括________电路和________电路。

3. 在进行单片机应用系统设计时，除了电源和地引脚外，________、________、________、________引脚信号必须连接相应电路。

4. 51 单片机的 XTAL1 和 XTAL2 引脚是________引脚。

5. 单片机的存储器主要有 4 个物理存储空间，即 ____________，____________，____________，____________。

6. 单片机的应用程序一般存放在________中。

7. 片内 RAM 低 128 单元，按其用途划分为________，________和________ 3 个区域。

8. 当振荡脉冲频率为 12 MHz 时，一个机器周期为________；当振荡脉冲频率为 6MHz 时，一个机器周期为________。

9. 单片机的复位电路有两种，即________和________。

10. 输入单片机的复位信号需延续________个机器周期以上的________电平时即为有效，用于完成单片机复位初始化操作。

11. 一个 C 源程序有且仅有一个________函数。

12. C51 程序中定义一个可位寻址的变量 FLAG 访问 P3.1 引脚的方法是________。

13. C51 扩充的数据类型________用来访问 51 单片机内部的所有专用寄存器。

14. 结构化程序设计的三种基本结构是________、________、________。

15. 表达式语句由________组成。

16. ________语句一般用作单一条件或分支数目较少的场合，如果编写超过 3 个以上分支的程序，可用多分支选择的________语句。

17. while 语句和 do - while 语句的区别在于：________语句是先执行、后判断，而________语句是先判断、后执行。

18. 下面的 while 循环执行了________次空语句。

```
i = 3
while (i != 0)
```

19. 下面的延时函数 delay()执行了________次空语句。

```
void delay (void )
{
int i;
for(i = 0;i <10000;i ++ );
}
```

20. 在单片机的 C 语言程序设计中，________类型数据经常用于处理 ASCII 字符或用于处理小于等于 255 的整型数。

21. C51 的变量存储器类型是指________________________________。

22. C51 中的字符串总是以________作为串的结束符。

23. C51 中的字符串总是以________作为串的结束符，通常用字符数组来存放。

24. 下面的数组定义中,关键字code是为了把数组tab存储在________。

```
unsigned char code tab[] = {'A','B','C','D','E','F'};
```

25. 51单片机定时器的内部结构由________、________、________、________4部分组成。

26. 51单片机的定时/计数器,若只用软件启动,与外部中断无关,则应使用TMOD中的________。

27. 51单片机的T0用作计数方式时,用工作方式1(16位),则工作方式控制字为________。

28. 定时器方式寄存器TMOD的作用是________________________________。

29. 定时器控制寄存器TCON的作用是________________________________。

30. 51单片机的中断系统由________、________、________、________、________等寄存器组成。

31. 51单片机的中断源有________、________、________、________、________。

32. 中断源中断请求撤销包括________、________、________3种形式。

33. 外部中断0的中断类型号为________。

34. A/D转换器的作用是将________量转为________量;D/A转换器的作用是将________量转为________量。

35. 描述D/A转换器性能的主要指标有________________________。

三、判断题

1. 80C51单片机复位是高电平有效。( )

2. 寄存器间接寻址中,寄存器中存放的是操作数的地址。( )

3. 80C51单片机串行中断只有1个,但有2个标志位。( )

4. 80C51的串行接口是全双工的。( )

5. 80C51的特殊功能寄存器分布在00H~70H地址范围内。( )

6. 必须有中断源发出中断请求,并且CPU开中断,CPU才可能响应中断。( )

7. 对于先判断后执行的循环结构,其循环体最少执行次数为0。( )

8. MCS-51的程序存储器是用来存放程序和表格常数。( )

9. 我们所说的计算机实质上是计算机的硬件系统与软件系统的总称。( )

10. MCS-51系列单片机CPU是8位。( )

11. 要进行多机通信,MCS-51串行接口的工作方式应选为方式1。( )

12. TMOD中的GATE=1时,表示由两个信号控制定时器的启停。( )

13. 异步串行通信的帧格式由起始位、数据位、奇偶校验和停止位组成。( )

14. 异步串行数据通信有单工、半工、全工3种传送方向形式。( )

15. 外中断请求标志位是IE0和IE1。( )

四、问答题

1. 什么是单片机?它由几部分组成?

2. 什么是单片机应用系统?

3. P3口的第二功能是什么?

4. 画出单片机的时钟电路,并指出石英晶体和电容的取值范围。

5. 什么是机器周期？机器周期和晶振频率有何关系？当晶振频率为 6 MHz 时，机器周期是多少？

6. 51 单片机常用的复位方法有几种？画出电路图并说出其工作原理。

7. 51 单片机内 RAM 的组成是如何划分的？各有什么功能？

8. 51 单片机有多少个特殊功能寄存器，他们分布在什么地址范围？

9. 简述程序状态寄存器 RAM 各位的含义，单片机如何确定和改变当前的工作寄存组？

10. C51 编译器支持的存储器类型有哪些？

11. 当单片机外部扩展 RAM 和 ROM 时，P0 口和 P2 口各起什么作用？

12. 在单片机的 C 语言程序设计中，如何使用 SFR 和可寻地址？

13. 七段 LED 静态显示和动态显示在硬件连接上分别具有什么特点？实际设计时应如何选择使用？

14. LED 大屏幕显示一次能点亮多少行？显示的原理是怎样的？

15. 机械式按键组成的键盘，应如何消除按键抖动？

16. 独立式按键和矩阵式按键分别具有什么特点？各适用于什么场合？

17. 51 单片机定时/计数器的定时功能和计数功能有什么不同？分别应用在什么场合？

18. 软件定时和硬件定时的原理有何不同？

19. 51 单片机的定时/计数器是增 1 计数器还是减 1 计数器？增 1 和减 1 计数器在计数和计算计数初值时有何不同？

20. 51 单片机定时/计数器 4 种工作方式的特点有哪些？如何进行选择和设定？

21. 什么叫中断？中断有什么特点？

22. 51 单片机有哪几个中断源？如何设定它们的优先级？

23. 中断函数的定义形式是怎样的？

24. 什么是串行异步通信？有哪几种帧格式？

25. 定时器 T1 用作串行口波特率发生器时，为什么采用工作方式 2？

26. 判断 A/D 转换是否结束，一般可采用几种方式？每种方式有何特点？

五、操作题

1. 利用单片机控制 8 个发光二极管，设计 8 个灯同时闪烁的控制程序。

2. 利用单片机控制蜂鸣器和发光二极管，设计一个声光报警系统。

3. 利用单片机控制按键和发光二极管，设计一个单键控制单灯亮灭的系统。

4. 利用单片机控制 4 个按键和 4 个发光二极管，设计一个 4 人抢答器，要求当有某一位参赛者首先按下抢答开关时，相应的 LED 灯亮，此时抢答器不再接收其他输入信号，需要复位按键才能重新开始抢答。

5. 感应灯控制系统设计，实现当照明灯感应到有人接近时自动开灯、在人离开后自动关灯的功能。

6. 自动滑动门开关控制系统设计，实现当滑动玻璃门感应到有人接近时自动开门、在人离开后自动关门的功能。

7. 设计时间间隔为 1 s 的流水灯控制程序。

8. 用单片机控制 8 个 LED 发光二极管，要求 8 个发光二极管按照 BCD 码格式循环显示 00～59，时间间隔为 1 s。

9. 可控霓虹灯设计。系统有8个发光二极管,在P3.2引脚连接一个按键,用过按键改变霓虹灯的显示方式。要求正常情况下8个霓虹灯依次顺序点亮,循环显示,时间间隔为s。当按键按下后8个霓虹灯同时亮灭一次,时间间隔为0.5 s。(按键动作采用外部中断0实现)

10. 利用串行口设计4位静态LED显示,画出电路图并编写程序,要求4位LED每隔1 s交替显示“1234”和“5678”。

11. 编程实现甲、乙单片机进行点对点通信,甲机每隔1 s发送一次“A”字符,乙机接收到以后,在LED上能够显示出来。

12. 编写一个实用的串行通信测试软件,其功能如下:将PC机键盘的输入数据发送给单片机,单片机收到PC机发来的数据后,回传同一数据给PC机,并在屏幕上显示出来。只要屏幕上显示的字符与所键入的字符相同,说明二者之间的通信正常。

通信协议:第一字节,最高位(MSB)为1,为第一字节标志;第二字节,MSB为0,为非第一字节标志,依次类推,最后一字节为前几字节后7位的“异或”校验和。

单片机串行口工作在方式1,晶振为11.0592 MHz,波特率为4800 bps。

13. 设计一个锯齿波发生器系统。

附录 A　Keil C51 软件使用

Keil C51 软件是众多单片机应用开发的优秀软件之一，它集编辑、编译、仿真于一体，支持汇编、PLM 语言和 C 语言的程序设计，界面友好，易学易用。下面介绍 Keil C51 软件的使用方法。

一、软件启动

单击 Keil C51 软件图标后，屏幕如图 A.1 所示。几秒钟后出现如图 A.2 所示界面。

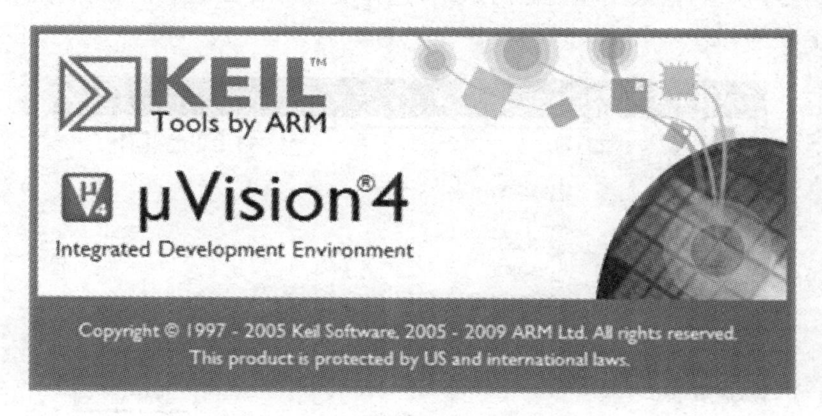

图 A.1　启动 Keil C51 时的屏幕

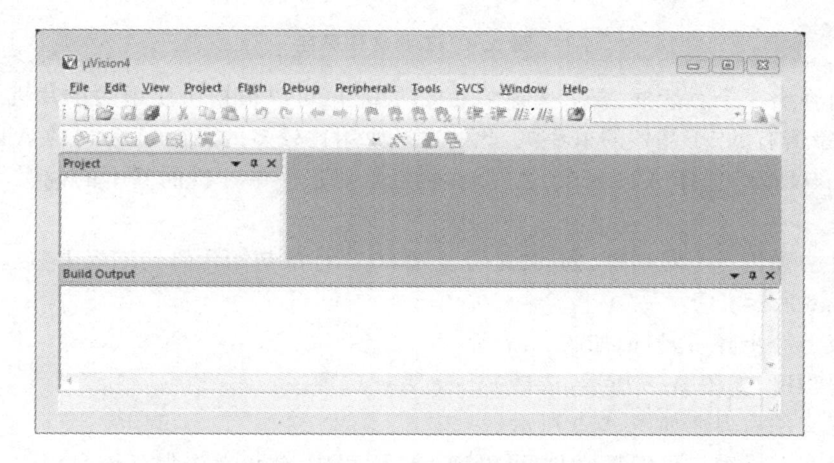

图 A.2　进入 Keil C51 后的编辑界面

二、简单程序的编写与调试

学习程序设计语言,学习某种程序软件,最好的方法是直接操作实践。下面通过简单的编程、调试,引导大家学习 Keil C51 软件的基本使用方法和调试技巧。

① 建立一个新工程。选择 Project→New Project 选项,如图 A.3 所示。

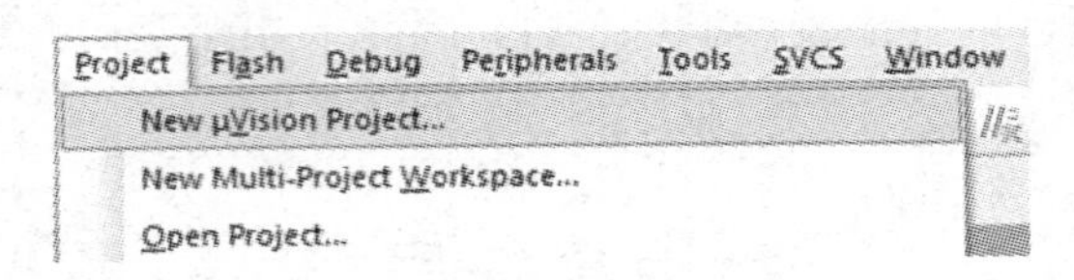

图 A.3 新建工程

② 如图 A.4 所示,输入工程文件的名字,选择文件保存路径。例如保存到 C51 目录里,工程文件的名字为 C51。

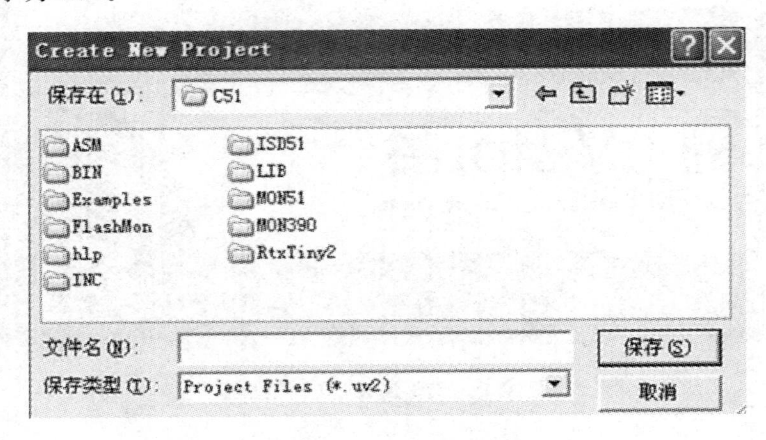

图 A.4 工程文件保存

③ 此时弹出一个对话框,要求选择单片机的型号,可以根据所使用的单片机来选择,Keil C51 支持几乎所有的 51 基核的单片机,此处选择使用比较多的 Atmel 公司的 AT89C52 来说明。如图 A.5 所示,选择 AT89C52 之后,右侧栏是对这个单片机的基本的说明,单击"确定"按钮。

④ 软件会弹出一个对话框,询问"是否复制 8051 标准初始代码到工程中",选择"否"。对话框如图 A.6 所示。

⑤ 完成上一步骤后,界面如图 A.7 所示。

⑥ 编写程序,如图 A.8 所示,选择 File→New 选项。

⑦ 新建文件后界面如图 A.9 所示。

⑧ 光标在编辑窗口里闪烁,用户可以键入应用程序,建议首先保存该空白的文件,单击选择 File→Save As 选项,显示如图 A.10 所示对话框,在文件名右侧的文本框中键入文件名,同时必须键入正确的扩展名。注意:如果用 C 语言编写程序,则扩展名为".c";如果用汇编语言编写程序,则扩展名必须为".asm"。然后,单击"保存"按钮。

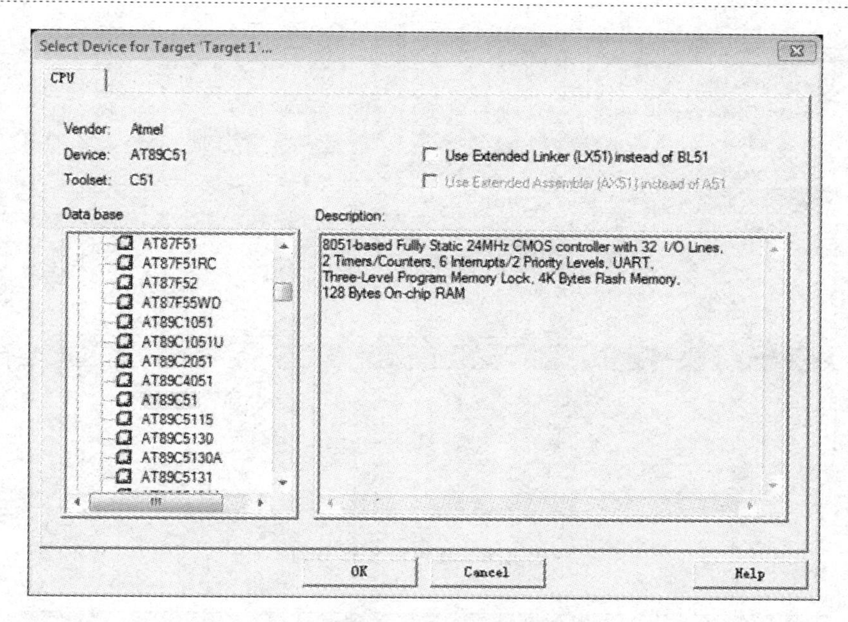

图 A.5　单片机型号选择

图 A.6　询问对话框

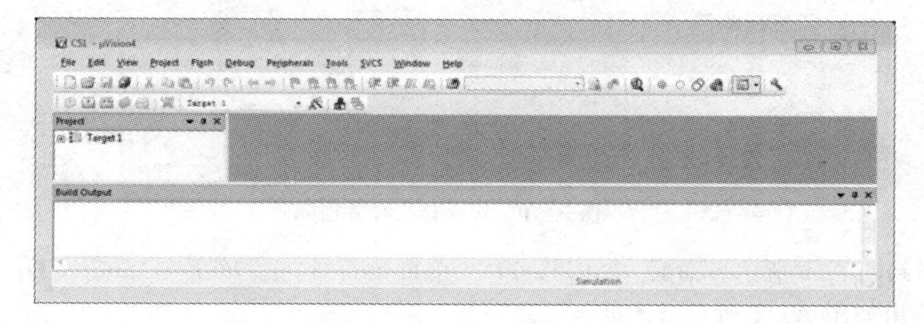

图 A.7　工程创建完成界面

图 A.8　新建程序源文件

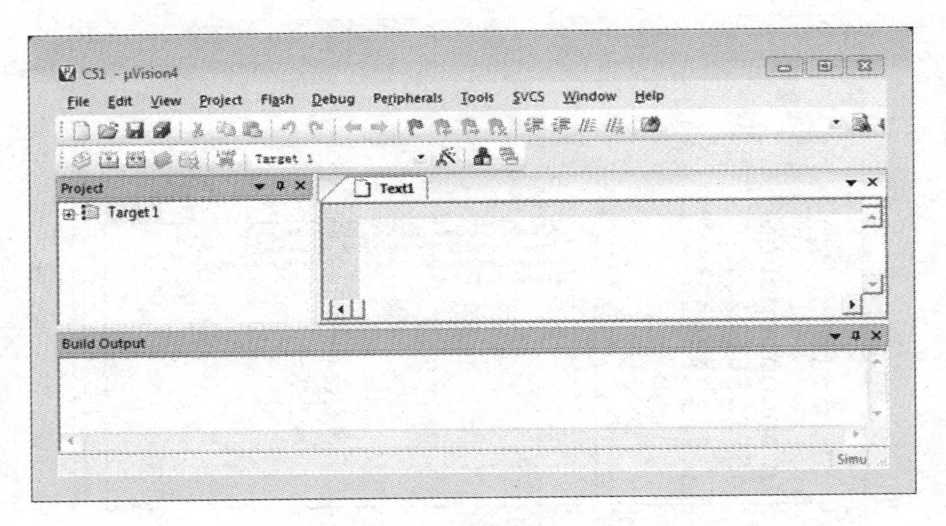

图 A.9　程序源文件界面

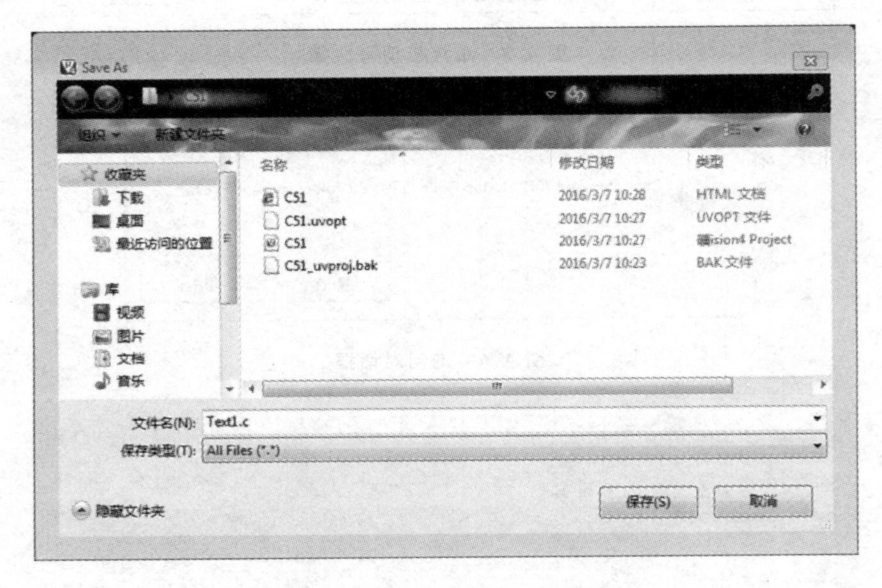

图 A.10　源文件保存界面

⑨ 回到图 A.9 所示界面后,单击 Target 1 前面的符号"+",然后在 Source Group 1 处单击右键,弹出如图 A.11 所示对话框。

⑩ 选择 Add File to Group_Source Group 1 选项,显示界面如图 A.12 所示。

⑪ 选中 Test1.c,单击"Add"按钮,界面如图 A.13 所示。

注意:程序添加完成后,Add File to Group Source Group 对话框是不会自动关闭的,不要误认为程序没有添加好。添加成功后,"Source Group 1"文件夹中多了一个子项 Text1.c,子项的多少与所增加的源程序的多少有关。

⑫ 输入用户编写的源程序。在输入程序时,如果用户已经保存待编辑的文件,Keil C51 会自动识别关键字,并以不同的颜色提示用户加以注意,这样会使用户少犯错误,有利于提高

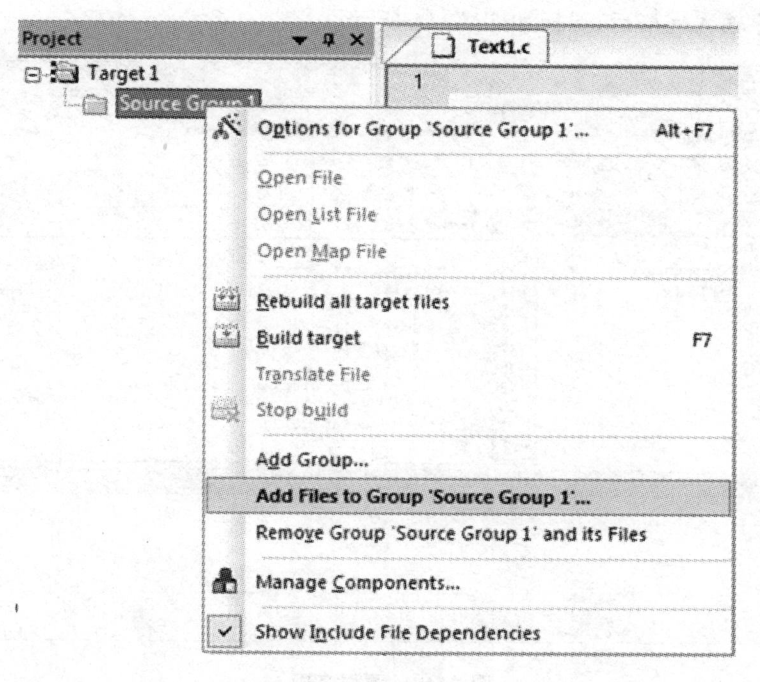

图 A.11　右键命令

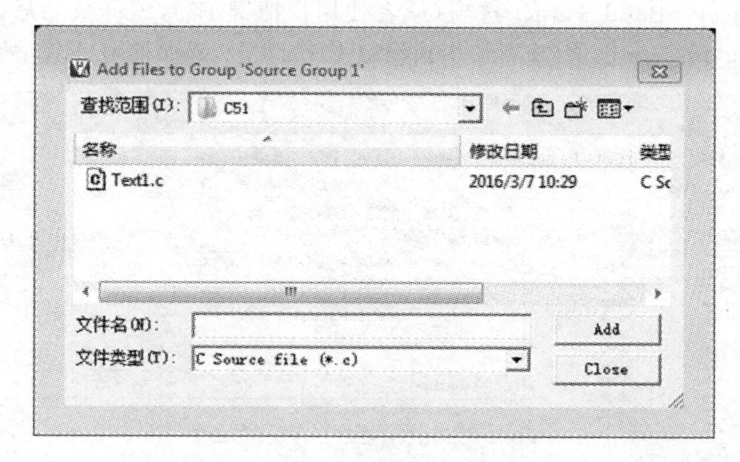

图 A.12　添加文件

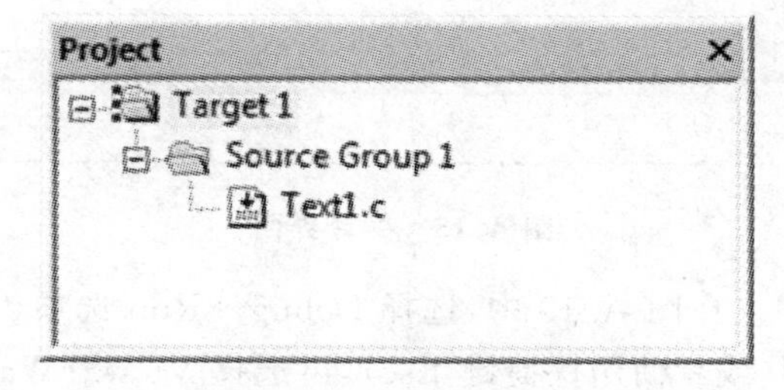

图 A.13　文件添加成功

编程效率。程序输入完毕后,界面如图 A. 14 所示。

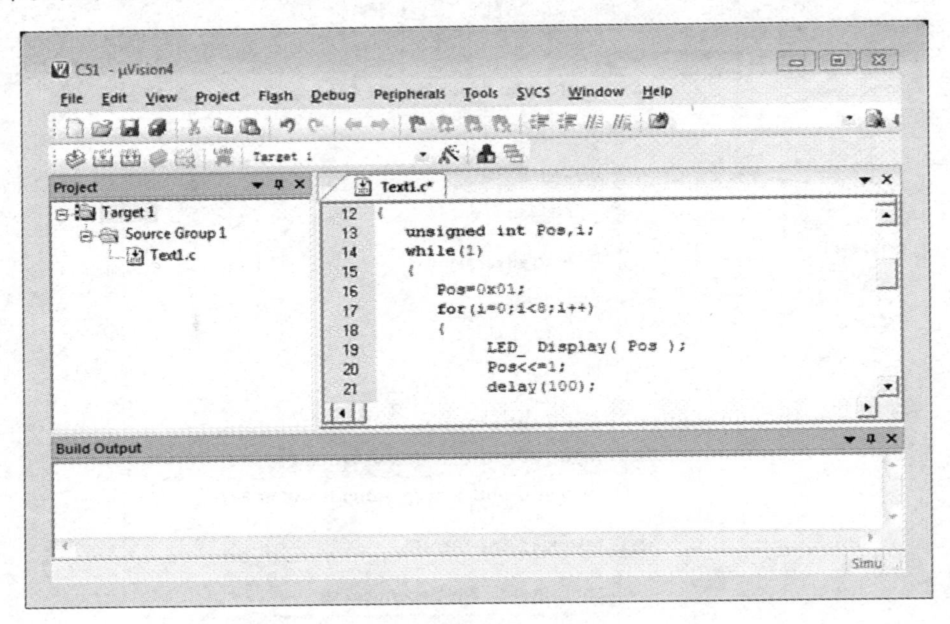

图 A. 14　源程序输入

⑬ 选择 Project→Build Target 选项(或者使用快捷键 F7),编译成功后,选择 Debug→Start/Stop Debug Session 选项(或者使用快捷键 Ctrl+F5),界面如图 A. 15 所示。

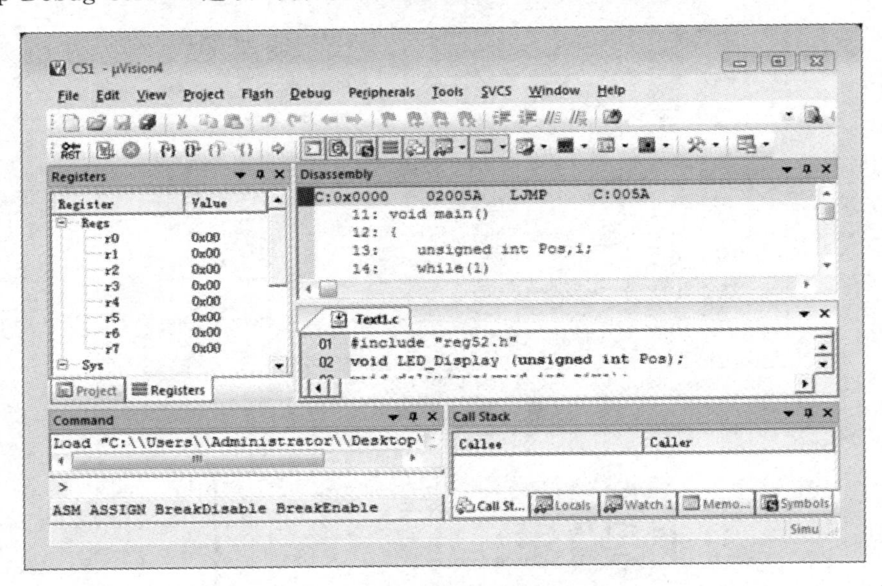

图 A. 15　编译界面

⑭ 此时可以调试程序。在图 A. 15 中,选择 Debug→Run 选项(或者使用快捷键 F5),然后选择 Debug→Stop 选项(或者使用快捷键 Esc),再选择 View→Watch Windows 选项,就可以看到程序运行后的结果。调试菜单如图 A. 16 所示。

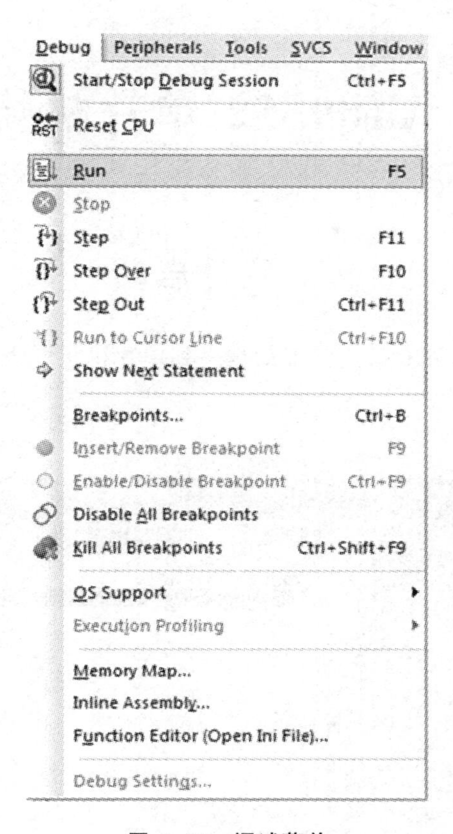

图 A.16　调试菜单

⑮ 至此，我们在 Keil C51 上做了一个完整工程的全过程。但这只是纯软件的开发过程，如果想使用程序下载器观看程序运行结果，则选择 Project→Options for Target 选项，如图 A.17 所示，在 Output 标签页中选择 Create HEX File 选项，使程序编译后产生 HEX 代码，供下载器软件使用。把程序下载到 AT89S52 单片机中。

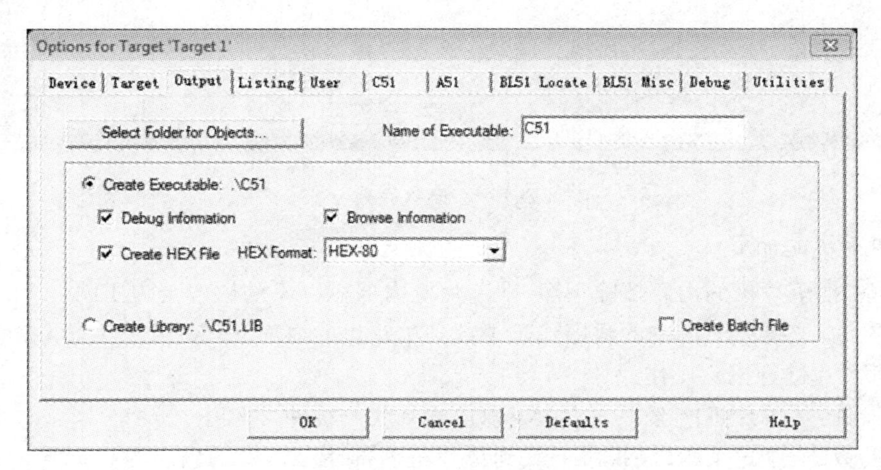

图 A.17　HEX 代码设置界面

附录 B　AT89S52 单片机烧写软件

一、软件启动

AT89S52 单片机烧写软件专门用于下载程序到单片机系统中,使用方便。启动软件之后进入如图 B.1 所示的界面。系统显示就绪说明已经和实验板连接成功了,否则请重新检查串口连接线和电源连线。

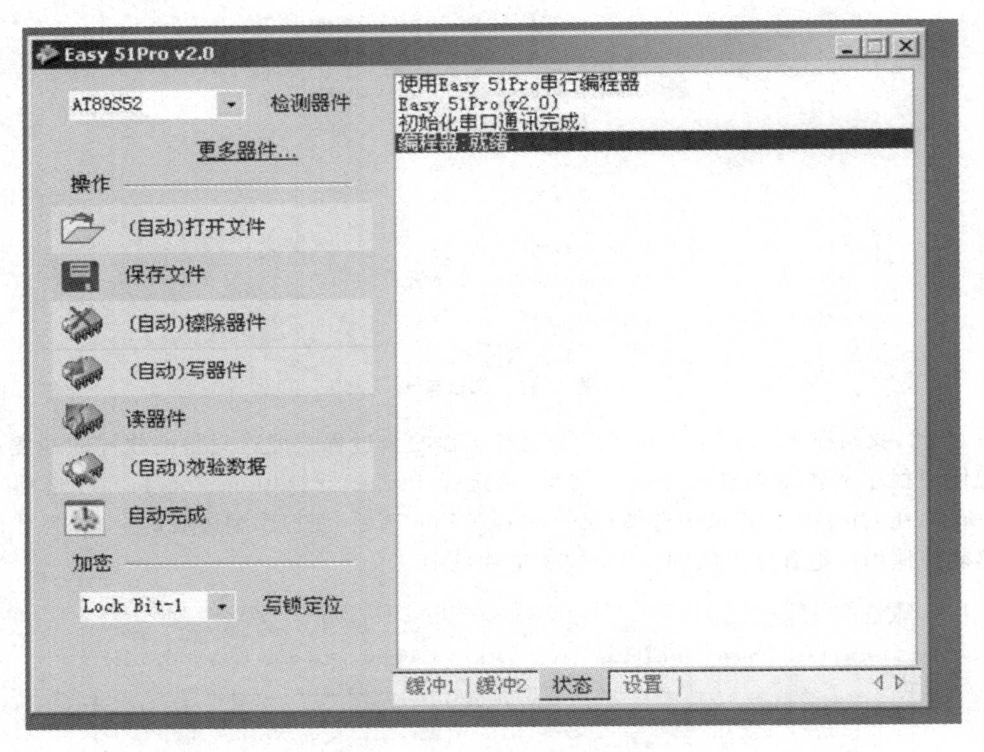

图 B.1　软件启动

启动界面说明如下:

① 擦除:把单片机的内容擦除干净,即单片机内部 ROM 的内容全为 FFH。

② 写器件:把缓冲 1 区中的程序代码下载到单片机的内部 ROM 中。注意:在编程之前,要对单片机芯片进行擦除操作。

③ 读器件:从单片机内部 ROM 中读取内容到代码缓冲 2 区中。

④ 校验数据:经过编程之后,对下载到单片机内部 ROM 中的内容与代码区的内容相比较,若程序下载过程中完全正确,则提示校验正确,否则提示出现错误。那就需要重新下载程序到 ROM 中。

⑤ 自动:提供了内部 ROM 从擦除到编程,最后到校验这 3 个过程。

⑥ 打开文件:把经过 Keil C 软件转化成 HEX 格式的文件装入缓冲 1 中。

二、程序烧写流程

① 单击“打开文件”按钮,出现如图 B.2 所示的对话框。

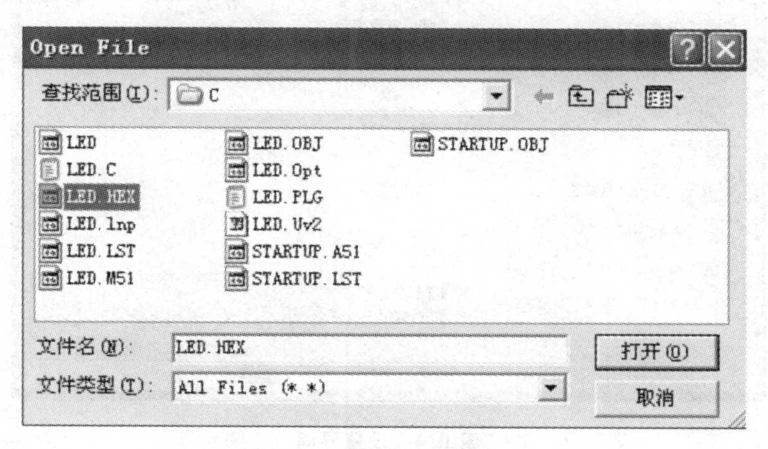

图 B.2　选择文件界面

② 选择后缀为“.HEX”的文件,单击“打开”按钮,即把程序代码装入到代码缓冲 1 中。文件装载成功后如图 B.3 所示,即可将代码缓冲 1 中的代码通过 ISP 方式下载到 AT89S52 单片机中。

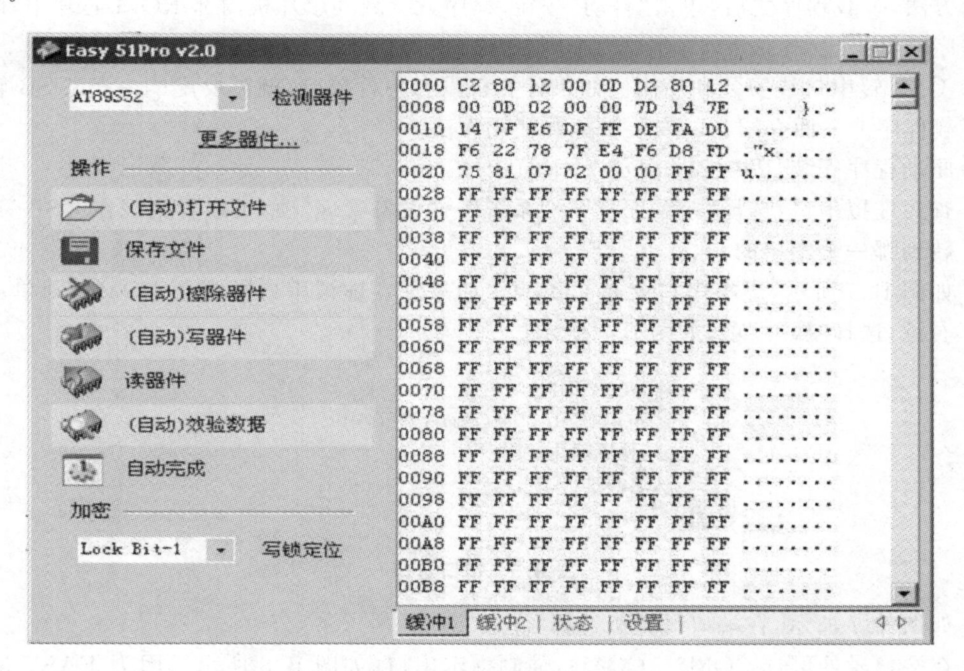

图 B.3　文件装载成功

③ 设置操作方式,如图 B.4 所示界面。

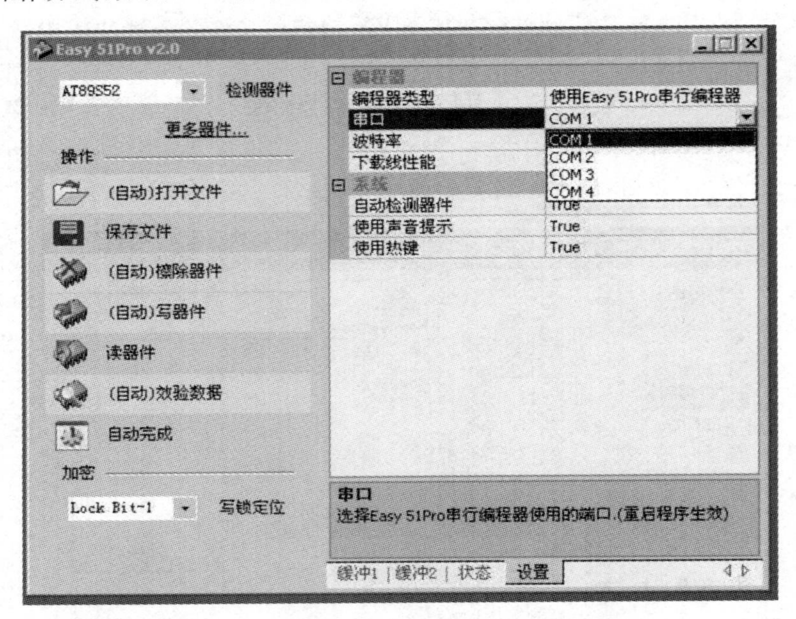

图 B.4　设置界面

该界面可进行通信端口的设置,共设置 4 个串行通信端口:COM1、COM2、COM3、COM4,根据计算机的硬件特点来决定,默认情况下为 COM1,即串行通信口 1。

在进行程序调试时,一般通过 Keil C 软件把编译好的程序转化成.HEX 格式文件,通过上面的方法,装载程序之后,单击“自动”按钮,程序就下载到单片机内部 ROM 芯片中,即可以看到程序的结果。

④ USB 转串口线安装和使用。如果计算机没有串行接口,就需要配购一条 USB 转串口线来下载程序。下面介绍它的安装步骤和使用方法。

➢ 驱动程序安装:PL－2303 Driver Install。
➢ 查找虚拟串口:选择“控制面板”→“系统”→“设备管理”项,可以看到现在 USB－232 是转到哪一个串口的。
➢ 如图 B.5 所示,虚拟串口就是 COM4。如果现在虚拟串口号大于 COM4,则单击鼠标右键,选择“属性”项,如图 B.6 所示。

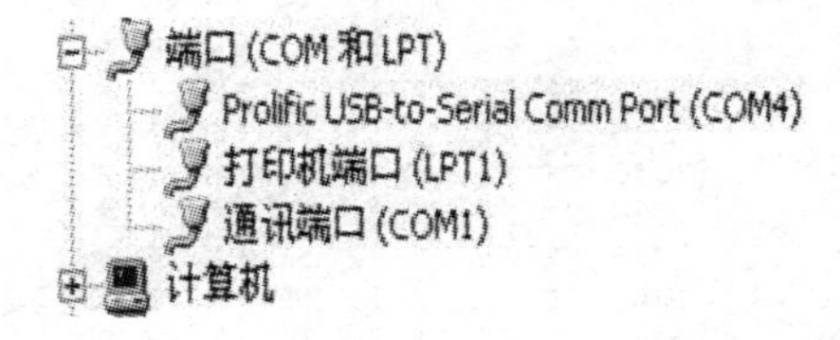

图 B.5　串口选择

➢ 如图 B.7 所示,在端口设置里选择“高级”。
➢ 在端口号处可选 COM2～COM4,强制指定串口(如图 B.8 所示),因为 EASY 51PRO 软件只支持 COM1～COM4。

图 B.6　单击属性设置

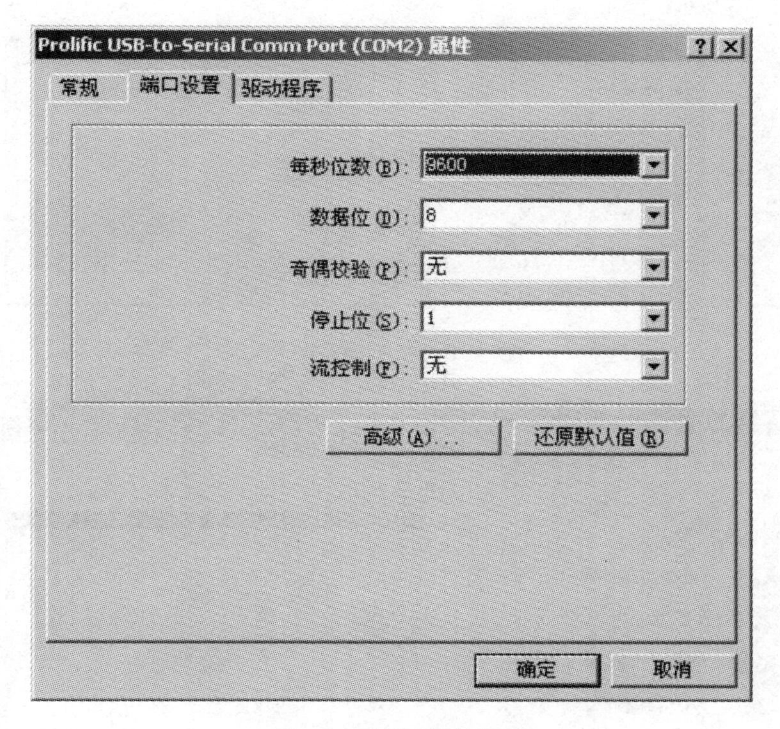

图 B.7　属性设置界面

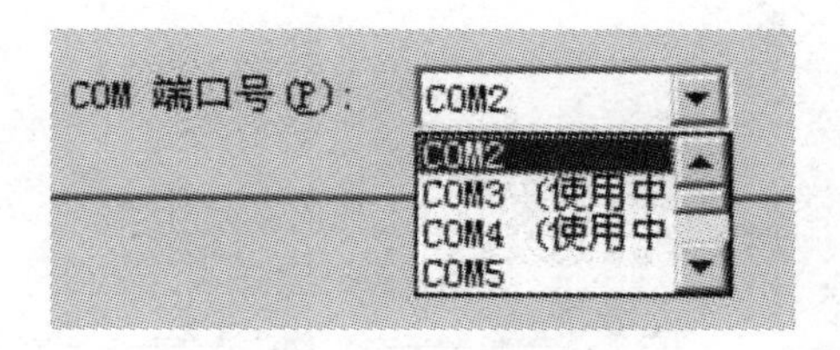

图 B.8　端口设置

⑤ 运行 EASY 51PRO 烧写软件，在“设置”选项里把串口改成相对应的虚拟串口，如图 B.9 所示。然后关闭软件，再重新启动软件，显示“就绪”就可以了，如图 B.10 所示。

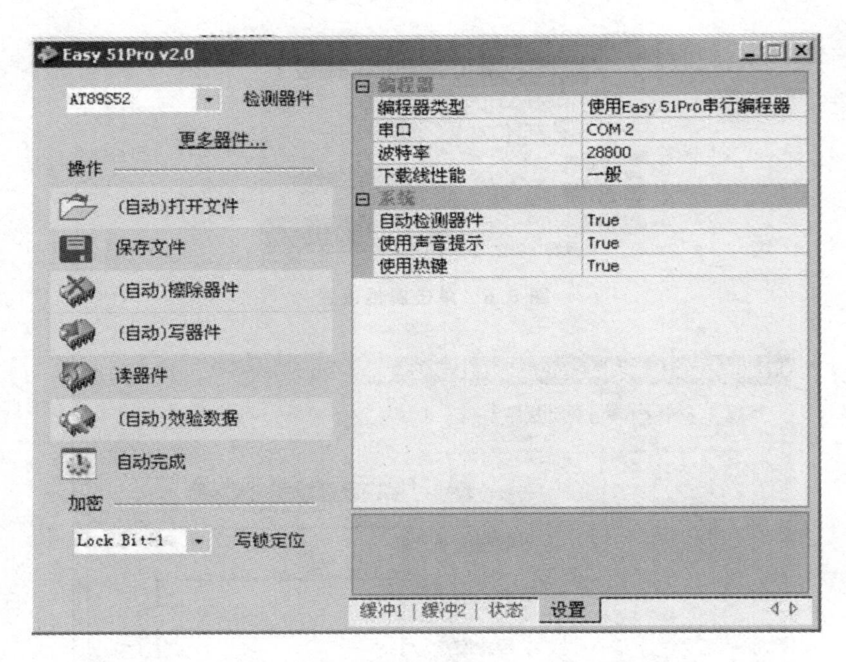

图 B.9 设置虚拟串口

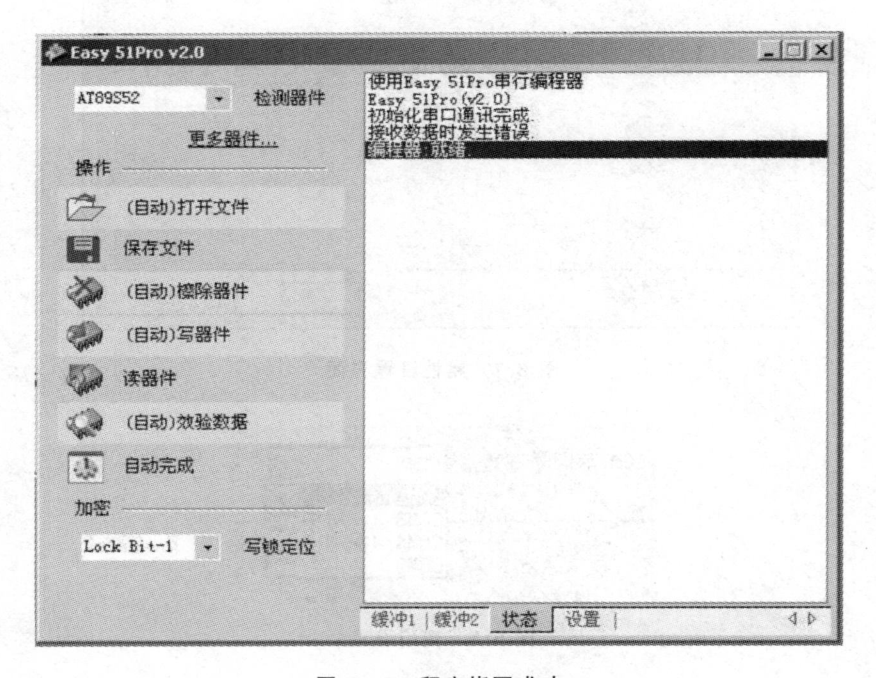

图 B.10 程序烧写成功

附录C　常用的C51标准库函数

下面简单介绍 Keil μVision4 编译环境提供的常用 C51 标准库函数，以便在程序设计时选用。

1. I/O 函数库

I/O 函数主要用于数据通过串口的输入和输出等操作，C51 的 I/O 库函数的原型声明包含在头文件 stdio. h 中。由于这些 I/O 函数使用了 8051 单片机的串行接口，因此在使用之前需要先进行串口的初始化，然后才可以实现正确的数据通信。

2. 标准函数库

标准函数库提供了一些数据类型转换以及存储器分配等操作函数。标准函数的原型声明包含在头文件 stdio. h 中。标准函数库的函数如表 C. 1 所列。

表 C.1　常用标准数据

函　数	功　能	函　数	功　能
atoi	将字符串 s1 转换成整型数值并返回该值	srand	初始化随机数发生器的随机种子
atol	将字符串 s1 转换成长整型数值并返回该值	calloc	为 *n* 个元素的数组分配内存空间
atof	将字符串 s1 转换成浮点数值并返回该值	free	释放前面已分配的内存空间
strtod	将字符串 s 转换成浮点数值并返回该值	init_mempool	对面前申请的内存进行初始化
strtol	将字符串 s 转换成 long 型数值并返回该值	malloc	在内存中分配指定大小的存储空间
strtoul	将字符串 s 转换成 unsigned long 型数值并返回该值	realloc	调整先前分配的存储器区域大小
rand	返回一个 0～32 767 的伪随机数		

3. 字符函数库

字符函数库提供了对单个字符进行判断和转换的函数。字符函数库的原型声明包含在头文件 ctype. h 中。字符函数库的常用函数如表 C. 2 所列。

4. 字符串函数库

字符串函数的原型声明包含在头文件 stdio. h 中。在 C51 语言中，字符串应包括两个或多个字符，字符串的结尾以空字符来表示。字符串函数通过接收指针串来对字符串进行处理。常用的字符串函数如表 C. 3 所列。

5. 内部函数库

内部函数库提供了循环移位和延时等操作函数。内部函数的原型声明包含在头文件

intrins.h中。内部函数库的常用函数如表C.4所列。

表C.2 常用字符处理函数

函 数	功 能	函 数	功 能
isalpha	检查形象字符是否为英文字母	isspace	检查形象字符是否为控制字符
isalnum	检查形象字符是否为英文字母或数字字符	isxdigit	检查形象字符是否为十六进制数字
iscntrl	检查形象字符是否为控制字符	toint	转换形参字符为十六进制数字
isdigit	检查形象字符是否为十进制数字	tolower	将大写字符转换为小写字符
isgraph	检查形象字符是否为可打印字符	toupper	将小写字符转换为大写字符
isprint	检查形象字符是否为可打印字符以及空格	toascii	将任何字符型参数缩小到有效的ASCII范围之内
ispunct	检查形象字符是否为标点、空格或格式字符	_tolower	将大写字符转换为小写字符
islower	检查形象字符是否为小写英文字母	_toupper	将小写字符转换为大写字符
isupper	检查形象字符是否为大写英文字母		

表C.3 常用的字符串函数

函 数	功 能	函 数	功 能
memchr	在字符串中顺序查找字符	strncpy	将一个指定长度的字符串覆盖另一个字符串
memcmp	按照指定的长度比较两个字符串的大小	strlen	返回字符串字符总数
memcpy	复制指定长度的字符串	strstr	搜索字符串出现的位置
memccpy	复制字符串,如果遇到终止字符,则停止复制	strchr	搜索字符出现的位置
memmove	复制字符串	strops	搜索并返回字符出现的位置
memset	按规定的字符填充字符串	strrchr	检查字符在指定字符串中第一次出现的位置
strcat	复制字符串到另一个字符串的尾部	strrpos	检查字符串在指定字符串中最后一次出现的位置
strncat	复制指定长度的字符串到另一个字符串的尾部	strspn	查找不包括在指定字符集中的字符
strcmp	比较两个字符串的大小	strcspn	查找包括在指定字符集中的字符
strncmp	比较两个字符串的大小,到字符串结束符则停止	strpbrk	查找第一个包含在指定字符集中的字符
strcpy	将一个字符串覆盖另一个字符串	strrpbrk	查找最后一个包含在指定字符集中的字符

表C.4　内部函数库的常用函数

函　数	功　能	函　数	功　能
crol	将字符型数据按照二进制循环左移 *n* 位	_iror_	将整型数据按照二进制循环右移 *n* 位
irol	将整型数据按照二进制循环左移 *n* 位	_lror_	将长整型数据按照二进制循环右移 *n* 位
lrol	将长整符型数据按照二进制循环左移 *n* 位	_nop_	使单片机程序产生延时
cror	将字符型数据按照二进制循环右移 *n* 位	_testbit_	对字节中的一位进行测试

6. 数学函数库

数学函数库提供了多个数学计算的函数，其原型声明包含在头文件 math.h 中。数学函数库的函数如表C.5所列。

表C.5　数学函数库的函数

函　数	功　能	函　数	功　能
abs	计算并返回输出整型数据的绝对值	exp	计算并返回输出浮点数 x 的指数
cabs	计算并返回输出字符型数据的绝对值	log	计算并返回浮点数 x 的自然对数
fabs	计算并返回输出浮点型数据的绝对值	log10	计算并返回浮点数 x 的以10为底的对数的值
labs	计算并返回输出长整型数据的绝对值	sprt	计算并返回浮点数 x 的平方根
ceil	计算并返回一个不小于 x 的最小正整数	modf	将浮点型数据的整数和小数部分分开
flood	计算并返回一个不大于 x 的最小正整数	pow	进行幂指数运算
cos、sin、tan、acos、asin	计算三角函数的值	atan、atan2、cosh、sinh、tanh	计算三角函数的值

7. 绝对地址访问函数库

绝对地址访问函数库提供了一些宏定义的函数，用于对存储空间的访问。绝对地址访问函数库的原型声明包含在头文件 zbsacc.h 中，常用函数如表C.6所列。

表C.6　绝对地址访问函数库的常用函数

函　数	功　能	函　数	功　能
CBYTE	对8451单片机的存储空间进行寻址CODE区	PWORD	访问8051的PDATA区存储器空间
DBYTE	对8451单片机的存储空间进行寻址IDATA区	XWORD	访问8051的XDATA区存储器空间
PBYTE	对8451单片机的存储空间进行寻址PDATA区	FVAR	访问far存储器区域
XBYTE	对8451单片机的存储空间进行寻址XDATA区	FARRAY	访问far空间的数据类型目标
CWORD	访问8051的CODE区存储器空间	FCARRAY	访问fconst far空间的数组类型目标
DWORD	访问8051的IDATA区存储器空间		

参考文献

[1] 庄友谊. 单片机原理及应用[M]. 北京:电子工业出版社,2020.

[2] 赵咸、乔鸿海,李彬. 单片机技术及项目训练[M]. 2 版. 北京:北京航空航天大学出版社,2016.

[3] 李全利. 单片机原理及应用技术[M]. 3 版. 北京:高等教育出版社,2009.

[4] 王静霞. 单片机应用技术(C 语言版)[M]. 北京:电子工业出版社,2009.

[5] 李群芳,肖看. 单片机原理、接口及应用——嵌入式系统技术基础[M]. 北京:清华大学出版社,2005.

[6] 李朝青. 单片机原理及接口技术[M]. 3 版. 北京:北京航空航天大学出版社,2007.

[7] 李学海. 标准 80C51 单片机基础教程——原理篇[M]. 北京:北京航空航天大学出版社,2006.

[8] 严天峰. 单片机应用系统设计及仿真调试[M]. 北京:北京航空航天大学出版社,2005.

[9] 张毅坤. 单片微型计算机原理及应用[M]. 西安:西安电子科技大学出版社,2006.

[10] 李朝青. 单片机原理及接口技术[M]. 3 版. 北京:北京航空航天大学出版社,2010.